技術者のための
基礎解析学

【機械学習に必要な数学を本気で学ぶ】

中井悦司 著

本書内容に関するお問い合わせについて

このたびは翔泳社の書籍をお買い上げいただき、誠にありがとうございます。弊社では、読者の皆様からのお問い合わせに適切に対応させていただくため、以下のガイドラインへのご協力をお願い致しております。下記項目をお読みいただき、手順に従ってお問い合わせください。

●ご質問される前に

弊社Webサイトの「正誤表」をご参照ください。これまでに判明した正誤や追加情報を掲載しています。

  正誤表 http://www.shoeisha.co.jp/book/errata/

●ご質問方法

弊社Webサイトの「刊行物Q&A」をご利用ください。

  刊行物Q&A http://www.shoeisha.co.jp/book/qa/

インターネットをご利用でない場合は、FAXまたは郵便にて、下記"翔泳社 愛読者サービスセンター"までお問い合わせください。
電話でのご質問は、お受けしておりません。

●回答について

回答は、ご質問いただいた手段によってご返事申し上げます。ご質問の内容によっては、回答に数日ないしはそれ以上の期間を要する場合があります。

●ご質問に際してのご注意

本書の対象を越えるもの、記述個所を特定されないもの、また読者固有の環境に起因するご質問等にはお答えできませんので、予めご了承ください。

●郵便物送付先およびFAX番号

  送付先住所 〒160-0006 東京都新宿区舟町5
  FAX番号 03-5362-3818
  宛先   （株）翔泳社 愛読者サービスセンター

※本書に記載されたURL等は予告なく変更される場合があります。
※本書の出版にあたっては正確な記述につとめましたが、著者や出版社などのいずれも、本書の内容に対してなんらかの保証をするものではなく、内容やサンプルに基づくいかなる運用結果に関してもいっさいの責任を負いません。
※本書に掲載されているサンプルプログラムやスクリプト、および実行結果を記した画面イメージなどは、特定の設定に基づいた環境にて再現する一例です。

※本書に記載されている会社名、製品名はそれぞれ各社の商標および登録商標です。

はじめに

　昨今の機械学習ブームの中、IT業界を中心とするエンジニアの方々から、「機械学習に必要な数学をもう一度しっかりと勉強したい」、そんな声を耳にすることが増えました。本書は、そのような読者を念頭におき、理工系の大学1、2年生が学ぶレベルの解析学（微積分）を基礎から解説した書籍です。大学生向けの教科書であれば、すでに多数の書籍がありますが、本書の特徴は、「定義と定理をもとに、厳密に展開される議論をとにかく丁寧に説明する」という点にあります。数式の変形についても、途中の計算をできるだけ省略せずに記載して、議論の展開を見失うことがないようにと配慮しました。大学生のころに勉強した、あの「厳密な数学」の世界をもう一度、がっつりと堪能していただけることでしょう。

　「機械学習に必要な数学」というと、数学をただの道具と割り切って、公式の使い方、あるいは、数式が表わす意味だけを直感的に理解できれば十分と考える方もいるかもしれません。たしかに、道具として機械学習を使うだけであれば、数学の深い知識は必要ないかもしれません。しかしながら、機械学習のために数学が必要と考える方の多くは、数式を含んだ高度な書籍や論文を読みこなしてみたいという方ではないでしょうか。そのためには、やはり、定理や公式の内容、あるいは、数式の変形を根本から理解する必要があります。そして、そのための最短経路は「証明の内容を理解する」ことにあります——ある定理・公式がなぜ成り立つのか、どのようにしてそれが証明されるのか、そこをおさえることで数式の背後に隠れた本質が理解できます。その結果として、どのような場面でそれが役に立つのか、なぜここでこの数式が必要なのか、そういった点が自然に理解できるようになるのです。

　機械学習に関連する数学には、大きく、解析学、線形代数学、確率・統計学の3つの分野があります。本書は、これらの中で最も基礎となる、解析学、とくに、微積分の理論を中心に解説しています。残念ながら、本書一冊で機械学習に必要な数学がすべて学べるというわけではありませんが、もう一度、本格的な数学の世界に触れ、自信を持って「機械学習の本質が理解できた」と言えるための第一歩は、必ずここにあるはずです。受験勉強から解放されて、あこがれの大学数学の教科書を開いた、あのときの興奮をわずかなりとも思い出していただければ、筆者にとってこの上ない喜びです。

中井悦司

謝辞

本書の執筆、出版にあたり、お世話になった方々にお礼を申し上げます。

実を言うと、本書の構想は、翔泳社の片岡仁氏からの「数学の本でも書きませんか？」という軽い一言から始まりました。当時、筆者が執筆した『ITエンジニアのための機械学習理論入門』（技術評論社）の読者の方から、「この本にある数式を理解したくて、あらためて数学の勉強を始めました！」という声を聞き、何かその手助けができないか……と考えていた折、そのお誘いに乗らせていただくことにしました。決して初心者向けとは言い難い、本格的な数学書の企画に賛同いただき、書籍化に向けた支援をいただいたことにあらためて感謝いたします。また、本書の原稿を隅々まで読んでいただき、とても丁寧に査読いただいた、国立情報学研究所「トップエスイー」の有志の方々にもお礼を申し上げます。

そして最後に、突然に数学書を買い込んで深夜まで計算に没頭する筆者を暖かく見守り、心身両面で健康的な生活をいつも支えてくれる、妻の真理と愛娘の歩実にも感謝の言葉を贈りたいと思います。──「いつの日か、お父さんの本で勉強してくれるとうれしーなー」。

本書について

対象読者

- 大学1、2年の頃に学んだ数学をもう一度、基礎から勉強したいエンジニアの方

  ※理系の高校数学の知識が前提となります。理工系の大学1、2年生が新規に学ぶ教科書としても利用していただけます。

本書の読み方

　本書は、第1章から順に読み進めることで、解析学の基礎を順序立てて学んでいただける構成となっています。数学の教科書では、「定義」「補題」「定理」「系」といった形で、体系立てて主張をまとめる構成も見られますが、本書では、あえてそのような構成にはしていません。1つのストーリーとして本文を読み進めることで、自然な流れの中で、各種の主張が説明・証明されていきます。まずは、お気に入りのノートと筆記具を用意して、本文の説明に従って、丁寧に式変形を追いかけてみてください。本文の中で証明した各種の定理は、各章の最後に「主要な定理のまとめ」としてまとめてあります。本文中では、章末のまとめに対応する箇所を ▶定理1 のように示してあります。

　また、各章の最後には、いくつかの練習問題を用意しました。基本的には、その章で学んだ知識で解ける問題ですので、各章の理解度を確かめる意味で、まずは独力で取り組んでみてください。独力で解けなかった場合でも、さまざまな方針を試みた上で本書末の解答に目を通すことで、より本質的な理解が深まることでしょう。ただし、具体的な数値を用いた計算問題については最小限にとどめてありますので、具体的な計算問題を通して理解を深めたいという方は、演習問題を集めた書籍を別途活用するとよいでしょう。

　なお、機械学習などの応用理論を理解する上では、具体的な計算方法よりも「なぜそれが成り立つのか」という理論的な理解のほうが重要になります。機械学習の教科書や論文では、具体的な数字を使った計算が現れることはほとんどありません。これらを読みこなすために必要となるのは、あくまで、本書の中で進められる議論と同様の理論的な理解です。そのため、本書で解説している「証明」の中身を紙と鉛筆を使いながら、しっかりと自分の頭で追いかけていくことが最高の演習問題となります。

最後に、本書の構成を検討するにあたっては、『微分積分学』(笠原晧司・著、サイエンス社)、および、『数の概念』(高木貞治・著、岩波書店) を参考にさせていただいたことを付記しておきます。

各章の概要

第1章　数学の基礎概念
　数学全般の基礎となる、集合と写像、そして、実数の基本的な性質を解説します。特に、関数の連続性を考える際の基礎となる性質で、微積分をはじめとする解析学の重要な前提知識となる実数の完備性を詳しく説明します。

第2章　関数の基本性質
　関数の平行移動と拡大・縮小などの操作に加えて、合成関数や逆関数など、関数の基本的な取り扱い方を説明します。また、関数の微積分を議論する前提となる、関数の極限と連続性についても解説します。

第3章　関数の微積分
　関数の微分と積分について厳密な定義を与えた上で、合成関数の微分などの基本的な微分計算の手法、そして、原始関数を用いた定積分の計算方法を説明します。

第4章　初等関数
　機械学習を始めとする応用数学で必須となる、指数関数、対数関数、そして、三角関数について、これらの厳密な定義を与えます。また、前章で与えた微分の定義に基いて、それぞれの導関数を導きます。

第5章　テイラーの公式と解析関数
　関数の微分の応用として、関数をべき級数で近似するテイラーの公式を導きます。特にその準備となる、高階導関数と無限小解析についても説明します。また、テイラーの公式の極限が元の関数に一致する特別な関数として、解析関数の考え方を紹介します。

第6章　多変数関数
　複数の変数を持つ関数の微分と積分を取り扱います。写像の微分をアフィン変換と見なす考え方や極値問題の解き方など、勾配降下法をはじめとする最適化技法の基礎となる概念を説明します。

機械学習に必要な数学

　現在、一般に広く活用されている機械学習は、「統計的機械学習」と呼ばれることもあるように、学習用データを通して、現実世界のデータが持つ確率分布を推定するという考え方が基礎になります。そのため、機械学習の理論的な側面を理解する上では、確率分布や条件付き確率など、確率・統計に関する基本的な計算手法に精通する必要があります。また、機械学習における学習処理では、学習用データを用いてモデルに含まれるパラメーターを更新するという処理が行なわれます。これは、前述の確率分布に関する推定を更新するという見方で捉えることができますが、この際、ベイズ統計学で用いられる、事前分布・事後分布という考え方を用いることがあります。したがって、ベイズの定理を中心とした、ベイズ統計学の考え方を理解しておくことも大切です。

　次に、機械学習のモデルを数学的に記述する際は、線形演算がその中心となることが多く、行列を用いた表現が多用されます。また、これに関連して、学習データが持つ特徴量を高次元のベクトル空間の要素として表現することもよく行なわれます。そのため、線形代数学で学ぶ行列演算の規則、あるいは、基底ベクトルの線形結合といったベクトル空間上の演算手法にも精通することが求められます。

　そして最後に、機械学習の学習処理、すなわち、モデルの最適化では、勾配降下法をはじめとした最適化計算の理解が必要となります。ここでは、本書の主題である解析学（微積分）が重要な基礎知識となります。計算機上で実際に行なう最適化処理としては、勾配降下法が中心となりますが、「何をどのように最適化するべきか」という理論的な導出の過程においては、さまざまな確率分布を含む誤差関数を解析的に分析する必要があります。その意味においては、確率・統計、線形代数、解析学を組み合わせた総合的な理解こそが、機械学習を支える数学の基礎となります。その他には、線形計画法や二次計画法などの数理計画法に関する知識、そして、情報エントロピーなどの情報理論に関する知識があると、機械学習の数学的な側面をより深く理解する助けとなるでしょう。

ギリシャ文字一覧

大文字	小文字	読み方
A	α	アルファ
B	β	ベータ
Γ	γ	ガンマ
Δ	δ	デルタ
E	ϵ	イプシロン
Z	ζ	ゼータ
H	η	イータ
Θ	θ	シータ
I	ι	イオタ
K	κ	カッパ
Λ	λ	ラムダ
M	μ	ミュー
N	ν	ニュー
Ξ	ξ	グザイ
O	o	オミクロン
Π	π	パイ
P	ρ	ロー
Σ	σ	シグマ
T	τ	タウ
Υ	υ	ユプシロン
Φ	ϕ	ファイ
X	χ	カイ
Ψ	ψ	プサイ
Ω	ω	オメガ

目次

はじめに iii
本書について v
機械学習に必要な数学 vii
ギリシャ文字一覧 viii

Chapter 1　数学の基礎概念

1.1　集合と写像 2
　1.1.1　集合とは？ 2
　1.1.2　写像とは？ 5
　1.1.3　集合の演算 9
　　● 無限個の集合に対する演算 13
　1.1.4　補足：論理式を用いた証明方法 16

1.2　実数の性質 19
　1.2.1　有理数の性質 19
　1.2.2　実数の完備性 22
　1.2.3　実数の濃度 26
　　● 数列の極限の一意性 30
　　● 数列の発散 35

1.3　主要な定理のまとめ 36

1.4　演習問題 39

Chapter 2　関数の基本性質

2.1　関数の基本操作 42
　2.1.1　関数の平行移動と拡大・縮小 42
　2.1.2　合成関数 44
　2.1.3　逆関数 45

2.2 関数の極限と連続性 48
2.2.1 関数の極限 48
2.2.2 関数の連続性 57
2.3 主要な定理のまとめ 62
2.4 演習問題 65

Chapter 3　関数の微積分

3.1 関数の微分 68
3.1.1 微分係数と導関数 68
- ライプニッツの記法 71
3.1.2 導関数の計算例 77
3.2 定積分と原始関数 82
3.2.1 連続関数の定積分 82
3.2.2 導関数と積分の関係 98
3.3 主要な定理のまとめ 111
3.4 演習問題 117

Chapter 4　初等関数

4.1 指数関数・対数関数 120
4.1.1 指数関数の定義 120
4.1.2 対数関数の定義 126
4.1.3 指数関数・対数関数の導関数 128
4.2 三角関数 139
4.2.1 三角関数の定義 139
4.2.2 三角関数の導関数 146
4.2.3 正接関数の性質 147
4.3 主要な定理のまとめ 149
4.4 演習問題 152

Chapter 5　テイラーの公式と解析関数

5.1　テイラーの公式 156
- 5.1.1　連続微分可能関数 156
- 5.1.2　無限小解析 158
  - ● ランダウ記号 161
- 5.1.3　テイラーの公式 162

5.2　解析関数 169
- 5.2.1　関数列の収束 169
  - ● sup の中の三角不等式 175
- 5.2.2　関数項級数 180
- 5.2.3　整級数 182
  - ● 不等式と上限の関係 190
- 5.2.4　解析関数とテイラー展開 192

5.3　主要な定理のまとめ 201

5.4　演習問題 208

Chapter 6　多変数関数

6.1　多変数関数の微分 213
- 6.1.1　全微分と偏微分 213
- 6.1.2　全微分可能条件 221
- 6.1.3　高階偏導関数 224
- 6.1.4　多変数関数のテイラーの公式 227

6.2　写像の微分 233
- 6.2.1　平面から平面への写像 233
- 6.2.2　アフィン変換による写像の近似 236

6.3　極値問題 241
- 6.3.1　1 変数関数の極値問題 241
- 6.3.2　2 変数関数の極値問題 243

6.4　主要な定理のまとめ 253

6.5　演習問題 258

Appendix A　演習問題の解答

- **A.1**　第 1 章 260
- **A.2**　第 2 章 265
- **A.1**　第 3 章 268
- **A.1**　第 4 章 273
- **A.1**　第 5 章 277
- **A.1**　第 6 章 284

Chapter 1

数学の基礎概念

- 1.1 集合と写像
  - 1.1.1 集合とは？
  - 1.1.2 写像とは？
  - 1.1.3 集合の演算
  - 1.1.4 補足：論理式を用いた証明方法
- 1.2 実数の性質
  - 1.2.1 有理数の性質
  - 1.2.2 実数の完備性
  - 1.2.3 実数の濃度
- 1.3 主要な定理のまとめ
- 1.4 演習問題

1.1 集合と写像

1.1.1 集合とは？

 数学では「ものの集まり」を考えることが、すべての出発点になります。たとえば、みなさんよくご存知の自然数は、

$$\mathbf{N} = \{1, 2, 3, \cdots\}$$

のように、正の整数を集めたものになります。このようなものの集まりを集合と呼びます。また、集合に含まれる個々のものを要素と呼びます。集合を表わすときは、一般に個々の要素を $\{\}$ でくくって並べます。上に出てきた $\mathbf{N}$ は、自然数の集合を表わす際に使用する記号です。もちろん、数の集まりだけが集合というわけではありません。「リンゴを10個を集めた集合」も数学の対象となりうる立派な集合です。数学らしく表現すれば、次のようになるでしょう。A は、この集合に付けた名前です。

 それでは、自然数の集合 $\mathbf{N}$ と、リンゴの集合 A には、どのような違いがあるでしょうか？ 集合に含まれる要素の個数はもちろん違いますが、それよりも大きな違いとして、自然数は、大小関係によって、個々の要素が順序付けられているという点があります。このように、大小関係で一列に並べることができる集合のことを順序集合と呼びます。もちろん、リンゴにも何らかの大小関係を定義して、一列に並べることは可能ですが、大きさで判断するのか、重さで判断するのか、大小関係の判断基準には任意性があります。

 一般に数学では、単に集合といった場合は、大小関係や順序付けは特に決められていないものと考えてください。自然数のように、よく知られた順序関係があるものは、こ

とわりなく順序集合として扱うこともありますが、純粋なものの集まりとしての集合を扱う場合と、順序集合のように、何らかの追加の構造を含めて考える場合を明確に区別することが大切です。

一般に集合を表わす際は、大文字のアルファベット A, B, C などを用います。また、自然数や整数など、代表的な数の集合は、次の記号を用います。

- 自然数：$\mathbf{N} = \{1, 2, 3, \cdots\}$
- 整数：$\mathbf{Z} = \{0, \pm 1, \pm 2, \cdots\}$
- 有理数：$\mathbf{Q}$
- 実数：$\mathbf{R}$

これらは、上から順に、Natural Number、Zahlen（ドイツ語で「数」を意味する）、Quotient（英語で割り算の「商」を意味する）、Real Numberの頭文字を取ったものです。このとき、自然数$\mathbf{N}$は整数$\mathbf{Z}$に含まれており、さらに整数$\mathbf{Z}$は有理数$\mathbf{Q}$に含まれており……といった包含関係が成り立つことがわかります。このような包含関係は、次の記号で示します。

$$\mathbf{N} \subset \mathbf{Z} \subset \mathbf{Q} \subset \mathbf{R}$$

また、ある要素xが集合Aに含まれることを、

$$x \in A$$

という記号で表わします。$\in$は、Element（要素）の「E」から作られた記号です。これとは逆に、要素xが集合Aに含まれていない場合は、次のように表わします。

$$x \notin A$$

そして、集合を表わす際に、単純に集合の要素を並べるのではなく、要素が満たすべき条件を示すことがあります（4ページ「内包表現の読み方」も参照）。たとえば、次は、自然数$\mathbf{N}$の要素の中で、2で割った余りが0の数を集めた集合、すなわち、偶数の集合を表わします。

$$\mathbf{N}_0 = \{n \mid n \in \mathbf{N}, n \% 2 = 0\} \tag{1-1}$$

ここで、$n \% 2$ は、自然数 n を 2 で割った余りを表わす記号です。同様に、奇数の集合は次のように表わすことができます。

$$\mathbf{N}_1 = \{n \mid n \in \mathbf{N}, n \% 2 = 1\}$$

あるいは、次のような書き方で、偶数・奇数の集合を表わすことも可能です。

$$\mathbf{N}_0 = \{2n \mid n \in \mathbf{N}\} \tag{1-2}$$
$$\mathbf{N}_1 = \{2n - 1 \mid n \in \mathbf{N}\}$$

このように、集合の要素が満たすべき性質を示すことで、集合を定義する方法を内包的定義と言います。一方、最初のリンゴの例のように、集合に含まれる要素をそのまま並べて定義する方法を外延的定義と言います。ここで、この後で利用するために、0 以上の実数の集合 $\mathbf{R}_+$ を次のように定義しておきます。これも内包的定義の例になります。

$$\mathbf{R}_+ = \{x \mid x \in \mathbf{R}, x \geq 0\}$$

● 内包表現の読み方

　集合の内包的定義に用いる表記法を内包表現と呼ぶことがあります。集合の内包表現では、縦棒の左側に変数を用いた数式、そして、縦棒の右側に数式に含まれる変数が満たす条件を示します。本文の (1-1) の例であれば、縦棒の右側を見ると、「n は自然数、かつ、2 で割った余りが 0」という条件があります。そして、縦棒の左側には n そのものが置いてあるので、「この条件を満たす n をすべて集めた集合」（すなわち、偶数全体の集合）ができあがります。一方、(1-2) の場合、縦棒の右側には「n は自然数」という条件がありますが、縦棒の左側には、「$2n$」という数式があります。これは、「n を自然数としたときに、$2n$ で計算される値をすべて集めた集合」（すなわち、偶数全体の集合）を作り出すことになります。このように、同じ集合でもさまざまな表現方法を採ることができるのが、内包表現の特徴の 1 つと言えるでしょう。

　プログラミング言語をご存知の方であれば、(1-2) の表現は、変数 n に関するループで記述できることに気がつくかもしれません。n の値を 1 ずつ増やしながら、$2n$ の値を配列に追加していく操作になります。ただし、この例の場合、n の値には終わりがなく、この操作は無限ループに陥ります。数学におけるさまざまな操作の中には、手続き型のプログラミング言語では、簡単に表現できないものが存在することに気をつけてください。

1.1.2 写像とは？

続いて、集合から集合への写像を考えてみましょう。唐突ですが、先ほどのリンゴの集合に含まれる要素数、すなわち、リンゴの数を数えるには、どのような方法があるでしょうか？ ——「え？ 端から順に数えればいいんじゃないの？」と思ったあなたは —— 正解です！ ただし、「端から順に数える」という操作を正確に表現するために、次のような図を描いてみましょう（図 1.1）。

図 1.1　リンゴの集合から自然数の集合への写像の例

これはちょうど、リンゴの集合のそれぞれの要素に対して、自然数の集合の要素を 1 つずつ結び付けていることになります。ここでは、自然数には大小関係があるものとして、小さいものから順に行き先を選んでいます。このように、2 つの集合の要素どうしを結び付けたものが「写像」です。より正確には、結び付ける方法を定めたルールと言ってもいいかもしれません。「数を数える」という作業は、数学的には、「数える対象の集合から、順序集合としての自然数に対して写像を定義する」と捉えることができるのです。

ここで、数学における写像では、どちらの集合の要素からどちらの集合の要素に向かうかという、方向が決まっている点に注意してください。さらに、要素どうしを結び付ける方法には、自由度があります。図 1.2 (a) は、自然数に対して 1 つ飛ばしで結び付けた例です。あるいは、図 1.2 (b) のように、複数のリンゴを同じ自然数に結び付けることも可能です。これらはすべて、正しい写像の例となります。

一方、図 1.3 のように、1 つのリンゴが複数の自然数に結び付くことは許されません。数学における写像では、1 つの要素の行き先は、必ず 1 つに決まることが要求されます。たとえば、$f(x) = x^2$ という関数を考えると、これは $x = \pm 1$ に対して同じ値 $f(x) = 1$ を返します。ちょうど、図 1.2 (b) に対応する状況です。これとは逆に、1 つの x の値に対して複数の値を返すようなものは許されないと考えてください。

ちなみに、この例からわかるように、$f(x) = x^2$ といった関数も写像の仲間ということになります。この例では、実数値を入れると実数値が返るわけですので、「実数の

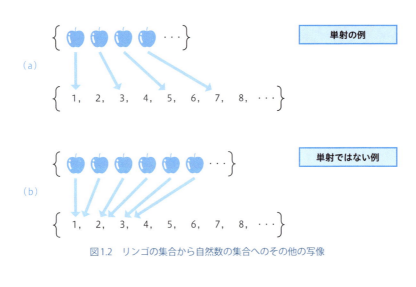

図1.2 リンゴの集合から自然数の集合へのその他の写像

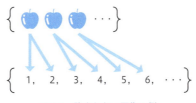

図1.3 許されない写像の例

集合」から「実数の集合」への写像と考えることができます。

続いて、写像に関する用語として、**単射**と**全射**を説明しておきます。まず、図1.1や図1.2 (a) のように、異なる要素の行き先が、すべて異なる要素になっている場合、この写像は単射であると言います。一方、図1.2 (b) は、単射ではない例です。次に、行き先の集合から見たときに、すべての要素に対して、そこにやってくる要素がある場合、この写像は全射であると言います。図1.4は、自然数からリンゴへの写像ですが、自然数が無数にあるのに対して、リンゴは10個しかありません。そこで、10個目までの割り当てが終わると、また頭に戻って割り当てるということを行なっています。自然数の1の位の数字によって、行き先のリンゴを決めていると言ってもよいでしょう。この場合、複数の自然数が同じリンゴを行き先としているので、単射ではありませんが、すべてのリンゴに対してそこにやってくる自然数があるので、これは全射になります。そして、最後に、単射かつ全射である写像を**全単射**と言います。

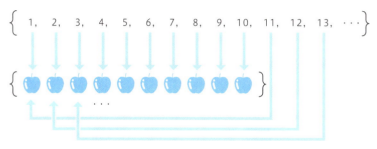

図1.4 自然数の集合からリンゴの集合への写像

　図1.5は、いくつかのパターンを2つの「家族の集合」の間で示したものになります。図1.5（a）は全単射の場合で、それぞれの集合の要素は、すべて1対1に対応させることができます。この例であれば、2つの家族は、家族構成が同じであることがわかります。ただし、家族構成が異なる場合でも、家族の人数が同じであれば、全単射にすることができるので、「全単射ならば家族構成が同じ」という関係が常に成り立つわけではありません。一般に、要素数が有限個の集合では、全単射の写像が構成できるための必要十分条件は、それぞれの要素数が等しいということになります。

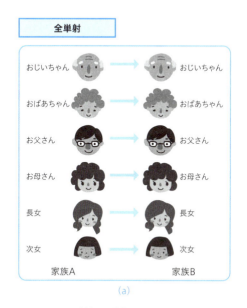

図1.5 家族Aと家族Bの間の写像（続く）

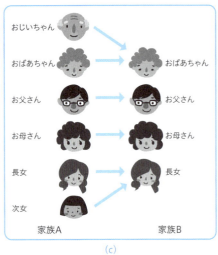

図1.5　家族Aと家族Bの間の写像

　それでは、図1.5 (b) の「単射だけど全射ではない」例はどうでしょう？ この場合、家族A（親子だけの核家族）と同じ構成が家族B（祖父母も住んでいる大家族）の中に埋め込まれているという事実を確認できます。この埋め込みという考え方は、集合間の関係を調べるときによく登場するので覚えておくとよいでしょう。また、図1.5 (c) も少し面白いパターンです。これは、「全射だけど単射ではない」例ですが、少なくとも、それぞれの家族に3世代の親子がいるという関係性は保たれています。これもまた、写像による埋め込みの例です。このように、写像を通して、集合間の関係を考えることができるようになります。

　最後にもう1つ、写像に関する用語として、定義域と値域があります。定義域は写像によって移される元の要素の集合、そして、値域は写像によって移される先の要素の集合です。図1.1の例であれば、定義域はリンゴの集合Aで、値域は1〜10の自然数の集合$\{1, 2, 3, 4, 5, 6, 7, 8, 9, 10\}$となります。11以降の数字は、値域には含まれない点に注意してください。あるいは、関数$f(x) = x^2$の場合を考えると、これは、任意の実数を0以上の実数に移すので、定義域は実数全体$\mathbf{R}$で、値域は0以上の実数全体$\mathbf{R}_+$ということになります。

　ここで、写像を表わす記号を導入しておきます。まず、写像fの定義域と値域がそれぞれAとBであることを次のように示します。

$$f : A \longrightarrow B \qquad (1\text{-}3)$$

　また、定義域と値域の個々の要素に着目して、Aの要素aをBの要素bに移す場合、これを次のように示します。矢印の根本に小さな縦棒が付いている点に注意してください。

$$f : a \longmapsto b$$

これらをまとめて、次のように表記することもあります。

$$f : A \longrightarrow B$$
$$a \longmapsto b$$

　関数$f(x) = x^2$の場合を考えると、これは、実数全体$\mathbf{R}$を0以上の実数全体$\mathbf{R}_+$に移すので、次のように表わされることになります。

$$f : \mathbf{R} \longrightarrow \mathbf{R}_+$$
$$x \longmapsto x^2$$

　なお、図1.1の例では、すべてのリンゴに対して、その行き先の自然数が割り当てられていましたが、「行き先を持たないリンゴがある場合は、どうなるの？」と思った人もいるかもしれません。そのような写像を考えることも可能ですが、その場合は、「リンゴの集合Aを定義域とする写像」と呼ぶことはできなくなります。(1-3)のように写像を表記した場合、基本的には、Aのすべての要素に対して、その行き先が定められているという前提になります。

1.1.3　集合の演算

　ここでは、集合どうしの演算について説明します。はじめに、集合Aが集合Bに含まれることをAはBの部分集合であると言い、$A \subset B$、もしくは、$B \supset A$という記号で表わします。これを集合の包含関係と呼びます。これはまた、「Aに属するすべての要素は、Bにも属している」と言い換えることができます。この内容を論理式で表わすと、次のようになります。

$$x \in A \Rightarrow x \in B$$

　これだけを見ていると、あたり前のように感じるかもしれませんが、この表現は、集合の包含関係を証明する際に役に立ちます。ある集合AとBについて、$A \subset B$であることを証明したい場合、Aに含まれる任意の要素xについて、それが必ずBの要素でもあることを示せばよいことになります。また、「要素を1つも含まない空の集合」というものも集合の仲間と見なして、これを空集合と呼んでϕという記号で表わします[※1]。空集合は、あらゆる集合の部分集合であると考えます。

　次に、複数の集合$A, B, C, \cdots$に含まれる要素をすべて集めた集合を和集合、もしくは、合併集合と呼び、

$$A \cup B \cup C \cup \cdots$$

という記号で表わします。同様に、複数の集合$A, B, C, \cdots$のすべてに含まれる要素だけを集めた集合を積集合、もしくは、共通集合と呼び、

$$A \cap B \cap C \cap \cdots$$

という記号で表わします。集合が2つだけの場合をベン図に表わすと、図1.6のようになります。また、3つの集合についてのベン図を描くと、和集合と積集合の演算は、次の分配則を満たすことがわかります（図1.7）。

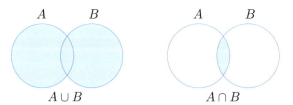

図1.6　和集合と積集合

※1　ϕ（ファイ）は、小文字のギリシャ文字の1つ。

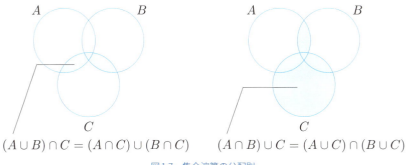

図1.7　集合演算の分配則

$$(A \cup B) \cap C = (A \cap C) \cup (B \cap C) \quad \text{(1-4)}$$
$$(A \cap B) \cup C = (A \cup C) \cap (B \cup C) \quad \text{(1-5)}$$

　次に、和集合と積集合は、無限個の集合についても計算できるという事実に注目してみます。たとえば、$n = 1, 2, \cdots$に対して、集合A_nを以下で定義します。

$$A_n = \left\{ x \mid x \in \mathbf{R},\ |x| \leq 1 + \frac{1}{n} \right\}$$

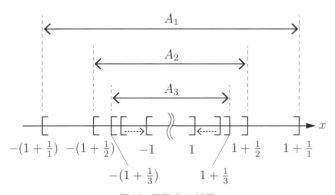

図1.8　区間 A_n の様子

　A_nは、数直線上の区間$\left[-\left(1 + \dfrac{1}{n}\right),\ 1 + \dfrac{1}{n} \right]$に対応しており、図1.8のように$n$が大きくなるほど区間の幅が狭くなり、区間$[-1, 1]$に両側から近づいていきます。このとき、これらすべての積集合Aは、次のように表わされます。

1.1.3　集合の演算

$$A = A_1 \cap A_2 \cap \cdots = \bigcap_{n=1}^{\infty} A_n \qquad (1\text{-}6)$$

　それでは、この積集合 A は、具体的にどのような集合になるでしょうか？ 直感的には区間 $[-1, 1]$ に一致するような気がしますが、これを正確に示すにはどうすればよいのでしょうか？ これは、積集合を論理式で表現すると明確になります。A に属する要素は、すべての $n = 1, 2, \cdots$ に対して A_n に属している必要があるので、次のような同値関係を表わす論理式が成り立ちます。

$$x \in A \Leftrightarrow \forall n \in \mathbf{N}; \, x \in A_n \qquad (1\text{-}7)$$

　ここで、$\forall n \in \mathbf{N}; \cdots$ は、任意の自然数 n について $\cdots$ の内容が成立するということを表わします。$\forall$ は、All（すべて）の「A」から作られた記号で、「for all」と読みます。このとき、区間 $[-1, 1]$ に含まれる x、すなわち、$-1 \leq x \leq 1$ を満たす x については、確かに、

$$\forall n \in \mathbf{N}; \, x \in A_n \qquad (1\text{-}8)$$

が成り立つことが確認できます。逆に、区間 $[-1, 1]$ に含まれない x、すなわち、$x < -1$ もしくは $x > 1$ を満たす x の場合を考えると、十分に大きな n を持ってくれば、必ず、

$$|x| > 1 + \frac{1}{n} \qquad (1\text{-}9)$$

であり、$x \notin A_n$ となるので、(1-8) は成立しないことになります。たとえば、$x = 1.1 > 1$ に対しては、$n = 100$ とすれば、$1 + \frac{1}{n} = 1.01$ となるので、確かに (1-9) が成り立ちます。したがって、A は区間 $[-1, 1]$ に一致しており、

$$A = \{x \mid x \in \mathbf{R}, \, -1 \leq x \leq 1\}$$

であることが証明されました。

無限個の集合に対する演算

本文 (1-6) の表式を見て、数列の極限で登場する ϵ-δ（イプシロン・デルタ）論法を想像した方がいるかもしれません。「1.2.3 実数の濃度」で説明するように、無限数列の極限を定義するには、「任意の $\epsilon > 0$ に対して、ある $N > 0$ があって……」という、少し回りくどい表現が必要になります。しかしながら、無限個の集合に対する積集合、和集合については、本文の (1-7)、あるいは、すぐ後に出てくる (1-10) のように、比較的ストレートな論理式で表現できます。無限個の対象物を扱う際は、このような論理式を用いることにより、あいまいな直感を排除して、明確な議論を行なうことが可能になります。

なお、一般に、数直線上で境界を含む区間は $[a,b]$ という記号で表わし、境界を含まない区間は (a,b) という記号で表わします。左右の境界それぞれについての組み合わせを考えると、次の4つのパターンが考えられます。

$$[a,b] = \{x \mid x \in \mathbf{R}, a \leq x \leq b\}$$
$$(a,b) = \{x \mid x \in \mathbf{R}, a < x < b\}$$
$$[a,b) = \{x \mid x \in \mathbf{R}, a \leq x < b\}$$
$$(a,b] = \{x \mid x \in \mathbf{R}, a < x \leq b\}$$

最初の2つは、それぞれ、閉区間、および、開区間と呼ばれます。最後の2つは、閉区間と開区間のどちらでもありません。この他には、片側を制限しない区間を次のように表わすこともあります。

$$[a,\infty) = \{x \mid x \in \mathbf{R}, x \geq a\}$$
$$(a,\infty) = \{x \mid x \in \mathbf{R}, x > a\}$$
$$(-\infty,b] = \{x \mid x \in \mathbf{R}, x \leq b\}$$
$$(-\infty,b) = \{x \mid x \in \mathbf{R}, x < b\}$$

これは、∞（無限大）という値があるわけではなく、値の範囲が制限されていない（いくらでも大きな値を取りうる）ことをこのような記号で表わしていると考えてください。この記号を使えば、0以上の実数全体 $\mathbf{R}_+$ は $[0,\infty)$ と表わすこともできます。

ちなみに、先ほどの例で、集合 A_n の定義を次のように開区間 $\left(-\left(1+\dfrac{1}{n}\right), 1+\dfrac{1}{n}\right)$ に取り替えたとします。

$$A_n = \left\{ x \;\middle|\; x \in \mathbf{R},\, |x| < 1 + \frac{1}{n} \right\}$$

このとき、これらの積集合 $A = \bigcap_{n=1}^{\infty} A_n$ はどのようになるでしょうか？ 先ほどと同様に考えると、A は閉区間 $[-1, 1]$ に一致することが証明されます。つまり、元の A_n が開区間であろうと閉区間であろうと、これらの積集合はどちらも閉区間になるのです。これは、無限個の集合だからこそ成り立つ性質です。有限個の開区間の積集合で、閉区間を作ることは不可能である点に注意しておいてください。

無限個の集合の和集合でも同様の性質が成り立ちます。まず、一般に、無限個の集合 $A_n\ (n = 1, 2, \cdots)$ に対する和集合 A は、次のように表わされます。

$$A = A_1 \cup A_2 \cup \cdots = \bigcup_{n=1}^{\infty} A_n$$

A に属する要素は、少なくとも、どれか1つの A_n に属している必要があるので、次のような同値関係を表わす論理式が成り立ちます。

$$x \in A \Leftrightarrow \exists n \in \mathbf{N};\ x \in A_n \tag{1-10}$$

ここで、$\exists n \in \mathbf{N}; \cdots$ は、$\cdots$ の内容が成立する自然数 n が存在するということを表わします。$\exists$ は、Exist（存在）の「E」から作られた記号で、「exists」と読みます。これを踏まえて、$n = 1, 2, \cdots$ に対して、集合 A_n を以下で定義してみましょう。

$$A_n = \left\{ x \;\middle|\; \frac{1}{n+1} \le x < \frac{1}{n} \right\}$$

A_n は区間 $\left[\dfrac{1}{n+1}, \dfrac{1}{n}\right)$ を表わしており、$A_1,\ A_2,\ \cdots$ を数値線上に並べると、図1.9のように、区間の幅を狭めながら $x = 0$ に向かって隙間を埋めていきます。0よりわずかでも大きな $x\ (0 < x \le 1)$ に対しては、必ずこの x を含む A_n が存在します。しかしながら、$x = 0$ を含む A_n は存在しません。したがって、これらの和集合は、次のような開区間になります。

$$A = A_1 \cup A_2 \cup \cdots = \bigcup_{n=1}^{\infty} A_n = (0, 1)$$

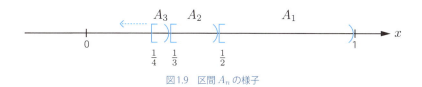

図1.9　区間 A_n の様子

なお、先に説明した集合演算の分配則 (1-4)、(1-5) は、次のように無限個の集合について拡張できます。

$$\left(\bigcup_{n=1}^{\infty} A_n\right) \cap B = \bigcup_{n=1}^{\infty} (A_n \cap B)$$

$$\left(\bigcap_{n=1}^{\infty} A_n\right) \cup B = \bigcap_{n=1}^{\infty} (A_n \cup B)$$

最後に、全体集合と補集合について説明しておきます。はじめに、ある集合 X を用意して、これを**全体集合**と呼ぶことにします。そして、X の部分集合をいくつか集めたグループ $\{A, B, C, \cdots\}$ を考えます。一般に、このような集合の集まりを**集合族**と呼びます。集合族に含まれる部分集合の数は、有限個でも無限個でもかまいません。このとき、ある部分集合 A に対して、X の要素の中でこれに含まれないもの全体を A^c と表わして、A の**補集合**と呼びます。内包的定義の記法で示すなら、次のようになるでしょう。

$$A^c = \{x \mid x \in X, x \notin A\}$$

和集合と積集合の補集合については、次の**ド・モルガンの法則**が成立します。

$$(A \cap B)^c = A^c \cup B^c \tag{1-11}$$

$$(A \cup B)^c = A^c \cap B^c \tag{1-12}$$

こちらもまた、無限個の集合に拡張できます。

$$\left(\bigcap_{n=1}^{\infty} A_n\right)^c = \bigcup_{n=1}^{\infty} A_n^c$$

$$\left(\bigcup_{n=1}^{\infty} A_n\right)^c = \bigcap_{n=1}^{\infty} A_n^c$$

この他には、集合Aから集合Bに属する要素を除いたものを差集合と呼び、$A \setminus B$という記号で表わします。これは、内包的定義を用いて、次のように表現できます。

$$A \setminus B = \{x \mid x \in A, x \notin B\}$$

AとBがどちらも全体集合Xの部分集合である場合は、補集合を用いて次のように表現することも可能です。

$$A \setminus B = A \cap B^c$$

たとえば、差集合の記号を用いると、0以外の実数全体は次のように表わされます。$\{0\}$は、0だけを要素とする集合を表わす点に注意してください。

$$\mathbf{R} \setminus \{0\}$$

1.1.4　補足：論理式を用いた証明方法

ここで、少し寄り道をして、論理式を用いた証明方法について解説します。先ほど紹介したド・モルガンの法則（(1-11)、(1-12)）について、「これを証明してください」と言われた場合、あなたならどうするでしょうか？　図1.6のようなベン図を描いて納得することもできますが、図に頼らずに、もっと論理的に証明できないものでしょうか？　そのためには、論理式の扱い方を知っておく必要があります。

論理式においては、何らかの数学的な主張を命題と呼んで、$p, q, \cdots$といった記号で表わします。たとえば、$p : x \in A$（xは集合Aの要素である）のような感じです。次に、その否定命題を$\neg p$という記号で表わします。今の例であれば、$\neg p : x \notin A$とな

ります。そして、命題pと命題qの両方が成り立つという主張を$p \wedge q$と表わします。$\wedge$は「AND」を表わす記号です。一方、命題pと命題qの少なくともどちらか一方が成り立つという主張を$p \vee q$と表わします。$\vee$は「OR」を表わす記号です。

このとき、否定$\neg$とAND$\wedge$、OR$\vee$の組み合わせについて、次の関係が成り立ちます。

$$\neg(p \wedge q) \Leftrightarrow (\neg p \vee \neg q) \tag{1-13}$$

$$\neg(p \vee q) \Leftrightarrow (\neg p \wedge \neg q) \tag{1-14}$$

$\Leftrightarrow$は同値記号と呼ばれるもので、左の内容と右の内容は同じことを言っており、一方が成り立てば、必ず他方も成り立つということを意味します。上記の2つの関係は「論理式におけるド・モルガンの法則」とでも呼ぶべきもので、これらが正しいことは、いくつかの具体例を考えると納得できるでしょう。ただし、「あらゆる場合においてなぜこれが成り立つのか？」という哲学的な問題はここでは考えないようにします。とりあえずは、数学の基本的なルールとして受け入れておきましょう。

ここまでの準備ができれば、先ほどのド・モルガンの法則は、純粋に論理式だけを用いて証明することが可能です。具体的な説明はすぐ後でしますので、まずは、次の論理式の内容を1つずつ味わってみてください。

$$\begin{aligned}
x \in (A \cap B)^c &\Leftrightarrow x \notin A \cap B \\
&\Leftrightarrow \neg(x \in A \cap B) \\
&\Leftrightarrow \neg(x \in A \wedge x \in B) \\
&\Leftrightarrow \neg(x \in A) \vee \neg(x \in B) \\
&\Leftrightarrow x \notin A \vee x \notin B \\
&\Leftrightarrow x \in A^c \vee x \in B^c \\
&\Leftrightarrow x \in A^c \cup B^c
\end{aligned}$$

—— それぞれの同値変形の内容は理解できたでしょうか？ 念のために各変形を丁寧に説明すると、次のようになります。まず、1行目は補集合の定義そのものです。次に、1行目から2行目は、xは集合$A \cap B$の要素ではないという事実を否定$\neg$で書き直しています。そして、3行目への変形では、頭にある$\neg$は念頭から除いて、括弧内の関係のみに注目して書き直しています。xが$A \cap B$に属するということは、AとBの

両方に属するということで、これは、積集合 $A \cap B$ の定義と言ってもよいでしょう。そして、4行目への変形では、$x \in A$ を p、$x \in B$ を q として、(1-13) の関係を適用しています。この後は、これまでとは逆向きの書き換えを行ないます。つまり、5行目では、否定 $\neg$ を $\notin$ で書き直して、6行目では、A, B の要素でないという事実を補集合 A^c, B^c で書き直しています。最後に、7行目では、x が A^c または B^c の要素であることと、x は和集合 $A^c \cup B^c$ の要素であることが同値であるという事実を用いています。これは、和集合 $A^c \cup B^c$ の定義と言えるでしょう。

　以上の変形により、結局のところ、

$$x \in (A \cap B)^c \Leftrightarrow x \in A^c \cup B^c$$

という同値関係が示されました。これが任意の x について成り立つことから、(1-11) の関係が証明されます。(1-12) についても、(1-14) を用いて同様の論理式を書き下すことができます。すべての証明において、このような論理式を用いるわけではありませんが、理屈の上では、数学のすべての証明は、このような論理式で表現できます。論理式を用いた証明方法の強みは、証明しようとする事柄の内容から一歩離れて、機械的な論理記号の変形で先に進むことができるという点にあります。何かを証明しようとして行き詰まった際は、このような手法もあることを思い出してみるとよいでしょう。

1.2 実数の性質

1.2.1 有理数の性質

実数の性質を調べる準備として、まずは、有理数の性質を確認しておきます。みなさんもご存知のように、有理数は、2つの整数 $a, b\ (b \neq 0)$ を用いて $\dfrac{a}{b}$ という形で表わされる数です。有理数は、四則演算について閉じており、2つの有理数の和、差、積、商は、再び有理数になります。整数の場合、2つの整数の商は整数になるとは限りませんので、これは有理数の特徴と言えるでしょう。そしてもう1つ、整数と異なる有理数の特徴として、稠密性という性質があります。これは、任意の2つの有理数を取り上げたとき、この間に無数の有理数が存在するというものです ▶定理1 。実際、a, b が有理数で $a < b$ だとすると、

$$c = \frac{a+b}{2}$$

は $a < c < b$ を満たす有理数です。さらに、a と c について考えると、

$$d = \frac{a+c}{2}$$

は $a < d < c < b$ を満たす有理数です。このような議論を続けることで、a と b の間には無数の有理数があることが確認できます（図1.10）。これは、整数とは大きく異なる性質です。

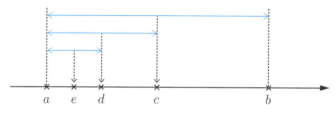

図1.10　a と b の間から無数の有理数を選択する様子

この結果を見ると、整数全体の集合 **Z** と有理数全体の集合 **Q** を比べた場合、後者の

ほうがより多くの要素を含むように思われます。しかしながら、$\mathbf{Z}$と$\mathbf{Q}$の要素はどちらも無限にありますので、単純にどちらのほうが多いかを議論するのは難しい気もします。このように、無限個の要素を持つ集合を比較する際の手法に、集合から集合への写像を構成するという方法があります。

たとえば、要素数が有限の集合AとBがあったとして、これらの間に全単射の写像が構成できたとします。この場合、AとBの要素数は一致することがわかります。要素数が異なる集合の間に、全単射の写像を構成することは不可能だからです。そこで、この考え方を拡張して、要素数が無限の集合AとBに対して、この間に全単射の写像が構成できた場合に、これらの要素数は同程度の無限大であると考えます。これを集合の濃度と言います。

そこで、はじめに、自然数の集合$\mathbf{N}$の濃度を$\aleph_0$（アレフ・ゼロ）と定義します[※2]。そして、自然数の集合と全単射で1対1に紐付けられる集合があった場合、その集合の濃度も同じく$\aleph_0$であるとします。「1.1.2 写像とは？」では、自然数の集合に対する写像を用いてリンゴの数を数えました。これと同様に、$\aleph_0$の濃度を持つ集合は、すべての要素をどれか1つの自然数に紐付けることができることから、自然数を用いてすべての要素を数え上げることができます。実際に数えようとすると、いつまでも数え終わらないという問題はありますが、少なくとも、すべての要素について対応する番号は用意されています。このような意味で、$\aleph_0$の濃度を持つ集合は、可算無限集合と呼ばれます▶定義2 。

ある集合が可算無限集合であることを示す際は、集合の要素を数える順番をうまく考える必要があります。たとえば、整数全体の集合$\mathbf{Z}$は可算無限集合になるのですが、これを示すには、図1.11のように、正の数と負の数を交互に数えていきます。これにより、自然数全体の集合から、整数全体の集合への全単射の写像が構成できます。このテクニックを用いると、可算無限集合が2つあった場合、これらを併せた集合も再び可算無限集合になることが証明できます。それぞれの集合の要素を交互に数えていくことで、自然数全体の集合からの全単射の写像を構成することができるからです。

※2 $\aleph$（アレフ）はヘブライ文字（アレフベート）の最初の文字です。

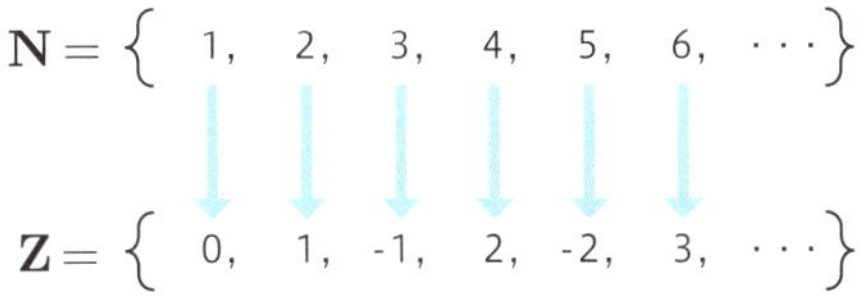

N = { 1, 2, 3, 4, 5, 6, ･･･ }
Z = { 0, 1, -1, 2, -2, 3, ･･･ }

図1.11　整数全体の集合$\mathbf{Z}$を数える方法

それでは、有理数全体の集合$\mathbf{Q}$についてはどうでしょうか？ ―― 図1.12の方法を用いると、自然数全体の集合から有理数全体の集合に対して、全単射の写像を構成することが可能です。本項の冒頭で述べたように、すべての有理数は、2つの整数の比で表わされます。図1.12では、正の整数を用いて正の有理数のみを縦横に整列して並べており、これを斜め方向に数えています。$\frac{2}{4}$のように、規約でない分数は飛ばして数えるものとしておきます。これで、正の有理数全体が可算無限集合であることがわかります。同様にして、負の有理数全体も可算無限集合になるので、これらを併せた有理数全体も可算無限集合ということになります。つまり、有理数全体の濃度は、整数全体と同じ$\aleph_0$になるのです▶定理4。

分子
分母
1 2 3 4 5 ･･･
1
2
3
4
1/1 2/1 3/1 4/1 5/1
1/2 2/2 3/2 4/2
1/3 2/3
1/4
①
②
③
④
⑤

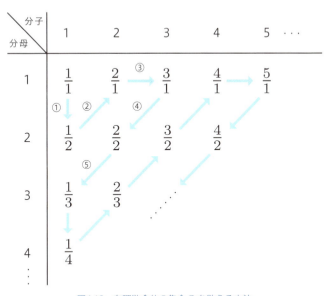

図1.12　有理数全体の集合$\mathbf{Q}$を数える方法

結局、自然数$\mathbf{N}$、整数$\mathbf{Z}$、有理数$\mathbf{Q}$は、すべて可算無限集合であることがわかりました。こうなってくると、そもそも可算無限集合でないようなものがあるのか疑わしく

なってきますが、もちろん、無限個の要素を持つ集合の中には、自然数の集合と1対1に紐付けることができないものもあります。この後で説明するように、実数全体の集合$\mathbf{R}$がこれにあたります。つまり、実数全体の要素数は、自然数全体の要素数よりも大きな無限大にあたるのです。実数全体の濃度を$\aleph$（アレフ）と呼び、この事実を$\aleph > \aleph_0$と表わします。

1.2.2 実数の完備性

先ほど、有理数の稠密性について説明しました。これは、数直線上における任意の微小区間の中に無数の有理数が存在することを意味します。ただし、無数にあるにもかかわらず、数直線を完全に埋め尽くすわけではありません。有理数と有理数の間には、必ず隙間が存在するのです。この事実は、デデキント切断という方法で表わすことができます。今、数直線上にある有理数全体をある点を境に2つの集合AとBに分けたとします。たとえば、次の例を考えます。

$$A = \{x \mid x \in \mathbf{Q}, x < 2\}$$
$$B = \{x \mid x \in \mathbf{Q}, x \geq 2\}$$

この場合、小さいほうのグループAには最大値となる要素はありません。任意の$a \in A$に対して、aと2の中点となる$a' = \dfrac{a+2}{2}$は、$a < a' < 2$を満たすAの要素となるからです。一方、大きいほうのグループBには最小値となる要素があります。$x = 2$がこれにあたります。これは、数直線上に存在する有理数全体を2という値を境にして、そのすぐ左で切断したと考えられます。

それでは、次の例はどうでしょうか？

$$A = \{x \mid x \in \mathbf{Q}, x \leq 0 \text{ または } x^2 < 2\}$$
$$B = \{x \mid x \in \mathbf{Q}, x > 0 \text{ かつ } x^2 \geq 2\}$$

やや作為的な感じもしますが、これは、図1.13のように、$\sqrt{2}$を境にして分けたことになります。この図を見ると、Aに最大値が存在するか、もしくは、Bに最小値が存在するように思われますが、実は、Aには最大値となる要素はなく、かつ、Bにも最小値となる要素はありません。この事実は、次のように背理法で示すことができます。仮にAに最大値aがあるとすると、これは、

$$a > 0,\ a^2 < 2 \tag{1-15}$$

を満たしています。そこで、これもまた作為的ですが、

$$a' = \frac{2a+2}{a+2}$$

という新しい有理数 a' を考えます。このとき、$a' > a$ かつ $a' \in A$ であることが計算で確認できます。具体的な計算は、次のとおりです。まず、

$$a' - a = \frac{2a+2}{a+2} - a = \frac{2a+2-a(a+2)}{a+2} = \frac{2-a^2}{a+2} > 0$$

より、$a' > a$ が言えます。最後の不等号は、(1-15) より成り立ちます。次に、

$$2 - a'^2 = 2 - \frac{(2a+2)^2}{(a+2)^2} = 2 - \frac{4a^2+8a+4}{a^2+4a+4}$$
$$= \frac{2(a^2+4a+4)-(4a^2+8a+4)}{a^2+4a+4}$$
$$= \frac{-2a^2+4}{a^2+4a+4} = \frac{2(2-a^2)}{a^2+4a+4} > 0$$

より、$a'^2 < 2$ であり、$a' \in A$ となります。最後の不等号は、やはり、(1-15) より成り立ちます。これは、a' が a より大きい A の要素であることを示しており、a が A の最大値であるという仮定に矛盾します。したがって、背理法により、A には最大値がないことが証明されました。B に最小値が存在しないことも同様の計算で示すことができます。

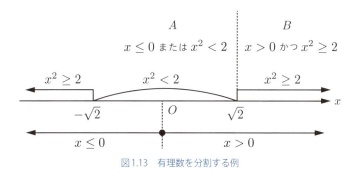

図1.13　有理数を分割する例

この結果は、$\sqrt{2}$ が有理数ではないことに由来するものですが、上記の計算には、$\sqrt{2}$ という値がどこにも登場していない点に注意してください。仮に人類が $\sqrt{2}$ の存在を知らなかったとしても、上記の計算を通して、A と B の間には「有理数ではない何か」が挟まっていることを読み取ることができるのです。

一方、有理数に対して、さらに無理数を加えた実数全体においては、このようなことにはなりません。任意の $a \in A, b \in B$ に対して $a < b$ を満たすように、実数全体を2つの集合 A と B に分けた場合、必ず、次のどちらかが成り立ちます。

- A に最大値が存在して、B に最小値が存在しない。
- B に最小値が存在して、A に最大値が存在しない。

このような実数の性質を完備性と言います▶定理2。なお、実数全体が確かに完備性を持つことを証明するには、実数の定義そのものに立ち戻る必要があります。ここではそこまでの深入りはせずに、上記の事実を受け入れておくことにします。興味のある人のためにヒントを出すと、有理数全体の集合に対して、上記のどちらかが成立しない（つまり、A に最大値がなく、B に最小値がない）切断が見つかった場合、そこに新しい無理数を付け加えて、上記のどちらかが成り立つように、有理数の集合を拡張していきます。最終的にすべての隙間を埋め尽くしたものを実数として定義すれば、実数全体が完備性を持つことは自明となります。歴史的には、1872年に数学者のリヒャルト・デデキントがこのような方法で実数を定義できることを示したので、この手法には、デデキント切断という名前が付けられています▶定義1。

実数の完備性はそれ自身で面白い性質ですが、これを利用することで、実数の部分集合に対して、「上に有界であれば上限、下に有界であれば下限を必ず持つ」ということが保証されます▶定理3。有界、上限、下限などの言葉の意味はすぐ後に説明しますが、上限と下限は、最大値と最小値を拡張した概念で、この性質は、実数に関するさまざまな定理を証明する際の強力なツールとなります。少し回りくどくなりますが、まずは、上限と下限の定義を正確に述べておきましょう。

まず、実数の集合 A に対して、「A より大きい実数」の集合 U_A を A の上界と呼びます。正確に定義すると、次のようになります。

$$U_A = \{x \mid \forall a \in A; a \leq x\}$$

ここで、上記の定義式における $a \leq x$ に等号が含まれている点に注意してください。たとえば、$A = [0, 1]$ であれば、A の上界は「1以上の実数全体」になります。U_A が空集合にならない（つまり U_A に属する実数が1つでも存在する）場合、A は<u>上に有界</u>であると言います。そして、A が上に有界な場合、U_A に含まれる要素の中で最小のものを A の<u>上限</u>と呼びます。

これと同様に、次の L_A を A の下界と呼びます。

$$L_A = \{x \mid \forall a \in A;\ x \leq a\}$$

そして、L_A が空集合にならない場合、A は<u>下に有界</u>であると言います。A が下に有界な場合、L_A に含まれる要素の中で最大のものを A の<u>下限</u>と呼びます。

確かに回りくどい定義ですが、具体例を考えると何を表わしているかはすぐにわかるでしょう。たとえば、閉区間 $A = [0, 1]$ を考えると、上界 U_A は、1以上のすべての実数になるので、上界の最小値、すなわち、上限は1になります。これは、A の最大値に一致します。それでは、開区間 $A = (0, 1)$ の場合はどうなるでしょうか？ この場合、A そのものに最大値はありませんが、上界 U_A は先ほどと同様に1以上のすべての実数になるので、上限は1になります。このように、A に最大値が存在しない場合でも、上限は必ず存在することになります。下限についても同様です。

それでは、実数の完備性を用いて、上限、あるいは、下限が必ず存在することを証明してみましょう。ここでは、例として上限について考えます。A の上界 U_A が空集合でないとするとき、U_A とその補集合 U_A^c の2つの集合を考えます。$x \in U_A^c$ とすると、$x \notin U_A$ より、$x < a$ となる $a \in A$ が存在します。このような $a \in A$ が存在しないことが、$x \in U_A$ の定義である点に注意してください。一方、$y \in U_A$ とすると、y は A の上界に含まれるので、$a \leq y$ となります。これより、$x < y$ が成り立つので、U_A^c と U_A は実数 $\mathbf{R}$ の切断を与えることがわかります。したがって、実数の完備性より、

- U_A^c に最大値が存在して、U_A に最小値が存在しない。
- U_A に最小値が存在して、U_A^c に最大値が存在しない。

のどちらかが成り立ちます。しかしながら、U_A^c に最大値が存在することはありえません。なぜなら、x が U_A^c の最大値だとすると、$x \notin U_A$ より、$x < a$ となる $a \in A$ が存在します。このとき、$a' = \dfrac{x + a}{2}$ を考えると、これは、U_A に属することはありませ

ん（$a' < a \in A$ なので、U_A の条件を満たしません）。つまり、$x < a' \in U_A^c$ となり、これは x が U_A^c の最大値であることに矛盾します。したがって、U_A^c には最大値が存在せず、U_A には必ず最小値が存在することになります。

一般に、A の上限を、

$$\sup_{a \in A} a \quad \text{もしくは} \quad \sup A$$

と表わします。また、A の下限を、

$$\inf_{a \in A} a \quad \text{もしくは} \quad \inf A$$

と表わします。$\sup$ と $\inf$ は、それぞれ、Superior（上位）、および、Inferior（下位）から作られた記号です。

1.2.3 実数の濃度

ここで、実数が可算無限集合ではないこと、すなわち、自然数から実数への全単射な写像を構成することは不可能であることを証明しておきます▶定理5。ここでは、すべての実数は、無限小数に展開できるという事実を利用します。実際にこのような展開が可能であることは、後ほど改めて証明します。

ここでは、開区間 $(0,1)$ に含まれる実数全体の集合を考えて、これが可算無限集合であると仮定して矛盾を導きます。これにより、区間 $(0,1)$ の実数は可算無限集合ではなく、これを含む実数全体 $\mathbf{R}$ も可算無限集合にはなりえないことが証明されます。今、開区間 $(0,1)$ に含まれる実数全体が可算無限集合であるとすると、この区間の実数全体を $\{a_1, a_2, \cdots\}$ のように一列に並べることができます。このとき、n 番目の実数 a_n を無限小数に展開したものを、

$$a_n = 0.c_1^{(n)} c_2^{(n)} \cdots$$

と表わします。0.1 のように有限小数で表現できるものは、$0.100\cdots$ のように 0 を続けるものとします。ここで、これらの無限小数を次のように縦に並べます。

$$a_1 = 0.c_1^{(1)} c_2^{(1)} c_3^{(1)} \cdots$$
$$a_2 = 0.c_1^{(2)} c_2^{(2)} c_3^{(2)} \cdots$$
$$a_3 = 0.c_1^{(3)} c_2^{(3)} c_3^{(3)} \cdots$$
$$\vdots$$

そして、対角線上の数字を拾って、新しい実数aを作ります。

$$a = 0.c_1'^{(1)} c_2'^{(2)} c_3'^{(3)} \cdots$$

このとき、それぞれの数字$c_n'^{(n)}$は、「$c_n^{(n)}$が偶数なら$c_n'^{(n)}$は1にする、$c_n^{(n)}$が奇数なら$c_n'^{(n)}$は2にする」というルールで数字の置き換えを行なったものとします。たとえば、

$$a_1 = 0.153\cdots$$
$$a_2 = 0.485\cdots$$
$$a_3 = 0.753\cdots$$
$$\vdots$$

に対しては、

$$a = 0.212\cdots$$

となります。このとき、aは、$(0,1)$に含まれる実数でありながら、$a_1, a_2, \cdots$のいずれとも一致することはありません。任意のa_nに対して、少なくともn番目の数字$c_n^{(n)}$は、aのn番目の数字$c_n'^{(n)}$と一致しないためです。これは、$\{a_1, a_2, \cdots\}$が区間$(0,1)$の実数をすべて並べたものであるという仮定に矛盾します。

これで、区間$(0,1)$の実数は可算無限集合ではないことが証明されました。したがって、この区間を含む実数全体$\mathbf{R}$も可算無限集合にはなりえません。先に説明したように、実数全体の集合の濃度を$\aleph$と表わして、$\aleph > \aleph_0$であることが示されました。また、一般に、実数と同じ濃度の集合を非可算無限集合と呼びます。上記の対角線上の数字を使った証明は、1891年に数学者のゲオルグ・カントールが用いたもので、カントールの対角線論法と呼ばれています。

それではここで、任意の実数が無限小数に展開できることを証明します。厳密な証明

を行なう前に、まずは、無限小数に展開する手続きを確認してみましょう。ある実数 x が与えられた際に、整数部分からはじめて、小数第 1 位、小数第 2 位……を順番に取り出していきます。x が負の値の場合は、$|x|$ を無限小数に展開してから頭にマイナスを付ければよいので、ここでは、$x > 0$ と仮定しておきます。はじめに、

$$k_0 \leq x < k_0 + 1$$

という条件を満たす整数 k_0 を取ります。これは、x の小数点以下を切り捨てた整数部分になります。次に、

$$k_1 \leq 10x < k_1 + 1$$

という条件を満たす整数 k_1 を取って、

$$c_1 = k_1 - 10k_0$$

と置くと、c_1 は小数第 1 位の数字になるはずです。そこで、一般に、

$$k_n \leq 10^n x < k_n + 1 \tag{1-16}$$

という条件を満たす整数 $k_n\ (n = 1, 2, \cdots)$ を次々に取って、

$$c_n = k_n - 10k_{n-1} \tag{1-17}$$

と定義していけば、

$$x = k_0.c_1 c_2 c_3 \cdots \tag{1-18}$$

という無限小数への展開ができることになります。

ただし、この説明だけでは、数学的な意味において厳密性に欠けています。そもそも (1-18) の表式における、最後の「・・・」は何を表わしているのでしょうか？ 直感的には、後ろに付ける c_n をどんどん増やしていくと、その値が x にどんどん近づいていくものと考えられます。この状況を正確に表現するには、極限の概念を導入する必要があります。

まず、一般に、実数の列 $\{a_n\}_{n=1}^{\infty} = \{a_1, a_2, \cdots\}$ が与えられた際に、任意の正の実数 $\epsilon > 0$ に対して、十分に大きな自然数 N を選ぶと、

$$n > N \Rightarrow |a_n - a| < \epsilon$$

が成り立つ場合、無限数列 $\{a_n\}_{n=1}^{\infty}$ は a に収束する、もしくは、極限値 a を持つと言い、これを次のように表わします。

$$\lim_{n \to \infty} a_n = a$$

ϵ（イプシロン）は、任意の実数と言いましたが、気持ちの上では、非常に小さな値を考えていると思ってください。仮に a_n と a が正確に一致することはなくても、十分に大きな n を取れば、その差がいくらでも小さくなることを表わしています。なお、前述の条件は次のような記号で表わすこともあります ▶定義3。

$$\forall \epsilon > 0;\ \exists N \in \mathbf{N}\ \text{s.t.}\ \forall n \in \mathbf{N};\ n > N \Rightarrow |a_n - a| < \epsilon$$

$\forall \epsilon > 0$、$\exists N \in \mathbf{N}$、そして、$\forall n \in \mathbf{N}$ という記号は、「1.1.3 集合の演算」の (1-7) と (1-10) に登場したものと同じで、まず、前半の「$\forall \epsilon > 0;\ \exists N \in \mathbf{N}\ \text{s.t.}\ \cdots$」は、「任意の $\epsilon > 0$ に対して、$\cdots$ を満たす自然数 N が存在する」という意味になります。s.t. は英語の「such that」を省略したものです。そして、その後ろは、任意の自然数 n について、n が N より大きければ、$|a_n - a| < \epsilon$ が成り立つということです。

このような極限の考え方を用いると、(1-18) は、次のように解釈できます。まず、次のように、小数第 n 位まで付け加えた値を a_n として、数列 $\{a_n\}$ を定義します[※3]。

$$a_1 = k_0 + \frac{c_1}{10}$$
$$a_2 = k_0 + \frac{c_1}{10} + \frac{c_2}{10^2}$$
$$a_3 = k_0 + \frac{c_1}{10} + \frac{c_2}{10^2} + \frac{c_3}{10^3}$$
$$\vdots$$

※3　無限数列 $\{a_n\}_{n=1}^{\infty}$ については、添字の範囲を省略して $\{a_n\}$ と表記することがあります。

一般には、次のように、再帰的に定義したと考えてもよいでしょう。

$$a_0 = k_0$$
$$a_n = a_{n-1} + \frac{c_n}{10^n} \ (n = 1, 2, \cdots) \tag{1-19}$$

このとき、

$$\lim_{n \to \infty} a_n = x \tag{1-20}$$

が成り立ったとすれば、実数xは数列$\{a_n\}$の極限として得られることになります
▶定理6。

ちなみに(1-20)を見て、「a_nとxが正確に一致することはないにもかかわらず、数列$\{a_n\}$がxに一致するというのは間違っている！」と考える人はいないでしょうか？
(1-20)は、「$\{a_n\}$がxに一致する」と言っているわけではありません。あくまで、a_nの値がどんどん近づいていく、その行き先がxであると言っているだけです。この極限値xは、数列$\{a_n\}$に対して一意的に決まるものですので、xという値の別名として、数列$\{a_n\}$を用いていると考えてもよいでしょう。また、前述のようにϵとNを用いて極限を定義する方法をϵ-δ論法と呼ぶことがあります[※4]。

● 数列の極限の一意性

本文中で、「極限値xは、数列$\{a_n\}$に対して一意的に決まる」と書きましたが、ここで、「極限値は本当に一意なのだろうか（複数の極限値を持つことはないのだろうか）？」という疑問を持つ人もいるかもしれません。実は、極限値が一意であることを証明するには、「2.2.1　関数の極限」で紹介する、三角不等式を利用する必要があります。ここでは、少し先取りして、これを説明しておきましょう。

まず、任意の実数p, qに対して、

$$|p + q| \leq |p| + |q|$$

という関係が成り立ちます。これは、pとqのそれぞれについて、正の場合と負の場合を丁

[※4] δ（デルタ）という記号は、まだどこにも登場していませんが、この後「2.2.1　関数の極限」において、δを用いた類似の定義が用いられます。

寧に場合分けすれば、すぐに証明できます。これが三角不等式です。そして、p と q を $a-c$ と $c-b$ に置き換えると、

$$|a-b| \leq |a-c| + |b-c|$$

という関係が得られます。ϵ-δ 論法を用いた証明では、この形の三角不等式がよく利用されます。数列の極限が一意であることも、これを用いて、次のように証明されます。

今、数列 $\{a_n\}$ が x と y の2種類の極限を持っていたと仮定します。ϵ-δ 論法を用いると、任意の $\epsilon > 0$ に対して、十分に大きな n を取れば、

$$|a_n - x| < \epsilon, \ |a_n - y| < \epsilon$$

が成り立ちます。このとき、先ほどの三角不等式を利用すると、

$$|x - y| \leq |x - a_n| + |y - a_n| < 2\epsilon$$

という関係が得られます。これは、任意の $\epsilon > 0$ について成り立つべき関係ですが、仮に、$x \neq y$ だとすると、そうはなりません。$2\epsilon < |x-y|$ を満たす $\epsilon > 0$ については、上記の関係は成り立たなくなるからです。具体的には、$\epsilon = \dfrac{1}{3}|x-y| > 0$ などとすればよいでしょう。したがって、必ず、$x = y$ であり、数列 $\{a_n\}$ の極限は一意であることが証明されました。

これで、(1-18) の意味がはっきりしたので、これを厳密に証明することが可能になります。証明するべき事柄は、(1-19) で数列 $\{a_n\}$ を定義した際に、(1-20) が成り立つということです。これは、(1-17) を (1-19) に代入して、a_n を具体的に計算するとすぐにわかります。小手調べに a_1, a_2, a_3 を計算すると、次のようになります。

$$\begin{aligned}
a_1 &= k_0 + \frac{c_1}{10} = k_0 + \frac{1}{10}(k_1 - 10k_0) = \frac{k_1}{10} \\
a_2 &= a_1 + \frac{c_2}{10^2} = \frac{k_1}{10} + \frac{1}{10^2}(k_2 - 10k_1) = \frac{k_2}{10^2} \\
a_3 &= a_2 + \frac{c_3}{10^3} = \frac{k_2}{10^2} + \frac{1}{10^3}(k_3 - 10k_2) = \frac{k_3}{10^3}
\end{aligned}$$

これらより、一般に、

$$a_n = \frac{k_n}{10^n} \qquad (1\text{-}21)$$

となることがわかります。一方、(1-16) より、

$$\frac{k_n}{10^n} \le x < \frac{k_n}{10^n} + \frac{1}{10^n}$$

となるので、これに (1-21) を代入すると、次のように変形できます。

$$a_n \le x < a_n + \frac{1}{10^n}$$
$$0 \le x - a_n < \frac{1}{10^n}$$
$$|a_n - x| < \frac{1}{10^n}$$

したがって、任意の $\epsilon > 0$ に対して、十分に大きな N を取れば、

$$n > N \Rightarrow \frac{1}{10^n} < \epsilon \qquad (1\text{-}22)$$

とできるので、

$$n > N \Rightarrow |a_n - x| < \epsilon$$

が成立します。これで (1-20) が証明されました。

　無限小数展開の証明ができてすっきりしたところで、最後にもう1つだけ、理屈をこねておくことにしましょう。上記の証明では、(1-22) の関係を用いましたが、この関係は無条件に信じてよいのでしょうか？ 言い換えると、「これが成り立つことを証明しろ」と言われた場合には、どうすればよいのでしょうか？ せっかくですので、この関係も厳密に証明しておくことにしましょう。
　これには、アルキメデスの原則と呼ばれる定理が必要となります。これは、

- 任意の正の実数 $a > 0, b > 0$ に対して、$na > b$ となる自然数 n が存在する。

というものです ▶**定理7**。この定理は、「1.2.2 実数の完備性」で示した、上に有界な集合には必ず上限（上界の最小値）が存在するという事実を使って証明できます。

まず、集合 A を次で定義します。

$$A = \{na \mid n \in \mathbf{N}\}$$

このとき、任意の自然数 n に対して $na \leq b$ であると仮定すると、b は上界 U_A の1つの要素になります。したがって、A は上に有界であり、上界 U_A には最小値 s が存在します。このとき、s よりも小さい $s - a$ という値を考えると、これは上界には属さないので、$s - a$ より大きな A の要素 na が存在します。つまり、

$$s - a < na$$

となる n が存在します。さもなくば、$s - a$ は上界 U_A の要素になるからです。しかしながら、このとき、

$$s < (n+1)a$$

となるので、これは、s が上界 U_A の要素であるという事実に矛盾します。したがって、任意の自然数 n に対して $na \leq b$ となることはありえません。

これで、アルキメデスの原則が証明されました。ここで特に、$a = \epsilon, b = 1$ の場合を考えると、任意の $\epsilon > 0$ に対して、

$$n\epsilon > 1$$

すなわち、

$$\epsilon > \frac{1}{n} \tag{1-23}$$

となる自然数 n が存在することがわかります。そして最後に、任意の自然数 n に対して、

$$n < 10^n$$

すなわち、

$$\frac{1}{n} > \frac{1}{10^n} \tag{1-24}$$

であることが、数学的帰納法で証明されます。$n=1$ の場合は自明で、$n=k$ で成り立つとした場合、$n=k+1$ に対しては、

$$k+1 < 10^k + 1 < 10^k + 10 < 10^{k+1}$$

となるからです。(1-23) と (1-24) から、無事に (1-22) が証明されました。

　最後に行なったアルキメデスの原則の証明を振り返ると、実数の完備性から出発して、上限の存在を通して、ある意味ではあたり前の事実が厳密に証明されたことがわかります。数学の世界では、直感的にはあたり前で証明しろと言われても困ってしまうような事実でも、そのほとんどが、根本原理から出発すれば、きちんと証明できるのです。計算の道具として数学を利用する上では、具体的な証明方法までは気にしなくてよいことも多くありますが、その背後には、このように緻密な理論体系が隠されていることをぜひ覚えておいてください。

　ちなみに、「1.2.1　有理数の性質」では、2つの有理数の間には、必ず他の有理数が存在することを指摘しました。それでは、2つの無理数の間ではどうでしょうか？　実は、アルキメデスの原則を利用すると、2つの無理数の間にも必ず有理数が存在することが証明できます。たとえば、$a, b\,(0 < a < b)$ を（無理数を含む）任意の2つの実数としたとき、アルキメデスの原則から、$n(b-a) > 1$ を満たす自然数 n が存在します。これは、$nb > na + 1$ ということですので、nb と na の間には、1以上の幅があり、nb 以下の最大の自然数を m とすると、$nb > m > na$ が成り立ちます。仮に $na \geq m$ だとすると、$nb > na + 1 \geq m + 1$ となるので、$m+1$ も nb 以下の自然数ということで矛盾が生じます。したがって、

$$b > \frac{m}{n} > a$$

であり、a と b の間に有理数 $\dfrac{m}{n}$ が存在することがわかりました。a, b が負の値のときも同様の議論が可能です。これにより、任意の2つの実数の間に、必ず有理数が存在することが示されました 。

● 数列の発散

　本文の中では、無限数列 $\{a_n\}_{n=1}^{\infty}$ がある値 a に収束するということを ϵ-δ 論法を用いて定義しました。これと同様に、数列の値がどこまでも大きくなるということも ϵ-δ 論法で定義することができます。たとえば、$a_n = 2n + 1\,(n = 1, 2, \cdots)$ は、明らかにどこまでも大きくなります。これは、

> 任意の定数 $c > 0$ に対して、ある自然数 N が存在して、
> $n > N$ であれば、$a_n > c$ が成立する。

もしくは、

$$\forall c > 0;\ \exists N \in \mathbf{N}\ \text{s.t.}\ \forall n \in \mathbf{N};\ n > N \Rightarrow a_n > c$$

という形で表現することができます。「任意の定数 c」と言っていますが、実際には、どれだけ大きな c を持ってきても、a_n はそれより大きくなれるということを表わしています。このような条件が成り立つ場合、数列 $\{a_n\}$ は発散すると言い、この事実を、

$$\lim_{n \to \infty} a_n = +\infty$$

と書き表わします。∞ という値が存在するわけではなく、あくまでも、どこまでも大きな値を取りうるという事実を表わしているものと考えてください。これと同様に、$a_n = -2n + 1\,(n = 1, 2, \cdots)$ のように、負の値でどこまでも小さくなる場合は、

$$\lim_{n \to \infty} a_n = -\infty$$

と書き表わします。論理式で表わすと、次のようになります。

$$\forall c < 0;\ \exists N \in \mathbf{N}\ \text{s.t.}\ \forall n \in \mathbf{N};\ n > N \Rightarrow a_n < c$$

1.3 主要な定理のまとめ

ここでは、本章で示した主要な事実を定理、および、定義としてまとめておきます。

定理1　有理数の稠密性

任意の2つの相違なる有理数 $a > b$ に対して、$a > c > b$ を満たす有理数 c が無数に存在する。

定義1　デデキント切断

実数全体 $\mathbf{R}$ を次を満たす2つの集合 A, B に分割したとする。

$$A \cup B = \mathbf{R},\ A \cap B = \phi$$
$$a \in A, b \in B \Rightarrow a < b$$

このとき、集合の組 (A, B) を実数の1つの切断と呼ぶ。

定理2　実数の完備性

実数の任意の切断 (A, B) に対して、次のいずれかが成立する。

- A に最大値が存在して、B に最小値が存在しない。
- B に最小値が存在して、A に最大値が存在しない。

定理3　上限と下限の存在

実数の部分集合 A に対して、上界 U_A と下界 L_A を次式で定義する。

$$U_A = \{x \mid \forall a \in A;\ x \geq a\}$$
$$L_A = \{x \mid \forall a \in A;\ x \leq a\}$$

U_A が空集合でないとき A は上に有界であると言い、上に有界な集合 A には上限 $\sup A$（上界 U_A の最小値）が存在する。

L_A が空集合でないとき A は下に有界であると言い、下に有界な集合 A には下限 $\inf A$（下界 L_A の最大値）が存在する。

1.3 主要な定理のまとめ

定義2　可算無限集合

自然数全体の集合 $\mathbf{N}$ から集合 A に対する全単射な写像が存在するとき、A は可算無限集合であると言う。可算無限集合の濃度を $\aleph_0$ とする。

定理4　自然数、整数、有理数の濃度

自然数 $\mathbf{N}$、整数 $\mathbf{Z}$、有理数 $\mathbf{Q}$ は可算無限集合である。

定理5　実数の濃度

実数 $\mathbf{R}$ は可算無限集合ではない。すなわち、実数の濃度を $\aleph$ として、$\aleph > \aleph_0$ が成り立つ。この意味において、実数は非可算無限集合であると言う。

定義3　数列の極限

実数値からなる無限数列 $\{a_n\}_{n=1}^{\infty}$ に対して、ある実数 a が存在して次が成り立つとする。

$$\forall \epsilon > 0;\ \exists N \in \mathbf{N}\ \text{s.t.}\ \forall n \in \mathbf{N};\ n > N \Rightarrow |a_n - a| < \epsilon$$

このとき、無限数列 $\{a_n\}_{n=1}^{\infty}$ は a に収束する、もしくは、極限値 a を持つと言う。無限数列 $\{a_n\}_{n=1}^{\infty}$ が極限値を持つとき、その値を次の記号で表わす。

$$\lim_{n \to \infty} a_n$$

定理6　実数の無限小数展開

正の実数 x に対して、次の手続きで無限数列 $\{a_n\}_{n=0}^{\infty}$ を構成する。はじめに、

$$k_n \leq 10^n x < k_n + 1$$

という条件を満たす整数 $k_n\ (n = 0, 1, \cdots)$ を取って、

$$c_n = k_n - 10 k_{n-1}\ (n = 1, 2, \cdots)$$

と定義する。その後、数列 $\{a_n\}_{n=0}^{\infty}$ を次式で再帰的に定義する。

$$a_0 = k_0$$
$$a_n = a_{n-1} + \frac{c_n}{10^n} \quad (n = 1, 2, \cdots)$$

このとき、この数列はxに収束する。すなわち、

$$\lim_{n \to \infty} a_n = x$$

が成立する。

定理7 アルキメデスの原則

任意の正の実数$a > 0, b > 0$に対して、$na > b$となる自然数nが存在する。

定理8 2つの実数間に存在する有理数

任意の実数$a, b\, (a < b)$に対して、$a < r < b$となる有理数rが存在する。

1.4 演習問題

問1 全体集合 X の部分集合 A, B について、次が成り立つことを集合演算の分配則(1-5)を用いて証明せよ。

$$A \cup B = A \cup (B \cap A^C) \tag{1-25}$$

問2 論理式による表現を用いて、(1-25)を証明せよ。この際、次の事実を用いてかまわない。

- 任意の命題 p について、$p \vee \neg p$ は常に成り立つ自明な関係であり、任意の論理式 p, q について次が成り立つ。

$$q \wedge (p \vee \neg p) \Leftrightarrow q$$

- 論理式の AND $\wedge$ と OR $\vee$ について、次の分配則が成り立つ。

$$(p \vee q) \wedge r \Leftrightarrow (p \wedge r) \vee (q \wedge r)$$
$$(p \wedge q) \vee r \Leftrightarrow (p \vee r) \wedge (q \vee r)$$

問3 可算無限集合 A_i が可算無限個 ($i = 1, 2, \cdots$) あるものとする。これらをすべて併せた集合 $\bigcup_{i=1}^{\infty} A_i$ は、やはり可算無限集合であることを示せ。

問4 実数 $\mathbf{R}$ の部分集合 $A \subset \mathbf{R}$ は、ある $c \in \mathbf{R}$ に対して、すべての要素 $x \in A$ が、$x < c$ を満たすものとする。このとき、$\sup A \leq c$ であることを証明せよ。

問5 $\displaystyle\lim_{n\to\infty} \frac{1}{n} = 0$ を ϵ-δ 論法を用いて証明せよ。

問6 $0 < a < 1$ に対して、$\displaystyle\lim_{n\to\infty} a^n = 0$ を証明せよ。

> 💡ヒント　$a = \dfrac{1}{1+h}$ と置いて計算する。

問7 任意の $a \in \mathbf{R}$ に対して、$\displaystyle\lim_{n\to\infty} \frac{a^n}{n!} = 0$ を証明せよ。

> 💡ヒント　m を $m > a$ を満たす自然数として、$n > m$ の場合に限定した上で、$n! = n(n-1)\cdots(m+1) \times m!$ と変形する。また、問6 の結果を利用する。

問8 無限数列 $\{a_n\}_{n=1}^{\infty}$ において、偶数番目の項だけを取り出した数列 $\{a_{2n}\}_{n=1}^{\infty}$ と奇数番目の項だけを取り出した数列 $\{a_{2n-1}\}_{n=1}^{\infty}$ を考える。このとき、$\{a_{2n}\}$ と $\{a_{2n-1}\}$ が同じ値 a に収束するならば、元の数列 $\{a_n\}$ も a に収束することを証明せよ。

問9 2つの無限数列 $\{a_n\}_{n=1}^{\infty}$ と $\{b_n\}_{n=1}^{\infty}$ は、$a_n \leq b_n$ $(n=1,2,\cdots)$ を満たすものとする。このとき、それぞれの極限が存在するならば、$\displaystyle\lim_{n\to\infty} a_n \leq \lim_{n\to\infty} b_n$ が成り立つことを証明せよ。

関数の基本性質

- 2.1 関数の基本操作
  - 2.1.1 関数の平行移動と拡大・縮小
  - 2.1.2 合成関数
  - 2.1.3 逆関数
- 2.2 関数の極限と連続性
  - 2.2.1 関数の極限
  - 2.2.2 関数の連続性
- 2.3 主要な定理のまとめ
- 2.4 演習問題

本章では、関数の平行移動と拡大・縮小に加えて、関数の微積分を議論する前提となる、関数の極限と連続性について説明していきます。

2.1 関数の基本操作

2.1.1 関数の平行移動と拡大・縮小

ここでは、実数上のある区間 I から実数 $\mathbf{R}$ への写像

$$f : I \longrightarrow \mathbf{R} \tag{2-1}$$
$$x \longmapsto y$$

を実数値関数と呼ぶことにします。単に関数といった場合は、実数値関数を考えているものとしてください。区間 I は、実数全体 $\mathbf{R}$ の他に、正の実数全体 $\mathbf{R}_+$ や 0 を除く実数全体 $\mathbf{R} \setminus \{0\}$ などが考えられます[※1]。実数値関数は、次のように表わされることがよくあります。

$$y = f(x) \tag{2-2}$$

「1.1.2 写像とは？」の (1-3) では、$f : A \longrightarrow B$ という記号において、B は写像の値域、すなわち、f によって移される先の値を集めた集合と説明しました。しかしながら、(2-1) の写像 f における値域は実数全体とは限りません。記号の使用方法を少しゆるやかにして、実数全体の部分集合を値域とする関数を (2-1) のように表記していると考えてください。

(2-2) の形式の実数値関数は、横軸を x、縦軸を y としたグラフに表わすことができます。このとき、任意の実数値関数 $y = f(x)$ に対して、グラフ上で (a, b) だけ平行移動した関数は、次で与えられます。

$$y = f(x - a) + b \tag{2-3}$$

※1 記号 $\mathbf{R} \setminus \{0\}$ の意味は、「1.1.3 集合の演算」の末尾を参照。

これは、新しい座標軸 (X, Y) を次式で用意したと考えると、理解できます。

$$X = x - a \qquad (2\text{-}4)$$
$$Y = y - b \qquad (2\text{-}5)$$

(x, y) 座標における点 (a, b) が、(X, Y) 座標の原点 $(0, 0)$ になるので、(X, Y) 座表の上に関数

$$Y = f(X) \qquad (2\text{-}6)$$

のグラフを描くと、(x, y) 座標では、(a, b) だけ平行移動した位置にグラフが現われることになります（図2.1）。(2-4)、(2-5) の関係を (2-6) に代入すると、(2-3) が得られます。(2-4)、(2-5) の右辺が引き算になっていることが不思議に感じられるかもしれませんが、そのような場合は、(X, Y) 平面に描いたグラフ $Y = f(X)$ を、

$$x = X + a$$
$$y = Y + b$$

という変換で、(x, y) 平面に持ってきたと考えるとよいでしょう。

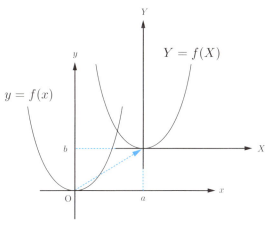

図2.1　グラフの平行移動

これと同様に、$y = f(x)$ のグラフを x 軸方向に w 倍、y 軸方向に h 倍に拡大した関

2.1.1　関数の平行移動と拡大・縮小

数は、次で与えられます。

$$y = hf\left(\frac{x}{w}\right)$$

こちらは、次の座標軸 (X, Y) を用意して、$Y = f(X)$ のグラフを描いたと考えることができます。

$$X = \frac{x}{w}$$
$$Y = \frac{y}{h}$$

(X, Y) 平面に描いたグラフを、

$$x = wX$$
$$y = hY$$

という変換で (x, y) 平面に書き直すと、確かに w 倍と h 倍に拡大されることがわかります。

2.1.2 合成関数

実数 x を関数 f で変換した値 $f(x)$ をさらに別の関数 g で変換すると、$g(f(x))$ という値が得られます。このように2つの関数を順番に適用したものを合成関数と呼び、次の記号で表わします。

$$g \circ f(x) = g(f(x))$$

合成関数 $g \circ f$ を定義する際は、関数 f の値域が関数 g の定義域に含まれている必要があります。たとえば、$f(x) = x^2$ と $g(x) = \sqrt{x}$ を合成すると、

$$g \circ f(x) = \sqrt{x^2}$$

という合成関数が得られます。この場合、任意の実数 x に対して $g \circ f(x)$ が計算できます。一方、$f(x) = 1 - x^2$ と $g(x) = \sqrt{x}$ を合成すると、

$$g \circ f(x) = \sqrt{1 - x^2}$$

という合成関数が得られます。この場合、xに任意の実数を代入することはできません。これは、fの値域が区間$(-\infty, 1]$であるのに対して、gの定義域が0以上の実数$\mathbf{R}_+$に制限されているからです。したがって、合成関数$g \circ f$を考える際は、その定義域を閉区間$[-1, 1]$に制限して考える必要があります。図2.2のように、関数$f(x)$の定義域を$[-1, 1]$に制限すると、その値域は$[0, 1]$となり、$\mathbf{R}_+$に含まれるようになるからです。

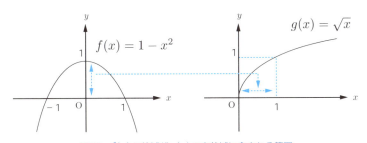

図2.2　$f(x)$の値域が$g(x)$の定義域に含まれる範囲

2.1.3　逆関数

関数fが単射の場合、値域に含まれる任意の値yについて、$y = f(x)$となる値xが一意に決まります。したがって、yをxに写像する逆方向の関数を構成することができます。これを関数fの逆関数と呼び、f^{-1}という記号で表わします。このとき、fとf^{-1}は定義域と値域が入れ替わる点に注意してください。たとえば、指数関数e^xとその逆関数である対数関数$\log_e x$を考えると、それぞれの定義域と値域は次のようになります[2]（図2.3）。

$$e^x : \mathbf{R} \longrightarrow (0, \infty)$$
$$\log_e x : (0, \infty) \longrightarrow \mathbf{R}$$

関数fとその逆関数f^{-1}について、一般に、$f^{-1} \circ f(x) = x$、および、$f \circ f^{-1}(x) = x$という関係が成り立ちます。つまり、$f^{-1} \circ f$と$f \circ f^{-1}$は、xをxに写像する恒

---

[2] 指数関数と対数関数については、「4.1　指数関数・対数関数」で詳しく説明します。

等関数になります。ただし、$f^{-1} \circ f$ と $f \circ f^{-1}$ では、定義域が異なります。指数関数 e^x と対数関数 $\log_e x$ の組み合わせであれば、次のようになります。

$$\log_e(e^x) : \mathbf{R} \longrightarrow \mathbf{R}$$
$$e^{\log_e x} : (0, \infty) \longrightarrow (0, \infty)$$

また、図2.3からもわかるように、関数 $y = f(x)$ と逆関数 $y = f^{-1}(x)$ のグラフは、お互いに直線 $y = x$ で折り返した形になります。なお、f が単射ではない場合、たとえば、$f(x) = x^2$ の場合、直線 $y = x$ でグラフを折り返すと、図2.4のようになります。この図からは、1つの $f(x)$ の値に対して、対応する x の値が2つあることが読み取れます。たとえば、$x = 1$ に対して $f(1) = 1$ が得られますが、逆に $f(x) = 1$ となる x の値には $x = \pm 1$ の2つがあります。このため、関数 f に対応する逆関数 f^{-1} を一意的に定めることはできなくなります。ただし、$f(x) = x^2$ の定義域を $[0, \infty)$ に制限すれば、その逆関数は、$f^{-1}(x) = \sqrt{x}$ と一意に定まります。あるいは、$f(x) = x^2$ の定義域を $(-\infty, 0]$ に制限すれば、その逆関数は、$f^{-1}(x) = -\sqrt{x}$ になります。この例からもわかるように、関数を考えるときは、その定義域を明確にしておくことが大切になります。

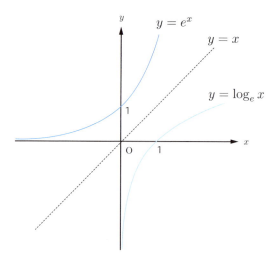

図2.3　指数関数 e^x と対数関数 $\log_e x$ のグラフ

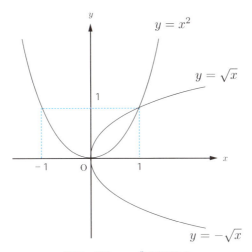

図2.4 関数 $y = x^2$ の逆関数？

2.2 関数の極限と連続性

2.2.1 関数の極限

関数の微分を説明する準備として、関数の極限について説明します。まず、「1.2.3 実数の濃度」では、数列の極限

$$\lim_{n \to \infty} a_n = a$$

を次のように定義しました。

$$\forall \epsilon > 0;\ \exists N \in \mathbf{N} \text{ s.t. } \forall n \in \mathbf{N};\ n > N \Rightarrow |a_n - a| < \epsilon \qquad \text{(2-7)}$$

これは、n を十分に大きくすることで、a_n と a の差がいくらでも小さくできることを表わしています。

一方、関数 $f(x)$ において、x がある特定の値 x_0 に近づくときに、$f(x)$ の値が a に近づくことを、

$$\lim_{x \to x_0} f(x) = a$$

と表わします。これは、(2-7) と同じ考え方を用いて、次のように定義されます▶定義4。

$$\forall \epsilon > 0;\ \exists \delta > 0 \text{ s.t. } \forall x \in \mathbf{R};\ 0 < |x - x_0| < \delta \Rightarrow |f(x) - a| < \epsilon \qquad \text{(2-8)}$$

ϵ がどれほど小さな値だとしても、x 軸上において x と x_0 の距離が十分に近ければ（ある値 δ 未満であれば）、$f(x)$ は a にいくらでも近づくことを意味すると考えてください。いわゆる ϵ-δ 論法と呼ばれる定義方法になります。(2-8) の右側にある不等式は、$f(x)$ と a の距離が ϵ 未満ということですので、次のように書いてもかまいません。

$$a - \epsilon < f(x) < a + \epsilon$$

$f(x) - a \geq 0$ のときと $f(x) - a < 0$ のときで場合分けすると、$|f(x) - a| < \epsilon$ と同値になることがわかります。この後、極限に関する定理を証明する際は、こちらの書

き方のほうが便利なこともあります。

そして、関数の極限を考える際は、$\lim_{x \to x_0} f(x)$ と $f(x_0)$ の違いにも注意する必要があります。たとえば、$f(x) = x$ とする場合、明らかに次の関係が成り立ちます。

$$\lim_{x \to 0} f(x) = 0 = f(0)$$

しかしながら、次の関数ではどうでしょうか？（図2.5）

$$f(x) = \begin{cases} x & (x \neq 0) \\ 1 & (x = 0) \end{cases}$$

かなり作為的な例ですが、任意の実数 x に対して、対応する $f(x)$ の値が決まるので、これも立派な関数です。この場合、

$$\lim_{x \to 0} f(x) = 0 \tag{2-9}$$

が成立しますが、これは、$f(0) = 1$ とは値が異なります。

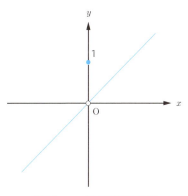

図2.5　$x = 0$ で不連続な関数

ちなみに、図2.5の関数に対して (2-9) が成り立つことは自明のようにも思われますが、これを厳密に証明するにはどのようにすればよいでしょうか？ (2-8) の定義に立ち戻ると、与えられた $\epsilon > 0$ に対して、$\delta = \epsilon$ と取ればよいことがわかります。実際、

$$0 < |x - 0| < \delta \qquad (2\text{-}10)$$

とするとき、

$$|f(x) - 0| = |x - 0| < \delta = \epsilon$$

となるので、$a = 0$ として、確かに (2-8) が成り立つことがわかります。このとき、(2-10) の左辺にある $0 < |x - 0|$ という条件が重要な役割を果たしている点に注意してください。仮にこの条件がないとすると、$x = 0$ に対しては、$|x - 0| < \delta$ であるにもかかわらず、$|f(x) - 0| = |1 - 0| = 1$ となるので、(2-8) の条件が満たされないことになります。つまり、(2-8) にある $0 < |x - x_0| < \delta$ という条件は、$x = x_0$ そのものには興味がなくて、$x \ne x_0$ でありながら、x が x_0 に限りなく近いという状況を調べることに対応しているのです。

ここで、もう1つ、次の作為的な例を考えてみることにしましょう。

$$f(x) = \begin{cases} 0 & (x \le 0) \\ 1 & (x > 0) \end{cases}$$

これは、図2.6のように、$x = 0$ で値が0から1に不連続に変化する関数で、ヘビサイド関数と呼ばれます。この場合、x が0に近づくといっても、右から近づく場合と左から近づく場合で行き先が異なることになります。このような状況を表現する際は、右極限と左極限を利用します。まず、右極限

$$\lim_{x \to x_0 + 0} f(x) = a$$

は、次で定義されます。

$$\forall \epsilon > 0;\ \exists \delta > 0 \text{ s.t. } \forall x \in \mathbf{R};\ 0 < x - x_0 < \delta \Rightarrow |f(x) - a| < \epsilon$$

(2-8) と比べると、$0 < |x - x_0| < \delta$ という条件から絶対値がなくなっているだけですが、これにより、$x > x_0$ という条件が追加されたことになっています。つまり、$x > x_0$ という条件を満たしながら、x の値を x_0 に限りなく近づけたときの $f(x)$ の値が右極限になります。同様に、左極限

$$\lim_{x \to x_0 - 0} f(x) = a$$

は、次で定義されます。

$$\forall \epsilon > 0;\ \exists \delta > 0 \text{ s.t. } \forall x \in \mathbf{R};\ 0 < x_0 - x < \delta \Rightarrow |f(x) - a| < \epsilon$$

この場合は、$x < x_0$ という条件を満たしながら、x の値を x_0 に限りなく近づけたときの $f(x)$ の値ということになります。特に $x_0 = 0$ に対する右極限と左極限は、$x \to +0$、および、$x \to -0$ という記号で表わします。これらの定義を用いると、先ほどのヘビサイド関数については、次が成り立ちます。

$$\lim_{x \to +0} f(x) = 1 \neq f(0)$$
$$\lim_{x \to -0} f(x) = 0 = f(0)$$

なお、右極限と左極限が同じ値 a になること

$$\lim_{x \to x_0 + 0} f(x) = \lim_{x \to x_0 - 0} f(x) = a$$

と、(左右を限定しない) 極限が a になること

$$\lim_{x \to x_0} f(x) = a$$

は同値になります。逆に、右極限と左極限が一致しない場合は、(左右を限定しない) 極限は存在しないことになります。

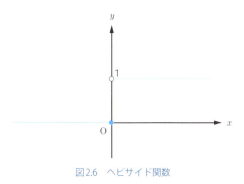

図2.6 ヘビサイド関数

ここで、2つの関数 $f(x)$ と $g(x)$ がそれぞれに $x \to x_0$ の極限を持つとします。

$$\lim_{x \to x_0} f(x) = a \tag{2-11}$$

$$\lim_{x \to x_0} g(x) = b \tag{2-12}$$

このとき、これらの和と積の極限について、次の関係が成り立ちます。

$$\lim_{x \to x_0} (f(x) + g(x)) = a + b \tag{2-13}$$

$$\lim_{x \to x_0} (f(x) g(x)) = ab \tag{2-14}$$

また、$b \neq 0$ であれば、次の関係も成り立ちます。

$$\lim_{x \to x_0} \frac{f(x)}{g(x)} = \frac{a}{b} \tag{2-15}$$

これらはすべて自明に思われますが、極限の定義に従って、厳密に証明できます ▶定理9 。まず、(2-11)、(2-12) の前提より、任意の $\epsilon' > 0$ に対して、次を満たす $\delta > 0$ を取ることができます[※3]。

$$0 < |x - x_0| < \delta \Rightarrow |f(x) - a| < \epsilon' \tag{2-16}$$

$$0 < |x - x_0| < \delta \Rightarrow |g(x) - b| < \epsilon' \tag{2-17}$$

一方、$|p + q| \leq |p| + |q|$ という関係を用いると、$p = f(x) - a$, $q = g(x) - b$ として、次の式変形が可能です[※4]。

$$|f(x) + g(x) - (a + b)| \leq |f(x) - a| + |g(x) - b| < 2\epsilon'$$

したがって、任意の $\epsilon > 0$ に対して、$\epsilon' = \dfrac{\epsilon}{2}$ とすれば、

$$0 < |x - x_0| < \delta \Rightarrow |f(x) + g(x) - (a + b)| < \epsilon$$

[※3] 一般には (2-16) と (2-17) の δ は、それぞれ異なる値になりますが、ここでは、それらのうちの小さいほうを選んで共通の δ としています。

[※4] この後で説明するように、$|p + q| \leq |p| + |q|$ は三角不等式と呼ばれます。p と q のそれぞれについて、正の場合と負の場合を場合分けすると、任意の実数 p, q について成り立つことがわかります。

となる $\delta > 0$ が取れることになります。これで (2-13) が示されました。(2-14) については、次のような式変形を行ないます。

$$\begin{aligned}|f(x)g(x) - ab| &= |f(x)(g(x) - b) + (f(x) - a)b| \\ &\le |f(x)||g(x) - b| + |f(x) - a||b| \\ &= |(f(x) - a) + a||g(x) - b| + |f(x) - a||b| \\ &\le (|f(x) - a| + |a|)|g(x) - b| + |f(x) - a||b| \\ &\le (\epsilon' + |a|)\epsilon' + \epsilon'|b| \\ &= \epsilon'(\epsilon' + |a| + |b|)\end{aligned}$$

したがって、任意の $\epsilon > 0$ に対して、$\epsilon'(\epsilon' + |a| + |b|) < \epsilon$ となる ϵ' を取れば、同様の議論が成り立ちます。この条件を満たす ϵ' は、直接計算で次のように求まります。

$$\epsilon' = \min\left(\frac{\epsilon}{1 + |a| + |b|}, \frac{1}{2}\right)$$

ここに、$\min(p, q)$ は、p と q のどちらか小さいほうを選択するという意味です。実際、

$$\epsilon' = \frac{\epsilon}{1 + |a| + |b|} < \frac{1}{2}$$

の場合であれば、

$$\epsilon = \epsilon'(1 + |a| + |b|) > \epsilon'(\epsilon' + |a| + |b|)$$

となり、

$$\epsilon' = \frac{1}{2} \le \frac{\epsilon}{1 + |a| + |b|}$$

の場合であれば、

$$\epsilon \ge \epsilon'(1 + |a| + |b|) > \epsilon'(\epsilon' + |a| + |b|)$$

が成り立ちます。

最後に、(2-15)については、

$$\lim_{x \to x_0} \frac{1}{g(x)} = \frac{1}{b} \tag{2-18}$$

が証明できれば十分です。なぜなら、これが成り立てば、(2-14)を用いて、

$$\lim_{x \to x_0} \frac{f(x)}{g(x)} = \lim_{x \to x_0} \left\{ f(x) \times \frac{1}{g(x)} \right\} = \lim_{x \to x_0} f(x) \times \lim_{x \to x_0} \frac{1}{g(x)} = \frac{a}{b}$$

と計算することができるからです。(2-18)を示すには、いくつかのステップに分けて考える必要があります。最終的な目標は、

$$\left| \frac{1}{g(x)} - \frac{1}{b} \right| = \frac{|b - g(x)|}{|b||g(x)|} \tag{2-19}$$

が十分に小さくなることを示すわけですが、右辺の分子は、

$$|b - g(x)| < \epsilon' \tag{2-20}$$

となることがすでにわかっています。一方、(2-19)の右辺全体を小さくするためには、分母については、なるべく大きくなるほうが有利です。言い換えると、$|g(x)|$がある値よりも大きくなることを示す必要があります。実は、(2-17)の右側の不等式を用いると、

$$\epsilon' < |b| \tag{2-21}$$

を満たす$\epsilon' > 0$に対して、

$$|g(x)| > |b| - \epsilon' \tag{2-22}$$

となることが言えます。具体的には、次のような計算になります。まず、(2-17)の右側の不等式を次の形に書き直します。

$$b - \epsilon' < g(x) < b + \epsilon' \tag{2-23}$$

次に、$b > 0$ と $b < 0$ で場合分けを行ないます。$b > 0$ の場合は、$\epsilon' < |b| = b$、つまり、$b - \epsilon' > 0$ となるので (2-23) の左側の不等式より、

$$0 < b - \epsilon' < g(x)$$

となり、

$$|g(x)| > b - \epsilon' = |b| - \epsilon'$$

が成り立ちます。$b < 0$ の場合は、$\epsilon' < |b| = -b$、つまり、$b + \epsilon' < 0$ となるので (2-23) の右側の不等式より、

$$g(x) < b + \epsilon' < 0$$

より、

$$|g(x)| = -g(x) > -b - \epsilon' = |b| - \epsilon'$$

となります。したがって、(2-19) に (2-20)、(2-22) を代入して、次の関係が得られます。

$$\left| \frac{1}{g(x)} - \frac{1}{b} \right| < \frac{\epsilon'}{|b|(|b| - \epsilon')}$$

これより、(2-21) を満たす $\epsilon' > 0$ の中でも、特に、

$$\frac{\epsilon'}{|b|(|b| - \epsilon')} < \epsilon$$

を満たすものが選択できれば、(2-18) が証明されます。上式を ϵ' について解くと、

$$\epsilon' < \frac{\epsilon |b|^2}{1 + \epsilon |b|}$$

となるので、結局、上式の右辺と $|b|$ の両方よりも小さい ϵ' を選択すればよく、たとえば、

$$\epsilon' = \min\left(\frac{\epsilon|b|^2}{2(1+\epsilon|b|)}, \frac{|b|}{2}\right)$$

と取ればよいことになります。

　なかなか面倒な式変形が続きましたが、本質的には、証明したい関係を ϵ-δ 論法の不等式で表現して、その不等式が成り立つことを導いているだけのことです。一度、証明ができてしまえば、細かい計算は忘れてしまってもかまわないでしょう。なお上記の証明の中で用いた、$|p+q| \leq |p| + |q|$ という関係は、三角不等式と呼ばれるもので、ϵ-δ 論法を用いた証明では、定番の関係式です。特に、$p = a - c$、$q = c - b$ と置くと、次の関係が得られます。

$$|a-b| \leq |a-c| + |c-b|$$

これは、a と b の差が小さくなることを示したいときに、別の値 c を間に挟んで、a と c、b と c の差がそれぞれに小さくなることを用いて示す手法として利用できます。

　本書の中ではそれほど頻繁には利用しませんが、数列の極限と同様に、関数の極限が発散する場合も ϵ-δ 論法で定義できます。たとえば、$f(x) = \dfrac{1}{x-1}$ という関数を考えると、$x = 1$ に右から近づく場合、すなわち、右極限 $x \to 1+0$ で無限大に発散して、左から近づく場合、すなわち、左極限 $x \to 1-0$ で負の無限大に発散することが直感的にわかります。この事実は、それぞれ、次の論理式で表現することが可能です。

$$\forall c > 0;\ \exists \delta > 0\ \text{s.t.}\ \forall x \in \mathbf{R};\ 0 < x - 1 < \delta \Rightarrow f(x) > c$$
$$\forall c < 0;\ \exists \delta > 0\ \text{s.t.}\ \forall x \in \mathbf{R};\ 0 < 1 - x < \delta \Rightarrow f(x) < c$$

また、これらが成立することを次の記号で表わします。

$$\lim_{x \to 1+0} f(x) = +\infty$$
$$\lim_{x \to 1-0} f(x) = -\infty$$

2.2.2 関数の連続性

一般に、極限 $\lim_{x \to x_0} f(x)$ が $f(x_0)$ に一致する、つまり、

$$\lim_{x \to x_0} f(x) = f(x_0) \tag{2-24}$$

が成り立つ場合に、関数 $f(x)$ は点 x_0 で連続であると言います。また、右極限、もしくは、左極限のみが一致する、つまり、

$$\lim_{x \to x_0+0} f(x) = f(x_0)$$

もしくは、

$$\lim_{x \to x_0-0} f(x) = f(x_0)$$

のどちらか一方だけが成り立つ場合は、それぞれ、点 x_0 で右連続、もしくは、左連続であると言います。関数の連続性は、直感的には、関数のグラフが連続に繋がっているかどうかを示すものです。たとえば、先ほどのヘビサイド関数（図2.6）は、$x = 0$ 以外のすべての点で連続で、点 $x = 0$ では左連続な関数ということになります。

また、関数 $f(x)$ が x_0 で連続であるということは、

$$\forall \epsilon > 0;\ \exists \delta > 0 \text{ s.t. } \forall x \in \mathbf{R};\ |x - x_0| < \delta \Rightarrow |f(x) - f(x_0)| < \epsilon$$

と表現することもできます▶定義5 。極限の定義では、$0 < |x - x_0| < \delta$ という条件、つまり、$x = x_0$ の場合は除外して考える必要がありましたが、今の場合は $x = x_0$ の場合を含めても問題ありません。$x = x_0$ であれば、$|f(x) - f(x_0)| = 0 < \epsilon$ は自明に成り立つからです。

そして、関数 $f(x)$ が集合 A のすべての点 x で連続になっている場合、この関数は A で連続であると言います。特に、閉区間 $I = [a, b]$ で連続な関数 $f(x)$ については、有名な中間値の定理が成り立ちます。これは、$f(a)$ と $f(b)$ の中間の任意の値 u に対して、$u = f(c)$ となる $c \in I$ が存在するというものです▶定理10 。$y = f(x)$ の連続に繋がったグラフを描けば、自明に成り立つ気がしますが、グラフを用いずに数式だけで厳密に証明しようとすると、少し工夫が必要になります。

ちなみに、グラフを描けば自明だと言いましたが、これは「連続な関数のグラフの線は連続的に繋がっている」という直感に基づいています。実は、この「グラフの線が繋がっている」という直感を支えるのが実数の完備性に他なりません。そこで、実数の完備性を用いて、中間値の定理を厳密に証明しておきましょう。ここでは、特に $f(a) < f(b)$ の場合を考えます。$f(a) > f(b)$ の場合も同じ流れで証明することが可能です。また、$f(a) = f(b)$ の場合は、中間値は $u = f(a) = f(b)$ しか存在しないので、$c = a$ または $c = b$ として自明に成り立ちます。

それでは、証明を進めます。はじめに、集合 S を次で定義します。

$$S = \{x \in I \mid f(x) < u\} \tag{2-25}$$

$S \subset I = [a, b]$ より S は上に有界な集合であり、「1.3 主要な定理のまとめ」の ▶定理3 により、上限

$$c = \sup S = \min\{x \mid \forall a \in S; x \geq a\}$$

が存在します。図2.7からわかるように、$f(x)$ が連続であれば、$f(c) = u$ となることが期待されます。この後は、この事実を示していきます。

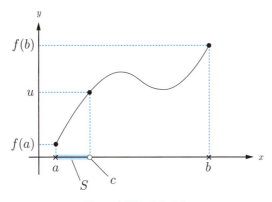

図2.7 中間値 u を取る点 c

まず、区間 $I = [a, b]$ が閉区間であることから、$c \in I$ となることが言えます。たとえば $c > b$ と仮定した場合、$c' = \dfrac{c+b}{2}$ (c と b の中点) とすると、$c > c' > b$ となるので、c' は S の上界に属する ($c' > b$) と同時に c よりも小さい要素 ($c > c'$) ということ

になり、cがSの上限（上界の最小値）であるという事実に矛盾します。$c<a$と仮定した場合も同様です[※5]。

次に、$f(x)$が点$x=c\in I$で連続であることから、任意の$\epsilon>0$に対して、ある$\delta>0$が存在して、

$$|x-c|<\delta \Rightarrow |f(x)-f(c)|<\epsilon$$

が成り立ちます。右側の条件は$f(x)$と$f(c)$の距離がϵ以下ということなので、次のように書いてもかまいません。

$$|x-c|<\delta \Rightarrow f(x)-\epsilon < f(c) < f(x)+\epsilon \tag{2-26}$$

ここで、Sの上限cよりδだけ小さい$c-\delta$という値を考えると、これはSの上界には属さないので、$c-\delta<a'$となる$a'\in S$が存在します。また、cがSの上限であることから、$a'\leq c$も成立します。つまり、$c-\delta < a' \leq c$であり、このa'は$|a'-c|<\delta$の条件を満たすので、(2-26)より、

$$f(c) < f(a')+\epsilon$$

が成り立ちます。さらに、$a'\in S$という事実から、Sの定義(2-25)を振り返って、$f(a')<u$が言えるので、結局、

$$f(c) < u+\epsilon \tag{2-27}$$

が成り立ちます。

一方、$c<a'<c+\delta$となる任意のa'を考えると、これもまた$|a'-c|<\delta$の条件を満たすので、(2-26)より、

$$f(a')-\epsilon < f(c)$$

となります。さらに、cがSの上限であることから$a'\notin S$であり、$f(a')>u$が言えます。したがって、

※5 この議論から、一般に、閉区間Iの任意の部分集合Sについて、その上限と下限は、Iに属することが言えます。

$$u - \epsilon < f(c) \tag{2-28}$$

が成り立ちます。

(2-27)と(2-28)を併せると、結局、

$$u - \epsilon < f(c) < u + \epsilon$$

すなわち、

$$|f(c) - u| < \epsilon \tag{2-29}$$

が任意の $\epsilon > 0$ に対して成り立つことが示されました。そして、この条件を満たすには、$f(c) = u$ である必要があります。さもなくば、十分小さな ϵ に対して(2-29)を満たすことができなくなるからです。以上によって、$f(c) = u$ を満たす $c \in I$ が存在することが証明できました。

以上の証明を振り返ると、「1.2.3 実数の濃度」でアルキメデスの原則を証明したときと同じように、集合 S の上限 c が存在するという事実が重要な役割を果たしていることがわかります。これこそが、実数の完備性から得られる事実でした。このように、実数の完備性によって、(2-24)で定義される数学的な意味での連続性と、グラフの線が繋がっているという直感的な意味での連続性が結び付けられているのです。

最後に、複数の関数を組み合わせた際の連続性を考えておきます。たとえば、関数 $f(x)$ が x_0 で連続で、関数 $g(y)$ が $y_0 = f(x_0)$ で連続とすると、合成関数 $g \circ f$ は x_0 で連続になります ▶定理11 。なぜなら、まず、$g(y)$ の連続性より、任意の $\epsilon > 0$ に対して、

$$|y - y_0| < \delta' \Rightarrow |g(y) - g(y_0)| < \epsilon \tag{2-30}$$

となる $\delta' > 0$ が取れます。(2-30)の y は、$|y - y_0| < \delta'$ という条件を満たすものであれば、何でもよい点に注意してください。さらにこの δ' に対して、$f(x)$ の連続性より、

$$|x - x_0| < \delta \Rightarrow |f(x) - f(x_0)| < \delta' \tag{2-31}$$

となる $\delta > 0$ が取れます。そこで、(2-31)を満たす x を1つ持ってきて、(2-30)の y として $y = f(x)$ を採用します。このとき、$|y - y_0| = |f(x) - f(x_0)| < \delta'$ となることから、

$$|g(y) - g(y_0)| = |g \circ f(x) - g \circ f(x_0)| < \epsilon$$

が成立します。つまり、任意の $\epsilon > 0$ に対して、

$$|x - x_0| < \delta \Rightarrow |g \circ f(x) - g \circ f(x_0)| < \epsilon$$

となる $\delta > 0$ が取れることが証明されました。

　この他には、関数 $f(x)$ と $g(x)$ がどちらも点 x_0 で連続であれば、$h(x) = f(x) + g(x)$、および、$h(x) = f(x)g(x)$ も点 x_0 で連続な関数になります。あるいは、$g(x_0) \neq 0$ であれば、$h(x) = \dfrac{f(x)}{g(x)}$ も点 x_0 で連続な関数になります ▶定理12 。これは、連続性の定義である、

$$\lim_{x \to x_0} f(x) = f(x_0)$$
$$\lim_{x \to x_0} g(x) = g(x_0)$$

を関数の極限に関する定理(2-13)〜(2-15)に当てはめることで得られます。

2.3 主要な定理のまとめ

ここでは、本章で示した主要な事実を定理、および、定義としてまとめておきます。

定義4 関数の極限

関数 $f(x)$ が $x \to x_0$ の極限で値 a を取ることを次の記号で表わす。

$$\lim_{x \to x_0} f(x) = a$$

これは、次の関係が成り立つことを意味する。

$$\forall \epsilon > 0;\ \exists \delta > 0 \text{ s.t. } \forall x \in \mathbf{R};\ 0 < |x - x_0| < \delta \Rightarrow |f(x) - a| < \epsilon$$

同様に、右極限 $x \to x_0 + 0$ が a である、

$$\lim_{x \to x_0 + 0} f(x) = a$$

とは、次が成り立つことを意味する。

$$\forall \epsilon > 0;\ \exists \delta > 0 \text{ s.t. } \forall x \in \mathbf{R};\ 0 < x - x_0 < \delta \Rightarrow |f(x) - a| < \epsilon$$

左極限 $x \to x_0 - 0$ が a である、

$$\lim_{x \to x_0 - 0} f(x) = a$$

とは、次が成り立つことを意味する。

$$\forall \epsilon > 0;\ \exists \delta > 0 \text{ s.t. } \forall x \in \mathbf{R};\ 0 < x_0 - x < \delta \Rightarrow |f(x) - a| < \epsilon$$

定理9　関数の和・積・商の極限

2つの関数 $f(x)$ と $g(x)$ が次を満たすとき、

$$\lim_{x \to x_0} f(x) = a$$
$$\lim_{x \to x_0} g(x) = b$$

次の関係が成り立つ。

$$\lim_{x \to x_0} (f(x) + g(x)) = a + b$$
$$\lim_{x \to x_0} (f(x)g(x)) = ab$$

さらに、$b \neq 0$ であれば、次の関係が成り立つ。

$$\lim_{x \to x_0} \frac{f(x)}{g(x)} = \frac{a}{b}$$

定義5　関数の連続性

関数 $f(x)$ が、

$$\lim_{x \to x_0} f(x) = f(x_0)$$

を満たすとき、点 x_0 で連続であると言う。右極限について、

$$\lim_{x \to x_0 + 0} f(x) = f(x_0)$$

を満たす場合、あるいは、左極限について、

$$\lim_{x \to x_0 - 0} f(x) = f(x_0)$$

を満たす場合は、それぞれ、右連続、および、左連続であると言う。関数 $f(x)$ が x_0 で連続であるということは、

$$\forall \epsilon > 0;\ \exists \delta > 0\ \text{s.t.}\ \forall x \in \mathbf{R};\ |x - x_0| < \delta \Rightarrow |f(x) - f(x_0)| < \epsilon$$

と表現することもできる。特に、関数 $f(x)$ が集合 A のすべての点 x で連続になっている場合、この関数は A で連続であると言う。

定理10. 中間値の定理

関数 $f(x)$ が閉区間 $I = [a, b]$ で連続であるとき、$f(a)$ と $f(b)$ の中間の任意の値 u に対して、$u = f(c)$ となる $c \in I$ が存在する。

定理11. 合成関数の連続性

関数 $f(x)$ が x_0 で連続で、関数 $g(y)$ が $y_0 = f(x_0)$ で連続とすると、合成関数 $g \circ f$ は x_0 で連続になる。

定理12. 関数の和・積・商の連続性

$f(x)$ と $g(x)$ がどちらも点 x_0 で連続であれば、$h(x) = f(x) + g(x)$、および、$h(x) = f(x)g(x)$ も点 x_0 で連続な関数になる。さらに、$g(x_0) \neq 0$ であれば、$h(x) = \dfrac{f(x)}{g(x)}$ も点 x_0 で連続な関数になる。

2.4 演習問題

問1 次の関数を実数 $\mathbf{R}$ から実数 $\mathbf{R}$ への写像と見なしたときに、それぞれ、全射、単射、もしくは、全単射のいずれかであるか調べよ。$\sin x$ は実数上の連続関数であるという事実を用いてもよい[※6]。

(1) $f(x) = x$
(2) $f(x) = x^2$
(3) $f(x) = \sin x$
(4) $f(x) = x \sin x$

問2 実数上で定義された次の関数は、それぞれ、$x = 0$ で連続であるか調べよ[※7]。

(1) $f(x) = \displaystyle\lim_{n \to \infty} \frac{1}{1 + 2^{nx}}$

(2) $f(x) = \begin{cases} \sin \frac{1}{x} & (x \neq 0) \\ 0 & (x = 0) \end{cases}$

(3) $f(x) = \begin{cases} x \sin \frac{1}{x} & (x \neq 0) \\ 0 & (x = 0) \end{cases}$

問3 閉区間 $I = [0, 1]$ で定義された連続関数 $f(x)$ が $0 \leq f(x) \leq 1$ を満たすとき、$f(x_0) = x_0$ となる点 $x_0 \in I$ が存在することを示せ。

※6 三角関数 $\sin x$ の性質については、「4.2 三角関数」を参照。
※7 指数関数 2^x の性質については、「4.1 指数関数・対数関数」を参照。

Chapter 3

関数の微積分

- 3.1 関数の微分
  - 3.1.1 微分係数と導関数
  - 3.1.2 導関数の計算例
- 3.2 定積分と原始関数
  - 3.2.1 連続関数の定積分
  - 3.2.2 導関数と積分の関係
- 3.3 主要な定理のまとめ
- 3.4 演習問題

3.1 関数の微分

3.1.1 微分係数と導関数

$x = x_0$ で連続な関数 $y = f(x)$ のグラフに対して、点 $(x_0, f(x_0))$ における接線の方程式を考えます。接線の傾きを α と置いて、点 $(x_0, f(x_0))$ を通るという条件を考慮すると、次の形になることがわかります。

$$y = f(x_0) + \alpha(x - x_0) \tag{3-1}$$

それでは、この直線の傾き α はどのように決まるのでしょうか？ x_0 から少しだけ離れた位置 x_1 を考えて、点 $(x_0, f(x_0))$ と点 $(x_1, f(x_1))$ を結ぶ直線 m を引いた後、x_1 を x_0 に近づけていくと、この直線は接線に近づいていきます（図3.1）。したがって、直線 m の傾き

$$l = \frac{f(x_1) - f(x_0)}{x_1 - x_0} \tag{3-2}$$

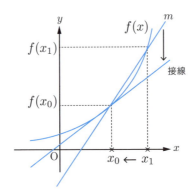

図3.1 接線の傾きを計算する方法

において、$x_1 \to x_0$ の極限を取ったものが α に一致すると期待できます。

$$\alpha = \lim_{x_1 \to x_0} \frac{f(x_1) - f(x_0)}{x_1 - x_0} \tag{3-3}$$

ただし、この期待できるという言い方は、数学的にはあまり厳密ではありません。そもそも、接線とはどういうものであるかが、まだ正確に定義されていませんので、(3-3)が接線の傾きに一致するかどうかを議論することはできません。そこで、ここでは、(3-3)で計算される極限 α が存在するときに、(3-1)を接線の方程式だと定義してしまいます。これは、直感的な接線の意味にもよく合致します。たとえば、次の関数を考えてみます。

$$f(x) = \begin{cases} 0 & (x < 0) \\ x & (x \geq 0) \end{cases}$$

この関数のグラフは、図3.2のように、$x = 0$ にカドがあります。これに対応して、傾き(3-2)に対する $x_1 \to 0$ の極限を考えると、右極限と左極限が異なる値になります。

$$\lim_{x_1 \to +0} \frac{f(x_1) - f(0)}{x_1 - 0} = \lim_{x_1 \to +0} \frac{x_1 - 0}{x_1 - 0} = 1$$

$$\lim_{x_1 \to -0} \frac{f(x_1) - f(0)}{x_1 - 0} = \lim_{x_1 \to -0} \frac{0 - 0}{x_1 - 0} = 0$$

この場合、(3-3)の極限は存在せず、$x = 0$ における接線は定義されないことになります。図3.1では、x_1 は右から x_0 に近づいていくように描かれていますが、左右のどちらから近づいた場合でも同じ傾きになることが要請されていると考えてください。こ

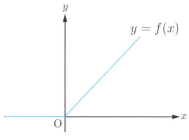

図3.2　原点にカドのある関数

のように定義されるαを関数$f(x)$の$x=x_0$における微分係数と呼びます。

微分係数、すなわち、(3-3)の極限を計算する際はx_0を固定して考えるわけですが、当然ながら、x_0を変化させるとこの値は変化します。そこで、関数$f(x)$に対して、一般の位置xにおける微分係数を表わす関数$f'(x)$を考えることができます。

$$f'(x) = \lim_{x_1 \to x} \frac{f(x_1) - f(x)}{x_1 - x} \tag{3-4}$$

これを関数$f(x)$の導関数と呼びます。つまり、xを固定して傾きを計算したものが微分係数αで、さらに、傾きを求める位置xを変数と見なしたものが導関数$f'(x)$ということになります▶定義6。導関数は$\dfrac{df}{dx}(x)$という記号で表わされることもあります。なお、導関数$f'(x)$の定義域は、関数$f(x)$の微分係数が存在する範囲に限られる点に注意が必要です。一般に、$x=x_0$における微分係数が存在するとき、関数$f(x)$は$x=x_0$で微分可能であると言います。

また、(3-1)において、座標軸(dx, dy)を、

$$dy = y - f(x_0)$$
$$dx = x - x_0$$

で定義すると、接線の方程式は、

$$dy = \alpha dx$$

と表わすこともできます。これは、図3.3のように、点$(x_0, f(x_0))$を原点とする新しい座標軸を考えていることになります。そして、この式を変形すると、

$$\frac{dy}{dx} = \alpha$$

となるので、$\dfrac{dy}{dx}$を微分係数αを表わす記号として使用することもあります。この記号は、あくまで特定の位置x_0における微分係数を表わしていますので、どの位置で考えているのかを明確にするように注意が必要です。特に、$x=x_0$における微分係数であることを強調して、$\dfrac{dy}{dx}(x_0)$、もしくは、$\left.\dfrac{dy}{dx}\right|_{x=x_0}$のように表わすこともあります。

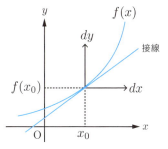

図3.3 座標軸 (dx, dy) の定義

🎖 ライプニッツの記法

微分係数を表わす記号 $\dfrac{dy}{dx}$ は、17世紀の哲学者・数学者であるゴットフリート・ライプニッツによって提唱されました。本文 (3-4) の定義式において、右辺の分母を x の変化分 Δx、分子を $y = f(x)$ の変化分 Δy と見なして、

$$f'(x) = \lim_{x_1 \to x} \frac{\Delta y}{\Delta x}$$

と表わした場合、$x_1 \to x$ の極限において、Δx と Δy はどちらも 0 に収束します[※a]。そこで、dx と dy を「無限に小さな変化量」を表わす記号として、

$$f'(x) = \frac{dy}{dx}$$

という記法が得られます。ただし、ライプニッツがこの記法を提唱した時代には、数学における極限の概念が整備されておらず、「無限に小さな変化量」という考え方には、いくつかの不備が残されていました。本書の立場では、本文で説明したように、dx, dy はあくまで座標軸を表わす記号であり、「無限に小さな量」という意味を無理に考える必要はありません。

[※a] Δ は、ギリシャ文字 δ（デルタ）の大文字。

これに関連して、(3-1) で決まる直線を関数 $f(x)$ の近似式と見なすことがあります。つまり、x_0 から少し離れた位置 x_1 における値 $f(x_1)$ を点 $(x_0, f(x_0))$ を通る 1 次関数で近似した値が、

$$y = f(x_0) + \alpha(x_1 - x_0) \tag{3-5}$$

で計算されるというものです。しかしながら、これもまた、どういう意味で最良の近似なのかをはっきりさせる必要があります。$\alpha = f'(x_0)$ とすると、$\alpha \neq f'(x_0)$ の場合に比べて何がよいのでしょうか？ これは、$x_1 \to x_0$ の極限で誤差が0になる速度を比較することで明確になります。まず、実際の $f(x_1)$ の値と (3-5) で近似した値の差を $g(x_1)$ とします（図3.4）。

$$g(x_1) = f(x_1) - \{f(x_0) + \alpha(x_1 - x_0)\} \tag{3-6}$$

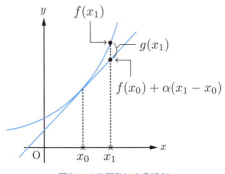

図3.4　1次関数による近似

ここで、直線の傾き α は微分係数 $\alpha = f'(x_0)$ を採用しているものとします。一方、それ以外の値 $\beta \neq f'(x_0)$ を傾きとして採用した場合の差を $h(x_1)$ とします。

$$h(x_1) = f(x_1) - \{f(x_0) + \beta(x_1 - x_0)\} \tag{3-7}$$

このとき、$x_1 \to x_0$ の極限において、$g(x_1)$ のほうが $h(x_1)$ よりも速く0に近づけば、$\alpha = f'(x_0)$ を傾きとするほうがよりよい近似だと考えることができます。そして、2つの関数 $g(x_1)$ と $h(x_1)$ が0に近づく速さを比較するには、これらの比の極限を計算します。たとえば、次の関係が成り立ったと仮定します。

$$\lim_{x_1 \to x_0} \frac{g(x_1)}{h(x_1)} = 0 \tag{3-8}$$

この場合、極限の定義に戻って考えると、

$$\forall \epsilon > 0;\ \exists \delta > 0\ \text{s.t.}\ \forall x_1 \in \mathbf{R};\ 0 < |x_1 - x_0| < \delta \Rightarrow |g(x_1)| < \epsilon |h(x_1)|$$

が成立します。つまり、x_1 が十分に x_0 に近ければ、$|g(x_1)|$ は $|h(x_1)|$ よりいくらでも小さくなるのです。そこで、(3-8) が成り立つことを持って、$g(x_1)$ は $h(x_1)$ よりも速く0に近づくと考えます。この意味において、$\alpha = f'(x_0)$ を傾きとする接線は、最良の1次近似であると主張することができます。

それでは、(3-8) が実際に成立することを計算で示します。まず、(3-6) より、α は次のように表現されます。

$$\alpha = \frac{f(x_1) - f(x_0)}{x_1 - x_0} - \frac{g(x_1)}{x_1 - x_0}$$

上式の右辺第1項は $x_1 \to x_0$ の極限で $\alpha = f'(x_0)$ に一致するので、両辺で $x_1 \to x_0$ の極限を取ると、次が得られます。

$$\lim_{x_1 \to x_0} \frac{g(x_1)}{x_1 - x_0} = 0 \tag{3-9}$$

一方、(3-7) を用いると、$g(x_1)$ と $h(x_1)$ の比は次のように計算されます。

$$\frac{g(x_1)}{h(x_1)} = \frac{g(x_1)}{f(x_1) - f(x_0) - \beta(x_1 - x_0)} = \frac{\frac{g(x_1)}{x_1 - x_0}}{\frac{f(x_1) - f(x_0)}{x_1 - x_0} - \beta}$$

最後の表式において、分子と分母それぞれで、$x_1 \to x_0$ の極限を考えると、(3-9) より分子は0になり、分母は $\alpha - \beta \neq 0$ になります。したがって、「2.3 主要な定理のまとめ」の ▶定理9 より、(3-8) が成立することになります。

ここで、改めて、(3-6) と (3-9) をまとめると、次が成り立つことがわかります。

$$f(x) = f(x_0) + f'(x_0)(x - x_0) + g(x),\quad \lim_{x \to x_0} \frac{g(x)}{x - x_0} = 0 \tag{3-10}$$

ここでは、文字 x_1 をより一般的な x に置き換えています。これは、「5.1.3　テイ

ラーの公式」で証明する公式の特別な場合にあたるもので、$f(x)$ を $f(x_0) + f'(x_0)(x - x_0)$ で近似した場合、その誤差は、$x \to x_0$ の極限で $x - x_0$ より速く0になるということを主張しています。さらに面白いことに、一般に、

$$f(x) = f(x_0) + \alpha(x - x_0) + g(x), \quad \lim_{x \to x_0} \frac{g(x)}{x - x_0} = 0$$

を満たす定数 α が存在した場合、$f(x)$ は $x = x_0$ で微分可能であり、α は $x = x_0$ における微分係数 $f'(x_0)$ に一致することが保証されます▶定理13。これは、

$$\frac{f(x) - f(x_0)}{x - x_0} = \alpha + \frac{g(x)}{x - x_0}$$

と変形して、両辺で $x \to x_0$ の極限を取るとすぐにわかります。そして、この事実を利用すると、複数の関数を組み合わせた際の微分係数を簡単に導くことができます。たとえば、$f(x)$ と $g(x)$ はどちらも点 x_0 で微分可能だとすると、(3-10) より次が成り立ちます。

$$f(x) = f(x_0) + f'(x_0)(x - x_0) + \tilde{f}(x), \quad \lim_{x \to x_0} \frac{\tilde{f}(x)}{x - x_0} = 0$$
$$g(x) = g(x_0) + g'(x_0)(x - x_0) + \tilde{g}(x), \quad \lim_{x \to x_0} \frac{\tilde{g}(x)}{x - x_0} = 0$$

このとき、これらの辺々を加えて

$$f(x) + g(x) = f(x_0) + g(x_0) + \{f'(x_0) + g'(x_0)\}(x - x_0) + \tilde{f}(x) + \tilde{g}(x)$$

と変形すると、関数 $h(x) = f(x) + g(x)$ に対して、

$$h(x) = h(x_0) + \{f'(x_0) + g'(x_0)\}(x - x_0) + \tilde{h}(x)$$

という関係が成り立ちます。ここに、

$$\tilde{h}(x) = \tilde{f}(x) + \tilde{g}(x)$$

であり、「2.3 主要な定理のまとめ」の ▶ 定理9 より、

$$\lim_{x \to x_0} \frac{\tilde{h}(x)}{x - x_0} = \lim_{x \to x_0} \left\{ \frac{\tilde{f}(x)}{x - x_0} + \frac{\tilde{g}(x)}{x - x_0} \right\} = 0$$

が成り立ちます。したがって、関数 $h(x)$ は $x = x_0$ で微分可能で、その微分係数は、

$$h'(x_0) = f'(x_0) + g'(x_0) \tag{3-11}$$

と決まります。

$f(x)$ と $g(x)$ の積についても同様に、

$$\begin{aligned}
f(x)g(x) &= \{f(x_0) + f'(x_0)(x - x_0)\} \{g(x_0) + g'(x_0)(x - x_0)\} \\
&\quad + \{f(x_0) + f'(x_0)(x - x_0)\} \tilde{g}(x) + \{g(x_0) + g'(x_0)(x - x_0)\} \tilde{f}(x) \\
&\quad + \tilde{f}(x)\tilde{g}(x) \\
&= f(x_0)g(x_0) + \{f'(x_0)g(x_0) + f(x_0)g'(x_0)\}(x - x_0) \\
&\quad + f'(x_0)g'(x_0)(x - x_0)^2 \\
&\quad + \{f(x_0) + f'(x_0)(x - x_0)\} \tilde{g}(x) + \{g(x_0) + g'(x_0)(x - x_0)\} \tilde{f}(x) \\
&\quad + \tilde{f}(x)\tilde{g}(x)
\end{aligned}$$

と変形して、最後の4つの項について、

$$\lim_{x \to x_0} \frac{f'(x_0)g'(x_0)(x - x_0)^2}{x - x_0} = \lim_{x \to x_0} f'(x_0)g'(x_0)(x - x_0) = 0$$

$$\lim_{x \to x_0} \frac{\{f(x_0) + f'(x_0)(x - x_0)\} \tilde{g}(x)}{x - x_0} = \lim_{x \to x_0} \{f(x_0) + f'(x_0)(x - x_0)\} \frac{\tilde{g}(x)}{x - x_0} = 0$$

$$\lim_{x \to x_0} \frac{\{g(x_0) + g'(x_0)(x - x_0)\} \tilde{f}(x)}{x - x_0} = \lim_{x \to x_0} \{g(x_0) + g'(x_0)(x - x_0)\} \frac{\tilde{f}(x)}{x - x_0} = 0$$

$$\lim_{x \to x_0} \frac{\tilde{f}(x)\tilde{g}(x)}{x - x_0} = \lim_{x \to x_0} \tilde{f}(x) \frac{\tilde{g}(x)}{x - x_0} = 0$$

となることから、関数 $h(x) = f(x)g(x)$ は $x = x_0$ で微分可能で、その微分係数は、

$$h'(x_0) = f'(x_0)g(x_0) + f(x_0)g'(x_0)$$

と決まります▶定理15 $\tilde{]}$ 。

　さらに、同じ方法で合成関数の微分の公式を導くこともできます。まず、$f(x)$ が x_0 で微分可能で、$g(y)$ が $y_0 = f(x_0)$ で微分可能とします。

$$f(x) = f(x_0) + f'(x_0)(x - x_0) + \tilde{f}(x), \quad \lim_{x \to x_0} \frac{\tilde{f}(x)}{x - x_0} = 0$$

$$g(y) = g(y_0) + g'(y_0)(y - y_0) + \tilde{g}(y), \quad \lim_{y \to y_0} \frac{\tilde{g}(y)}{y - y_0} = 0$$

このとき、$g \circ f(x) = g(f(x))$ は次のように計算されます。

$$\begin{aligned} g \circ f(x) &= g(y_0) + g'(y_0)(f(x) - y_0) + \tilde{g}(f(x)) \\ &= g(f(x_0)) + g'(f(x_0))(f(x) - f(x_0)) + \tilde{g}(f(x)) \\ &= g \circ f(x_0) + g'(f(x_0))\left\{f'(x_0)(x - x_0) + \tilde{f}(x)\right\} + \tilde{g}(f(x)) \\ &= g \circ f(x_0) + g'(f(x_0))f'(x_0)(x - x_0) + g'(f(x_0))\tilde{f}(x) + \tilde{g}(f(x)) \end{aligned}$$

ここで、最後の2つの項が $x \to x_0$ の極限で $x - x_0$ より速く0になることが次のように示されます。まず、1つ目の項は、

$$\lim_{x \to x_0} \frac{g'(f(x_0))\tilde{f}(x)}{x - x_0} = \lim_{x \to x_0} g'(f(x_0)) \frac{\tilde{f}(x)}{x - x_0} = 0$$

となります。2つ目の項については、

$$\lim_{x \to x_0} \frac{\tilde{g}(f(x))}{x - x_0} = \lim_{x \to x_0} \left\{ \frac{\tilde{g}(f(x))}{f(x) - f(x_0)} \times \frac{f(x) - f(x_0)}{x - x_0} \right\}$$

と変形して、$x \to x_0$ の極限で $y = f(x) \to y_0 = f(x_0)$ となることに注意すると[1]、

$$\lim_{x \to x_0} \frac{\tilde{g}(f(x))}{f(x) - f(x_0)} = \lim_{y \to y_0} \frac{\tilde{g}(y)}{y - y_0} = 0$$

※1 「3.4　演習問題」の問4で示すように、関数 $f(x)$ が $x = x_0$ で微分可能なとき、$f(x)$ は $x = x_0$ で連続になります。

および、

$$\lim_{x \to x_0} \frac{f(x) - f(x_0)}{x - x_0} = f'(x_0)$$

となるので、

$$\lim_{x \to x_0} \frac{\tilde{g}(f(x))}{x - x_0} = 0 \times f'(x_0) = 0$$

が言えます。したがって、$h(x) = g \circ f(x)$ とすると、$h(x)$ は $x = x_0$ で微分可能で、その微分係数は、

$$h'(x_0) = g'(f(x_0))f'(x_0) \tag{3-12}$$

と決まります ▶ 定理16 。

3.1.2 導関数の計算例

ここで、導関数の初歩的な計算例を確認しておきます。一般に関数 $f(x)$ の導関数を求めることを関数 $f(x)$ を微分すると言います。導関数の定義 (3-4) から直接に計算する場合は、$h = x_1 - x$ と置いて、次のように定義を書き直しておくと便利です。

$$f'(x) = \lim_{h \to 0} \frac{f(x+h) - f(x)}{h} \tag{3-13}$$

まず、つまらない例ですが、定数関数 $f_0(x) = 1$ については、次のように計算されます。

$$f'_0(x) = \lim_{h \to 0} \frac{1 - 1}{h} = 0 \tag{3-14}$$

一般に、定数関数 $f(x) = C$ の導関数は 0 になります[※2]。次に、$f_1(x) = x$, $f_2(x) = x^2$, $f_3(x) = x^3$ の導関数は、次のように計算されます。

※2 逆に、導関数が恒等的に 0 になる関数は、定数関数のみであることが、「3.2.2 導関数と積分の関係」で示されます。

$$f'_1(x) = \lim_{h \to 0} \frac{(x+h) - x}{h} = 1$$
$$f'_2(x) = \lim_{h \to 0} \frac{(x+h)^2 - x^2}{h} = \lim_{h \to 0} \frac{2hx + h^2}{h} = 2x$$
$$f'_3(x) = \lim_{h \to 0} \frac{(x+h)^3 - x^3}{h} = \lim_{h \to 0} \frac{3hx^2 + 3h^2x + h^3}{h} = 3x^2$$

一般に $f_n(x) = x^n \ (n = 1, 2, \cdots)$ に対して、$f'_n(x) = nx^{n-1}$ となることが次のように確認できます。

$$f'_n(x) = \lim_{h \to 0} \frac{(x+h)^n - x^n}{h} = \lim_{h \to 0} \frac{nhx^{n-1} + O(h^2)}{h} = nx^{n-1} \quad \text{(3-15)}$$

ここで、$O(h^2)$ は、$(x+h)^n$ を二項展開した際に現われる h の 2 次以上の項 (h^2, $h^3, \cdots$ を含む項) を表わします。

また、c を定数として、$\{cf(x)\}' = cf'(x)$ となることが次の計算で確認できます。

$$\{cf(x)\}' = \lim_{h \to 0} \frac{cf(x+h) - cf(x)}{h} = c \lim_{h \to 0} \frac{f(x+h) - f(x)}{h} = cf'(x)$$

したがって、先に示した (3-11) と併せると、a と b を定数として、次の関係が成り立ちます ▶ 定理14 。

$$\{af(x) + bg(x)\}' = af'(x) + bg'(x) \quad \text{(3-16)}$$

「定数倍の微分は微分の定数倍で、和の微分は微分の和になる」というこの性質を微分演算の線形性と呼ぶことがあります。この性質を利用すると、多項式の導関数は機械的に計算することができます。たとえば、

$$f(x) = (2x-1)^3 = 8x^3 - 12x^2 + 6x - 1$$

において、定数項 -1 の微分は 0 になることに注意すると、導関数は次になることがすぐにわかります。

$$f'(x) = 24x^2 - 24x + 6$$

ただし、この例の場合は、合成関数の微分の公式(3-12)を用いたほうが簡単です。公式にそのまま当てはめるのであれば、

$$f(x) = 2x - 1, \ g(x) = x^3$$

として、

$$h(x) = (2x - 1)^3 = g \circ f(x)$$

となるので、

$$f'(x) = 2, \ g'(x) = 3x^2$$

を用いて、

$$h'(x) = g'(f(x))f'(x) = 3(2x - 1)^2 \times 2 = 24x^2 - 24x + 6$$

と計算できます。上記のように、合成関数の形に明示的に書き直すと余計に面倒に感じられますが、実際に計算する際は、図3.5のように、$2x - 1$を1つの変数と見なして、このカタマリで微分した後に、$2x - 1$というカタマリ自身の微分を後ろに掛けるという操作を行ないます。

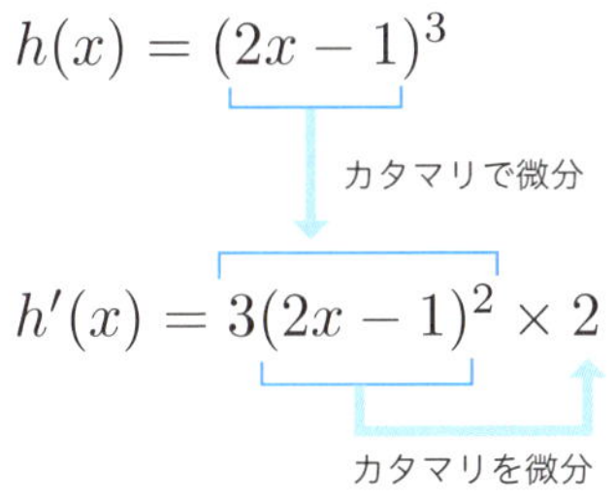

$$h(x) = (2x - 1)^3$$

カタマリで微分

$$h'(x) = 3(2x - 1)^2 \times 2$$

カタマリを微分

図3.5 「カタマリ」を用いた合成関数の微分

この手法は、3つ以上の関数が合成された場合でも適用可能です。たとえば、次の関数を微分するとどうなるでしょうか？

$$f(x) = \left\{(2x-1)^3 + 1\right\}^2$$

まず、$(2x-1)^3 + 1$ のカタマリで微分して、このカタマリ自身の微分を掛けると次のようになります。

$$f'(x) = 2\left\{(2x-1)^3 + 1\right\} \times \left\{(2x-1)^3 + 1\right\}'$$

さらに、後半のカタマリ自身の微分 $\left\{(2x-1)^3 + 1\right\}'$ については、$2x-1$ のカタマリで微分して、このカタマリ自身の微分を掛けることで次が得られます。

$$f'(x) = 2\left\{(2x-1)^3 + 1\right\} \times 3(2x-1)^2 \times 2$$

このように、「カタマリで微分して、カタマリ自身の微分を掛ける」という操作を連鎖的に繰り返す計算規則を**チェーンルール**と呼ぶことがあります。

ちなみに、先に微分係数を $\dfrac{dy}{dx}$ という記号で表わすこともあると説明しましたが、この記号を用いると、チェーンルールをわかりやすく表記することができます。たとえば、

$$y = f(x),\ z = g(y)$$

つまり、

$$z = g \circ f(x)$$

という関係がある場合を考えます。このとき、z の x による微分係数は、次のように表わされます。

$$\frac{dz}{dx} = \left\{g \circ f(x)\right\}'$$

この計算にチェーンルールを適用するとどうなるでしょうか？ はじめに、z を $f(x)$ のカタマリ、すなわち、y で微分して、その後ろにカタマリ自身である y の x による微分を掛けるわけですので、この操作は、次のように表現できます。

$$\frac{dz}{dx} = \frac{dz}{dy}\frac{dy}{dx} \tag{3-17}$$

仮に、dz、dy、dx が独立した変数だとすれば、これは、分子と分母の dy を約分しただけの関係と見ることもできます。ただし、これらは、微分係数を表わす記号の一部であり、実際には、独立した変数ではありません。(3-17)は、あくまで、チェーンルールをわかりやすく覚えるための表記法として利用してください。

それでは、次に、$f_{-1}(x) = x^{-1} = \dfrac{1}{x}$ の導関数を計算します。これは、(3-13)から直接に計算すると次のようになります。

$$f'_{-1}(x) = \lim_{h \to 0} \frac{\frac{1}{x+h} - \frac{1}{x}}{h} = \lim_{h \to 0} \frac{-1}{x(x+h)} = -\frac{1}{x^2} = -x^{-2}$$

$f_{-n}(x) = x^{-n} = \left(\dfrac{1}{x}\right)^n \ (n = 2, 3, \cdots)$ については、合成関数の微分を適用して、$\dfrac{1}{x}$ のカタマリで微分して、カタマリ自身の微分を掛けます。

$$f'_{-n}(x) = n\left(\frac{1}{x}\right)^{n-1} \times \left(-\frac{1}{x^2}\right) = -n\left(\frac{1}{x}\right)^{n-1}\left(\frac{1}{x}\right)^2 = -n\left(\frac{1}{x}\right)^{n+1} = -nx^{-n-1}$$

これらを (3-14)、(3-15) の結果と併せると、一般に、

$$\forall n \in \mathbf{Z};\ f_n(x) = x^n \Rightarrow f'_n(x) = nx^{n-1} \tag{3-18}$$

が成り立つことがわかります ▶定理17 。$n = 0$ の場合についても $f_0(x) = x^0 = 1$ より $f'_0(x) = 0$ であることから、この表式にうまく含まれることになります。

指数関数、対数関数、三角関数の導関数については、Chapter 4「初等関数」で、改めて解説します。

3.2 定積分と原始関数

3.2.1 連続関数の定積分

ここでは、まず、関数のグラフが表わす面積を計算する手法として、定積分を導入します。はじめに、ある閉区間 $I = [a, b]$ で定義された連続関数 $f(x)$ を考えて、図3.6のように、そのグラフを描きます。ここでは、$x \in [a, b]$ において、$f(x) > 0$ であるものとしています。このとき、区間 I を幅 $\Delta_n = \dfrac{b-a}{2^n}$ の 2^n 個の区間に等分割して、各区間において、その中の任意の点 $x = \xi_i \ (i = 1, \cdots, 2^n)$ を代表点として選びます[※3]。このとき、各区間における長方形の面積 $f(\xi_i) \times \Delta_n$ を合計した値

$$S(\Delta_n) = \sum_{i=1}^{2^n} f(\xi_i)\Delta_n \tag{3-19}$$

を考えると、これは、区間 I において、x 軸と関数 $f(x)$ のグラフで挟まれた部分の面積 S を近似したものと考えることができます。このような面積の近似計算の方法を**区分求積法**と呼びます。図3.6は、分割数が $4 \ (n = 2)$ の場合の例になります。そして、分割数 2^n をどんどん大きくする、すなわち、区間の幅 Δ_n を半分ずつに小さくしていくと、$S(\Delta_n)$ は、実際の面積の値 S に近づいていくものと期待できます。

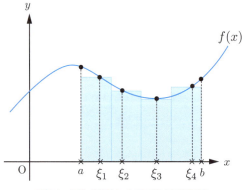

図3.6　区分求積法による面積の近似計算

※3　ξ（グザイ）はギリシャ文字の1つ。

この「どんどん近づいていく」という考え方は、極限の計算で用いた ϵ-δ 論法で表現できます。つまり、ある定数 S が存在して、任意の $\epsilon > 0$ に対して、ある $\delta > 0$ を取ると、$\Delta_n < \delta$ を満たす任意の分割 Δ_n に対して、

$$|S(\Delta_n) - S| < \epsilon \tag{3-20}$$

とできることが期待されます。この際、各区間において、代表点 ξ_i をどこに取るかによって、$S(\Delta_n)$ の値が変わることに注意が必要です。ここでは、代表点の取り方によらず、(3-20)が成り立つことを主張しています。

そして、この後すぐに示すように、実際にこの関係が成り立ち、(3-20)を満たす S は、一意的に決まります。つまり、(3-20)を満たす S の値は、ただ1つだけ存在して、この唯一の値が、グラフの面積 S に対応するというわけです。この値 S を関数 $f(x)$ の区間 $I = [a, b]$ における定積分と呼んで、次の記号で表わします。

$$S = \int_a^b f(x)\,dx \tag{3-21}$$

このような S が存在することは直感的には明らかですが、これを厳密に証明するには、実は、いくつかの定理を事前に証明しておく必要があります。いずれも解析学の世界では有名な基本定理ですので、まずは、順を追って丁寧に解説していきます。

はじめは、数列の収束に関するはさみうちの原理です。3つの無限数列 $\{a_n\}_{n=1}^{\infty}$、$\{b_n\}_{n=1}^{\infty}$、$\{c_n\}_{n=1}^{\infty}$ は、任意の $n \in \mathbf{N}$ について、次の大小関係を満たすとします。

$$a_n \leq c_n \leq b_n \tag{3-22}$$

このとき、

$$\lim_{n \to \infty} a_n = \lim_{n \to \infty} b_n = a \tag{3-23}$$

であるとすると、必ず、

$$\lim_{n \to \infty} c_n = a \tag{3-24}$$

が成り立ちます(図3.7)▶定理18。これは、極限の定義に戻るとすぐに証明できます。

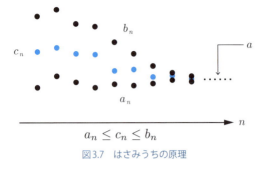

図3.7 はさみうちの原理

まず、(3-23) より、任意の $\epsilon > 0$ に対して、ある $N > 0$ があり、すべての $n > N$ に対して、

$$|a_n - a| < \epsilon, \ |b_n - a| < \epsilon$$

が成り立ちます。一方、(3-22) より、

$$|c_n - a_n| \leq |b_n - a_n|$$

が成り立ちます。したがって、三角不等式を用いて、次の式変形ができます。

$$\begin{aligned}|c_n - a| &\leq |c_n - a_n| + |a_n - a| \\ &\leq |b_n - a_n| + |a_n - a| \\ &\leq |b_n - a| + |a - a_n| + |a_n - a| < 3\epsilon\end{aligned}$$

ϵ の値は任意なので、3ϵ を改めて ϵ と定義すると、(3-24) が成り立つことがわかります。

次は、同じく、数列の収束に関するもので、上に有界で単調増加な無限数列、もしくは、下に有界で単調減少な無限数列は収束する、という事実です▶定理19。数列 $\{a_n\}_{n=1}^{\infty}$ が単調増加であるとは、$a_1 \leq a_2 \leq a_3 \leq \cdots$ のように、必ず値が増加していく（もしくは、変化しない）ということで、これが上に有界であるというのは、数列のすべての値を集めた集合 $\{a_n\}$ が上に有界である、つまり、上限 $a = \sup\{a_n\}$ が存在して、$\forall n \in N;\ a_n \leq a$ が成り立つということです。この場合、図3.8 からわかるように、直感的には、$\lim_{n \to \infty} a_n = a$ が成立するはずです。

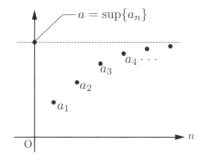

図3.8　上に有界で単調増加な無限数列

　これを証明するには、「上界の最小値」という、上限の定義に戻って考えます。仮に、ある $\epsilon > 0$ に対して、$a - \epsilon < a_n$ を満たす a_n が存在しないとすると、$a - \epsilon$ は集合 $\{a_n\}$ の上界に属することになり、a が上界の最小値であるという定義に矛盾します。したがって、任意の $\epsilon > 0$ に対して、ある a_N が存在して、$a - \epsilon < a_N$ が成り立ちます。このとき、任意の $n > N$ に対して、$a - \epsilon < a_N \leq a_n$ となるので、$a_n \leq a$ に注意して、$\forall n > N; |a - a_n| < \epsilon$ が成り立ちます。これは、$\lim_{n \to \infty} a_n = a$ であることを意味します。下に有界で単調減少な無限数列については、上限の代わりに下限を用いて、同じ議論が成立します。

　そして、この事実を用いると、有名な<u>ボルツァノ・ワイエルシュトラスの定理</u>が証明できます。これは、有界な無限数列 $\{a_n\}_{n=1}^{\infty}$ が存在したときに、その中から、収束する数列を必ず抽出できるというものです▶定理20。たとえば、$a_n = (-1)^n$ $(n = 1, 2, \cdots)$ という、± 1 の値を交互に取る数列を考えると、これは、任意の n について、$-1 \leq a_n \leq 1$ を満たす有界な数列です。このとき、数列 $\{a_n\}$ そのものは収束しませんが、偶数番目の項だけを取り出した部分列 $\{a_n\}$ $(n = 2, 4, 6, \cdots)$ を考えると、これは明らかに 1 に収束しています。

　一般に、このような部分列は、次の手続きで構成できます。まず、$m = \inf\{a_n\}$、$M = \sup\{a_n\}$ とすると、すべての要素 a_n は閉区間 $I_0 = [m, M]$ に含まれることになります。ここで、この閉区間を二分割して、$\left[m, \dfrac{m+M}{2}\right]$ と $\left[\dfrac{m+M}{2}, M\right]$ に分けます。このとき、どちらかの閉区間には、必ず、無限個の $\{a_n\}$ の要素が含まれるはずです。そこで、無限個の要素を含むほうの閉区間を I_1 とします。これを再び二分割すると、やはり、どちらかの閉区間には無限個の要素が含まれるので、それを I_2 とします。この操作を繰り返していくと、

$$I_0 \supset I_1 \supset I_2 \supset \cdots$$

という、徐々に狭まっていく閉区間の無限列が得られます。

このとき、各閉区間を $I_n = [m_n, M_n]$ $(n = 0, 1, 2, \cdots)$ と表わすと、区間の左端の値を並べた数列 $\{m_n\}_{n=0}^{\infty}$ は、単調増加で上に有界（$m_n \leq M$）なので、先ほど証明したように、ある値 a に収束します。さらに、閉区間の幅 $M_n - m_n$ は $\frac{1}{2}$ ずつに狭まるので、

$$M_n - m_n = \left(\frac{1}{2}\right)^n (M - m) \to 0 \ (n \to \infty)$$

となります。つまり、

$$\lim_{n \to \infty} m_n = a$$
$$\lim_{n \to \infty} (M_n - m_n) = 0$$

であり、これらより、区間の右端の値を並べた数列 $\{M_n\}_{n=0}^{\infty}$ も同じ値 a に収束することが言えます。なぜなら、これらの条件より、任意の ϵ に対して、十分大きな n を取れば、$|m_n - a| < \epsilon$、および、$|M_n - m_n| < \epsilon$ が成り立つので、三角不等式を用いて、

$$|M_n - a| \leq |M_n - m_n| + |m_n - a| < 2\epsilon$$

が得られます。したがって、$\lim_{n \to \infty} M_n = a$ が成り立ちます。

そして最後に、それぞれの閉区間 I_n から1つずつ要素を取り出した部分列 $\{b_n\}$ を作ります。このとき、$m_n \leq b_n \leq M_n$ であり、

$$\lim_{n \to \infty} m_n = \lim_{n \to \infty} M_n = a$$

であることから、はさみうちの原理により、

$$\lim_{n \to \infty} b_n = a$$

が成り立ちます。

次は、閉区間 $[a,b]$ 上の連続関数 $f(x)$ は、一様連続になるという定理です▶定理24。一様連続というのは、任意の $\epsilon > 0$ に対して、十分に小さな $\delta > 0$ を選択すると、

$$\forall x, x' \in [a,b];\ |x - x'| < \delta \Rightarrow |f(x) - f(x')| < \epsilon$$

が成り立つというものです▶定義7。これは、「関数 $f(x)$ が $[a,b]$ 上のすべての点で連続である」ということとは条件が異なるので注意してください。関数 $f(x)$ が $x = x_0$ で連続であると言った場合、与えられた ϵ に対して、x 軸上における x と x_0 の距離が δ 以下であれば $|f(x) - f(x_0)| < \epsilon$ となる δ が存在することになりますが、この δ の大きさは、考えている点 x_0 によって異なる可能性があります。$f(x)$ の値が大きく変化する点 x_0 の周りであれば、その分だけ、δ は小さくする必要があります。一方、区間 $[a,b]$ で一様連続であるというのは、点 x_0 に関係なく、$[a,b]$ 全体で同じ δ の値が取れることを意味します。たとえば、開区間 $(0, \infty)$ で定義された関数

$$f(x) = \frac{1}{x}$$

を考えると、これは一様連続ではありません。2点 $x + \delta$ と x での $f(x)$ の値の差 Δf を計算すると、

$$\Delta f = f(x) - f(x + \delta) = \frac{1}{x} - \frac{1}{x + \delta} = \frac{\delta}{x(x + \delta)}$$

となりますが、これは、x が0に近づくにつれて、いくらでも大きくなります。つまり、δ を一定にした場合、すべての x において、Δf を一定値 ϵ より小さく保つことは不可能です（図3.9）。閉区間上で定義されている関数であれば、このようなことは起こらないというのが、この定理の主張になります。

これは、先ほど示した収束する部分列の存在を利用して、背理法で証明することができます。はじめに、閉区間 $[a,b]$ 上の連続関数 $f(x)$ が一様連続ではないと仮定します。すると、任意の $\epsilon > 0$ と $\delta > 0$ に対して、$|p - q| < \delta$ かつ $|f(p) - f(q)| \geq \epsilon$ となる2点 $p, q \in [a,b]$ が見つかります。そこで、$\epsilon > 0$ を1つ固定しておき、$\delta = \dfrac{1}{n}\,(n = 1, 2, \cdots)$ というように、δ を0に近づけていきながら、それぞれに対応する p と q の値を p_n および q_n として、数列 $\{p_n\}_{n=1}^{\infty}$ と $\{q_n\}_{n=1}^{\infty}$ を構成します。これらは有界な数列なので、

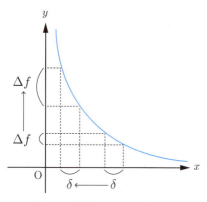

図3.9　一様連続ではない関数の例

収束する部分列が抽出できて、特に $\{p_n\}$ から抽出した数列を $\{p_{n_k}\}_{k=1}^{\infty}$ とします。ここで、n_k は k 番目に抽出した要素が元の数列の n_k 番目の要素であることを意味します。このとき、もう一方の数列 $\{q_n\}$ から同じ位置の要素を取り出して、数列 $\{q_{n_k}\}_{k=1}^{\infty}$ を作ると、これは、$\{p_{n_k}\}$ と同じ値に収束することがわかります。なぜなら、$\{p_{n_k}\}$ の収束先を c とすると、三角不等式を用いて、次の関係が成り立つからです。

$$|q_{n_k} - c| \leq |q_{n_k} - p_{n_k}| + |p_{n_k} - c| \leq \frac{1}{n_k} + |p_{n_k} - c| \to 0 \ (k \to \infty)$$

さらに、$p_n, q_n \in [a, b]$ であることから $c \in [a, b]$ であることが言えます。なぜなら、$\{p_{n_k}\}$ が c に収束することから、任意の $\epsilon > 0$ に対して、十分に大きな k を取ると、$|p_{n_k} - c| < \epsilon$、つまり、$c - \epsilon < p_{n_k} < c + \epsilon$ が成り立ちます。したがって、仮に $c > b$ だとすると、$\epsilon = \dfrac{c-b}{2}$ とした場合、図3.10より、$b < c - \epsilon < p_{n_k}$ となり、$p_{n_k} \in [a, b]$ に矛盾します。$c < a$ とした場合は、$\epsilon = \dfrac{a-c}{2}$ とすると、$p_{n_k} < c + \epsilon < a$ となり、やはり矛盾します。

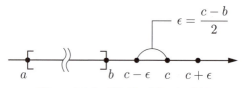

図3.10　収束先 c が $[a, b]$ の外部にある場合

そして、関数 $f(x)$ は区間 $[a,b]$ で連続であるという前提ですので、$c \in [a,b]$ においても連続であり、

$$\lim_{k \to \infty} f(p_{n_k}) = f(c), \ \lim_{k \to \infty} f(q_{n_k}) = f(c)$$

が成り立ちます。一方、数列 $\{p_n\}$ と $\{q_n\}$ をどうやって作ったかを思い出すと、任意の k に対して $|f(p_{n_k}) - f(q_{n_k})| \geq \epsilon$ が成立するはずですので、これは、$f(p_{n_k})$ と $f(q_{n_k})$ が同じ値 $f(c)$ に収束するという事実と矛盾します。したがって、背理法により、$f(x)$ は一様連続であることが証明されました。

上記の証明において、$f(x)$ が閉区間 $[a,b]$ で定義されているという条件が、どこで利用されているかに注意してください。もしも、開区間 (a,b) で定義されているとすると、$\{p_{n_k}\}$ と $\{q_{n_k}\}$ の共通の収束先 c は、開区間 (a,b) の境界値 a もしくは b に一致する可能性があります。この場合、$f(c)$ という値は存在しない可能性があるので、上記の議論は成り立たなくなります。先ほどの $f(x) = \dfrac{1}{x}$ という例であれば、$x = 0$ において、$f(x)$ は $+\infty$ に発散するので、上記の証明は当てはまらなくなるというわけです。

これでようやく、(3-20) を満たす S の存在を証明する準備ができました。はじめに、$S(\Delta_n)$ の値は代表点 ξ_i の取り方によって変わると言いましたが、特に、各区間において、長方形の面積 $f(\xi_i) \times \Delta_n$ が最大、もしくは、最小になるような点を選んだ場合を考えます。やや堅苦しく表現すると、区間 $I = [a,b]$ を分割した境界点を $x_i = a + \Delta_n \times i\ (i = 0, 1, \cdots, 2^n)$ として、

$$M_i = \sup_{x_{i-1} \leq x \leq x_i} f(x), \ m_i = \inf_{x_{i-1} \leq x \leq x_i} f(x)\ (i = 1, 2, \cdots, 2^n)$$

$$\overline{S}(\Delta_n) = \sum_{i=1}^{2^n} M_i \Delta_n, \ \underline{S}(\Delta_n) = \sum_{i=1}^{2^n} m_i \Delta_n \tag{3-25}$$

と定義します。このとき、明らかに、

$$\underline{S}(\Delta_n) \leq S(\Delta_n) \leq \overline{S}(\Delta_n) \tag{3-26}$$

が成り立ちます。

それでは、分割の幅 Δ_n を小さくしていくと、$\overline{S}(\Delta_n)$ と $\underline{S}(\Delta_n)$ の値は、それぞれ、どのように変化するでしょうか？ 図3.11からわかるように、より細かく分割するにつれて、$\overline{S}(\Delta_n)$ はだんだん小さくなり、逆に、$\underline{S}(\Delta_n)$ はだんだん大きくなります。

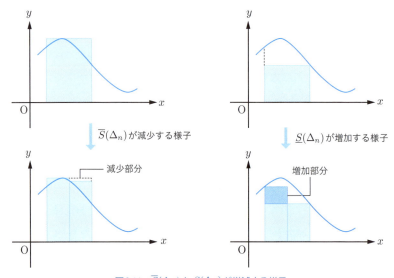

図3.11 $\overline{S}(\Delta_n)$ と $\underline{S}(\Delta_n)$ が増減する様子

$$\overline{S}(\Delta_1) \geq \overline{S}(\Delta_2) \geq \overline{S}(\Delta_3) \geq \cdots$$

$$\underline{S}(\Delta_1) \leq \underline{S}(\Delta_2) \leq \underline{S}(\Delta_3) \leq \cdots$$

図3.11の内容を数式で正確に表現すると、次のようになります。たとえば、1つの区間 $[x_1, x_2]$ をさらに半分に分割して、$[x_1, y]$ と $[y, x_2]$ $(y = \dfrac{1}{2}(x_1 + x_2))$ に分けた場合、

$$\sup_{x_1 \leq x \leq x_2} f(x) \geq \sup_{x_1 \leq x \leq y} f(x)$$

$$\sup_{x_1 \leq x \leq x_2} f(x) \geq \sup_{y \leq x \leq x_2} f(x)$$

が成り立ちます。したがって、

$$\sup_{x_1 \leq x \leq x_2} f(x)(x_2 - x_1) = \sup_{x_1 \leq x \leq x_2} f(x)(y - x_1) + \sup_{x_1 \leq x \leq x_2} f(x)(x_2 - y)$$
$$\geq \sup_{x_1 \leq x \leq y} f(x)(y - x_1) + \sup_{y \leq x \leq x_2} f(x)(x_2 - y)$$

という関係が成立します。これがすべての区間で成り立つので、これらを合計した $\overline{S}(\Delta_n)$ についても同じ不等式が成り立つというわけです。$\underline{S}(\Delta_n)$ についても、不等号の向きを変えて、同じ議論が成り立ちます。

したがって、任意の2種類の分割 $\Delta_n, \Delta_{n'}$ $(n > n')$ を考えた場合、次の関係が成り立ちます。

$$\underline{S}(\Delta_{n'}) \leq \underline{S}(\Delta_n) \leq \overline{S}(\Delta_n) \leq \overline{S}(\Delta_{n'})$$

この関係式から第2項と第4項を取り出して、特に $n' = 1$ の場合を考えると、任意の n について、$\underline{S}(\Delta_n) \leq \overline{S}(\Delta_1)$ が成り立ちます。したがって、数列 $\{\underline{S}(\Delta_n)\}_{n=1}^{\infty}$ は、上に有界で単調増加な数列であり、ある値 s に収束します。同様に、第1項と第3項を取り出して、$n' = 1$ の場合を考えると、任意の n について、$\underline{S}(\Delta_1) \leq \overline{S}(\Delta_n)$ が成り立ちます。したがって、数列 $\{\overline{S}(\Delta_n)\}_{n=1}^{\infty}$ は、下に有界で単調減少な数列であり、ある値 s' に収束します。

そして、この s と s' は一致することがわかります。まず、関数 $f(x)$ は閉区間 $[a, b]$ で定義された連続関数なので、一様連続であることが保証されます。つまり、任意の $\epsilon > 0$ に対して、ある $\delta > 0$ を選んで、$|x - x'| < \delta$ なら $|f(x) - f(x')| < \epsilon$ とすることができます。そこで、分割の幅 Δ_n が δ より小さくなる n を選ぶと、各区間における $f(x)$ の変化の幅は ϵ より小さくなり、

$$M_i - m_i \leq \epsilon \ (i = 1, 2, \cdots, 2^n)$$

が成り立ちます。この両辺に Δ_n を掛けて、i についての和を取ると、(3-25) の定義より、次の関係が得られます。

$$\overline{S}(\Delta_n) - \underline{S}(\Delta_n) \leq \epsilon(b - a) \tag{3-27}$$

これは、$\overline{S}(\Delta_n)$ と $\underline{S}(\Delta_n)$ の差はいくらでも小さくできることを意味しており、これより、$s = s'$ であることが言えます。もう少し厳密に説明すると、まず、

$$\lim_{n\to\infty} \underline{S}(\Delta_n) = s, \ \lim_{n\to\infty} \overline{S}(\Delta_n) = s'$$

という条件より、十分大きなnに対して、

$$|\underline{S}(\Delta_n) - s| < \epsilon \qquad (3\text{-}28)$$

$$|\overline{S}(\Delta_n) - s'| < \epsilon$$

が成り立ちます。したがって、三角不等式を用いて、

$$\begin{aligned}|s - s'| &= |(s - \underline{S}(\Delta_n)) + (\overline{S}(\Delta_n) - s') + (\underline{S}(\Delta_n) - \overline{S}(\Delta_n))| \\ &\leq |s - \underline{S}(\Delta_n)| + |\overline{S}(\Delta_n) - s'| + |\underline{S}(\Delta_n) - \overline{S}(\Delta_n)| \\ &< \epsilon + \epsilon + \epsilon(b-a) = \{2 + (b-a)\}\epsilon\end{aligned}$$

が得られます。$s \neq s'$ だとすると、十分に小さなϵに対して、上記の不等式が満たされなくなるので、$s = s'$ となる必要があります。結局、この共通の値を $S = s = s'$ として、

$$\lim_{n\to\infty} \underline{S}(\Delta_n) = S, \ \lim_{n\to\infty} \overline{S}(\Delta_n) = S$$

となることが示されました。

この結果を(3-26)と見比べると、はさみうちの原理から、$S(\Delta_n)$はSに収束すると言いたくなりますが、今の場合、$S(\Delta_n)$は各区間の代表点ξ_iの取り方によって値が変化するので、通常の意味での数列と見なすことはできません。ここでは、あくまで、(3-20)が成り立つことを示す必要があります。そこで、(3-26)より、

$$|S(\Delta_n) - \underline{S}(\Delta_n)| \leq |\overline{S}(\Delta_n) - \underline{S}(\Delta_n)|$$

が成り立つこと、および、(3-27)、(3-28)の関係を用いて、三角不等式を利用した次の計算を行ないます。

$$\begin{aligned}|S(\Delta_n) - S| = |S(\Delta_n) - s| &= |S(\Delta_n) - \underline{S}(\Delta_n) + \underline{S}(\Delta_n) - s| \\ &\leq |S(\Delta_n) - \underline{S}(\Delta_n)| + |\underline{S}(\Delta_n) - s| \\ &\leq |\overline{S}(\Delta_n) - \underline{S}(\Delta_n)| + |\underline{S}(\Delta_n) - s| \\ &< \epsilon(b-a) + \epsilon = (1 + b - a)\epsilon\end{aligned}$$

ϵ の値は任意なので、$(1+b-a)\epsilon$ を改めて ϵ と定義すると、(3-20) が得られます。これで、連続関数 $f(x)$ に対する定積分 (3-21) が定義できることがわかりました。

なお、以上の議論では、区間 $[a,b]$ を分割する幅は、半分ずつに減らしていくという前提でしたが、実は、必ずしもそのように減らす必要はありません。任意の幅で分割した場合においても、分割の幅を小さくしていく極限において、(3-20) を満たす S が一意に決まることが証明可能です。この際、分割した各区間の幅が同じである必要もありません。すべての区間の幅の最大値を「分割の幅」と定義して、この意味での分割の幅を小さくしていく極限を考えると、(3-20) を満たす S が一意に決まります[※4] ▶定義8 。このように、区分求積法で近似的に計算した面積の極限として定積分を定義する方法は、数学者のベルンハルト・リーマンによって、1868年に論文として公開されました。このため、(3-19) の $S(\Delta_n)$ を リーマン和、この極限として得られる定積分 S を リーマン積分 と呼ぶことがあります。

また、ここまでの説明では、グラフの面積というイメージを明確にするため、関数 $f(x)$ は、区間 $[a,b]$ で $f(x) > 0$ を満たすという前提で議論を進めてきました。それでは、この条件をはずすと、定積分の値はどのように決まるでしょうか？ この場合、x 軸よりも上の部分の面積は正の値で計算して、x 軸よりも下の部分の面積は負の値で計算することになります。図3.12の例では、S_1, S_2, S_3 は、それぞれの部分の面積を表わしており、$S_1, S_2, S_3 > 0$ であると考えてください。

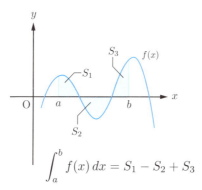

$$\int_a^b f(x)\,dx = S_1 - S_2 + S_3$$

図3.12　定積分と面積の関係

※4　具体的な証明方法については、読者の宿題とします。

さらにまた、本項の議論の出発点において、関数$f(x)$は閉区間$I = [a, b]$で連続であるという条件を課しました。定義域Iが閉区間であることがなぜ必要かというと、先の証明において、関数$f(x)$が一様連続であることを利用する必要があったからです。逆に言うと、定義域が開区間$I = (a, b)$であったとしても、その上で一様連続であるという前提条件を付ければ、まったく同じ方法で、定積分Sを定義できます ▶定理25 。

これは、図3.13のように、不連続点を含む関数の積分を考えるときに役立ちます。一般に、ある閉区間$I = [a, b]$を分割した有限個の区間があり、各区間の端点を$\{x_i\}_{i=0}^n (a = x_0 < x_1 < \cdots < x_n = b)$とします。このとき、それぞれの開区間$(x_0, x_1), (x_1, x_2), \cdots (x_{n-1}, x_n)$において、関数$f(x)$が一様連続であれば、各区間における定積分の和として、全区間Iにおける定積分Sが計算されることになります。図3.13の例であれば、次のように定積分が計算できます。

$$S = \int_0^3 f(x)\, dx = \int_0^1 (-1)\, dx + \int_1^2 4\, dx + \int_2^3 (-2)\, dx = -1 + 4 - 2 = 1 \quad \text{(3-29)}$$

これ以降では、このような場合を含めて、区間Iにおける定積分が存在する関数$f(x)$を「区間Iで積分可能」と表現することにします。

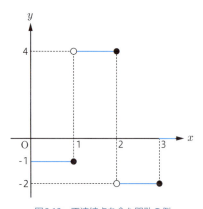

図3.13　不連続点を含む関数の例

なお、(3-29)における各区間の定積分は、該当部分のグラフの面積として計算しています。仮に、各区間に対して区分求積法を真面目に適用した場合でも、(3-19)の$S(\Delta_n)$は、分割によらず、（符号を含めた意味で）必ず該当区間の面積に一致するので、やはり同じ結果が得られます。

ここで、区分求積法を用いた定義からすぐにわかる公式をいくつか紹介しておきます。定義に基づいて厳密に証明することもそれほど難しくありませんが、「定積分は面積を表わす」と考えると、いずれも、直感的にも明らかな関係です。以下では、関数 $f(x)$ と $g(x)$ は、共に区間 $I = [a, b]$ で積分可能であるものとします。はじめに、定数関数 $f(x) = C$ の積分は、対象部分の面積として計算できて、

$$\int_a^b C\,dx = C(b-a)$$

が成り立ちます。次に、2つの関数の和の積分は、それぞれの積分の和になります。

$$\int_a^b \{f(x) + g(x)\}\,dx = \int_a^b f(x)\,dx + \int_a^b g(x)\,dx$$

また、α（アルファ）を任意の定数として、次が成り立ちます。関数の定数倍の積分は、積分の定数倍になります。

$$\int_a^b \alpha f(x)\,dx = \alpha \int_a^b f(x)\,dx$$

これらを組み合わせると、任意の定数 α, β（ベータ）に対して、次が成り立ちます。

$$\int_a^b \{\alpha f(x) + \beta g(x)\}\,dx = \alpha \int_a^b f(x)\,dx + \beta \int_a^b g(x)\,dx$$

この性質を積分演算の線形性と呼ぶことがあります。これは、(3-16) に示した、微分演算の線形性に対応する性質です。

次に、区間 I のすべての点 x で $f(x) \leq g(x)$ だとすると、次が成り立ちます。

$$\int_a^b f(x)\,dx \leq \int_a^b g(x)\,dx \qquad (3\text{-}30)$$

そして、この関係を利用すると、次の関係を示すことができます ▶定理26。

3.2.1 連続関数の定積分

$$\left| \int_a^b f(x)\,dx \right| \leq \int_a^b |f(x)|\,dx \tag{3-31}$$

具体的には、$-|f(x)| \leq f(x) \leq |f(x)|$ という関係に (3-30) を適用すると、次が得られます。

$$-\int_a^b |f(x)|\,dx \leq \int_a^b f(x)\,dx \leq \int_a^b |f(x)|\,dx$$

$\int_a^b f(x)\,dx$ が正の場合と負の場合に分けて考えると、(3-31) が成り立つことがわかります。ちなみに、この関係は、区分求積法における近似計算 (3-19) の形で表現すると、次のようになります。

$$\left| \sum_{i=1}^{2^n} f(\xi_i)\Delta_n \right| \leq \sum_{i=1}^{2^n} |f(\xi_i)|\Delta_n = \sum_{i=1}^{2^n} |f(\xi_i)\Delta_n|$$

これは、三角不等式 $|a+b| < |a|+|b|$ を 2^n 個の変数 $f(\xi_i)\Delta_n\ (i=1,\cdots,2^n)$ に適用したものに他なりません。この意味において、(3-31) は、**定積分の三角不等式**と呼んでもかまわないでしょう。

また、積分の区間について考えると、$c \in [a,b]$ として、次が成り立ちます ▶ 定理27 。

$$\int_a^b f(x)\,dx = \int_a^c f(x)\,dx + \int_c^b f(x)\,dx \tag{3-32}$$

ここまで、定積分の区間について、$a < b$ であるという前提でしたが、$a \geq b$ の場合は、次のように定積分を定義しておきます。

$$\int_a^a f(x)\,dx = 0,\ \int_a^b f(x)\,dx = -\int_b^a f(x)\,dx$$

そうすると、$c < a$、もしくは、$c > b$ の場合においても、区間 $I = [c,b]$、もしくは、$I = [a,c]$ で関数 $f(x)$ が積分可能であれば、(3-32) の関係が成り立つことになります。ただし、先に示した (3-30)、(3-31) は、$a \leq b$ が前提条件となります。このあ

たりの公式は、機械的に覚えるのではなく、定積分が面積を表わすという意味を考えながら利用するようにしていきましょう。

最後に、区分求積法を用いて、実際に定積分を計算する例を示しておきましょう。簡単な例として、$f(x) = x^2$ の場合を考えます。これは、任意の閉区間 $[a, b]$ において連続な関数なので、この区間における定積分が存在します。また、(3-32) を利用すると、次の関係が成り立ちます。

$$S = \int_a^b x^2 \, dx = \int_a^0 x^2 \, dx + \int_0^b x^2 \, dx = \int_0^b x^2 \, dx - \int_0^a x^2 \, dx \quad (3\text{-}33)$$

前述のように、(3-32) における c は、区間 $[a, b]$ に含まれている必要はない点に注意してください。したがって、一般に、区間 $[0, x_0]$ における定積分 $\int_0^{x_0} x^2 \, dx$ が計算できれば、この関係を用いて、任意の区間の定積分が計算できることになります。そこで、区間 $[0, x_0]$ を幅 $\Delta_n = \dfrac{x_0}{2^n}$ の区間に分割して、それぞれの区間の右端にあたる点 $\xi_i = i \times \Delta_n \, (i = 1, \cdots, 2^n)$ を各区間の代表点とします。このとき、区分求積法による面積の近似式 (3-19) は、次のように計算されます。

$$S(\Delta_n) = \sum_{i=1}^{2^n} f(\xi_i) \Delta_i = \sum_{i=1}^{2^n} \left(i \times \frac{x_0}{2^n} \right)^2 \frac{x_0}{2^n} = \left(\frac{x_0^3}{2^{3n}} \right) \sum_{i=1}^{2^n} i^2$$

最後の級数 $\displaystyle\sum_{i=1}^{2^n} i^2$ は、次の2乗和の公式で計算できます。

$$\sum_{k=1}^{n} k^2 = \frac{1}{6} n(n+1)(2n+1)$$

この公式を適用すると、次のような式変形が行なえます。

$$S(\Delta_n) = \left(\frac{x_0^3}{2^{3n}} \right) \frac{1}{6} 2^n (2^n + 1)(2 \times 2^n + 1) = \frac{1}{6} x_0^3 \left(1 + \frac{1}{2^n} \right) \left(2 + \frac{1}{2^n} \right)$$

最後の式変形では、$\dfrac{x_0^3}{2^{3n}}$ の分母に含まれる3つの 2^n $(2^{3n} = 2^n \times 2^n \times 2^n)$ を後ろの3つの項に分配しています。この形にすることで、分割数を増やしていった際の極限

が次のように決まります。

$$\int_0^{x_0} x^2 \, dx = \lim_{n \to \infty} S(\Delta_n) = \frac{1}{3} x_0^3$$

したがって、(3-33) より、次の結果が得られます。

$$S = \int_a^b x^2 \, dx = \frac{1}{3} \left(b^3 - a^3 \right) \tag{3-34}$$

この例からもわかるように、一般に、区分求積法による定義に従って定積分を計算するのは手間がかかります。次項では、原始関数を用いて、より簡単に定積分を計算する方法を説明します。

3.2.2 導関数と積分の関係

前項で (3-34) を計算する際は、次の関係を導いた後に、x_0 にいくつかの値（$x_0 = a$, $x_0 = b$ など）を代入していきました。

$$\int_0^{x_0} x^2 \, dx = \frac{1}{3} x_0^3$$

これは、上式を x_0 の関数と見なしていることに他なりません。一般に、関数 $f(x)$ に対する定積分で、上端を変数と見なして得られる関数

$$F(x) = \int_a^x f(x) \, dx \tag{3-35}$$

を $f(x)$ の不定積分と言います▶定義9 。ここで、関数 $f(x)$ は区間 $I = [a, b]$ で積分可能であり、$F(x)$ の定義域は I に一致するものとします。本来は、積分区間の上端を示す x と被積分関数の変数 x を区別して、

$$F(x) = \int_a^x f(x') \, dx'$$

と表わすべきですが、慣習的に(3-35)のような表記を用いることがあります。

そして、このとき、$F(x)$の導関数は$f(x)$に一致することが知られています。より正確に言うと、$f(x)$が区間Iで積分可能（すなわち、区間Iを有限個の開区間に分割して、それぞれの開区間で$f(x)$は一様連続）とすると、$F(x)$は区間I上の連続関数であり、I上の点x_0で$f(x_0)$が連続であれば、$x = x_0$において$F(x)$は微分可能で、

$$F'(x_0) = f(x_0)$$

が成り立ちます。これは、ある点xにおける関数$f(x)$の値は、xを増やしたときの不定積分$F(x)$の増加分（すなわち、$F(x)$の微分係数$F'(x)$）に一致するということで、不定積分が（点xを端点とする）関数$f(x)$のグラフの面積に対応すると考えると、自然に理解できます。

たとえば、次で定義されるヘビサイド関数の例を考えます。

$$f(x) = \begin{cases} 0 & (x \leq 0) \\ 1 & (x > 0) \end{cases}$$

区間$I = [-1, 1]$に限定して考えると、これは、この区間上で積分可能な関数です。$x = 0$は、不連続点であることに注意してください（図3.14左）。この関数の不定積分は、次のように計算されます（図3.14右）。

$$F(x) = \int_{-1}^{x} f(x)\,dx = \begin{cases} 0 & (x \leq 0) \\ x & (x > 0) \end{cases}$$

これは、定積分の定義に基づいて計算することもできますが、区間$[-1, x]$における関数$f(x)$のグラフの面積と考えても自然に成り立ちます。このとき、関数$F(x)$は、$I = [-1, 1]$のすべての点で連続になっており、点$x = 0$を除いて、$F'(x) = f(x)$が成り立つことがわかります。点$x = 0$においては、$F(x)$の右微分係数（$x \to +0$の極限で計算した微分係数）と左微分係数（$x \to -0$の極限で計算した微分係数）が一致せず、$x = 0$における微分係数$F'(x)$は定義されない点に注意してください。図3.14の右図からもわかるように、右微分係数は1で、左微分係数は0になります。これは、$x = 0$で$f(x)$が不連続であることに起因します。

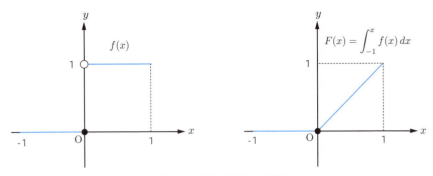

図3.14　ヘビサイド関数の定積分

　それでは、一般に上記の事実が成り立つことを証明していきましょう。はじめに、関数 $f(x)$ は区間 I で有界であることを示します。前述のように、区間 I を有限個の開区間に分割して、それぞれの開区間で $f(x)$ は一様連続という前提です。このとき、それぞれの開区間において、有界であることが示せれば十分です。なぜなら、開区間の端点は有限個なので、それらの点における $f(x)$ の値も有界になります。したがって、区間 I 全体で $f(x)$ は有界になります。

　そこで、ある1つの開区間 (p, q) を考えて、適当な $\epsilon > 0$ を1つ決めます。この区間において $f(x)$ が一様連続であることから、ある $\delta > 0$ が存在して、

$$\forall x, x' \in (p, q); |x - x'| < \delta \Rightarrow |f(x) - f(x')| < \epsilon \tag{3-36}$$

が成り立ちます。特に $x' = p + \delta$ の場合を考えると、

$$|x - x'| < \delta \Leftrightarrow x' - \delta < x < x' + \delta \Leftrightarrow p < x < p + 2\delta$$

より、

$$x \in (p, p + 2\delta) \Rightarrow |f(x) - f(p + \delta)| < \epsilon$$

が成り立ちます。これは、開区間 $(p, p + 2\delta)$ において $f(x)$ の値は、$f(p + \delta) \pm \epsilon$ の範囲に収まっており、この開区間において $f(x)$ は有界であることを意味します[5]。そこ

---

[5] $\delta \geq q - p$ の場合は、$x' = p + \delta \in (p, q)$ を取ることができませんが、この場合は、任意の $x' \in (p, q)$ を固定すれば、$x' - \delta < x < x' + \delta$ の範囲は、区間 (p, q) 全体を覆うので、この区間内で $f(x)$ が有界であることがすぐに言えます。

で、開区間 (p, q) を幅 2δ の有限個の開区間で覆うと、同様の議論により、それぞれの開区間で $f(x)$ は有界であることが言えます。これより、開区間 (p, q) 全体において、$f(x)$ は有界と言えます（図3.15）。

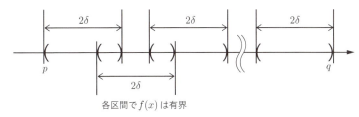

図3.15　有限個の開区間で覆う様子

なお、最後の結論を導く部分では、開区間 (p, q) が幅 2δ の有限個の開区間で覆えるという点が重要なポイントになります。たとえば、幅 2δ の開区間を互いに δ の幅だけ重なる形で並べていけば、1つの開区間を置くごとに、δ ずつ覆う領域が増えていくので、少なくとも $\frac{q-p}{\delta}$ より大きい値の個数で覆えることがわかります。仮に、無限個の開区間を用いないとすべてが覆えないとすると、個々の開区間では有界でも、全体としては有界ではなくなる可能性があります。たとえば、無限個の開区間の列を I_i ($i = 1, 2, \cdots$) として、区間 I_i における $f(x)$ の上限が i だとします。この場合、個々の区間では、$f(x) \leq i$ が成り立つので確かに有界ですが、無限個の区間すべてを考えると、$f(x)$ の値はいくらでも大きくなるので、全体として有界だとは言えなくなります。これまでにも何度か強調しましたが、有限集合では自明に成り立つ性質が、無限集合では成り立たなくなることがあるので、注意が必要です。

次に、$f(x)$ が区間 I で有界であるという事実を利用すると、不定積分 $F(x)$ が連続関数になることが示せます。まず、$C = \sup_{x \in I} |f(x)|$ とすると、任意の $x \in I$ について $|f(x)| \leq C$ が成り立ちます。一方、$x_0 \in I$ を1つ固定して考えたとき、(3-32) より、任意の $x \in I$ について、次が成り立ちます。

$$F(x) - F(x_0) = \int_a^x f(x)\, dx - \int_a^{x_0} f(x)\, dx = \int_{x_0}^x f(x)\, dx$$

したがって、定積分の三角不等式(3-31)を用いて、$x > x_0$ の場合は、次の関係が成り立ちます。

$$|F(x) - F(x_0)| = \left|\int_{x_0}^{x} f(x)\, dx\right| \leq \int_{x_0}^{x} |f(x)|\, dx \leq \int_{x_0}^{x} C\, dx = C(x - x_0)$$

あるいは、$x < x_0$ の場合は、次のようになります。

$$|F(x) - F(x_0)| = \left|\int_{x}^{x_0} f(x)\, dx\right| \leq \int_{x}^{x_0} |f(x)|\, dx \leq \int_{x}^{x_0} C\, dx = C(x_0 - x)$$

これらは、まとめて、次のように表現できます。

$$|F(x) - F(x_0)| \leq C|x_0 - x|$$

したがって、任意の $\epsilon > 0$ に対して、$\delta = \dfrac{\epsilon}{2C}$ と取ると、

$$|x - x_0| < \delta \Rightarrow |F(x) - F(x_0)| \leq \frac{\epsilon}{2} < \epsilon$$

が成り立ち、$F(x)$ は $x = x_0$ で連続になります。

次に、$x = x_0$ で $f(x_0)$ が連続であるとして、$F'(x_0) = f(x_0)$ が成り立つことを示します。これには、(3-10)の直後に示した、

$$f(x) = f(x_0) + \alpha(x - x_0) + g(x),\quad \lim_{x \to x_0} \frac{g(x)}{x - x_0} = 0$$

を満たす定数 α が存在した場合、これは、必ず微分係数 $f'(x_0)$ に一致するという事実を利用します。今は、$F(x)$ の微分係数を考えているので、

$$F(x) = F(x_0) + f(x_0)(x - x_0) + g(x)$$

すなわち、

$$g(x) = F(x) - F(x_0) - f(x_0)(x - x_0) \tag{3-37}$$

と置いて $g(x)$ を定義した際に、

$$\lim_{x \to x_0} \frac{g(x)}{x - x_0} = 0 \qquad (3\text{-}38)$$

が成り立てばよいことになります。まず、(3-37) を変形すると、次が得られます。

$$\frac{g(x)}{x - x_0} = \frac{F(x) - F(x_0)}{x - x_0} - f(x_0) = \frac{1}{x - x_0} \int_{x_0}^{x} f(x)\,dx - f(x_0) \qquad (3\text{-}39)$$

ここで、$x > x_0$ として、区間 $[x_0, x]$ における $f(x)$ の上限と下限を M および m とすると、任意の $x \in [x_0, x]$ に対して、$m \leq f(x) \leq M$ より、

$$m(x - x_0) \leq \int_{x_0}^{x} f(x)\,dx \leq M(x - x_0)$$

つまり、(3-39) の第 1 項について、

$$m \leq \frac{1}{x - x_0} \int_{x_0}^{x} f(x)\,dx \leq M$$

が成り立ちます。$x < x_0$ の場合も積分区間の上下を入れ替えて（定積分の符号を変えて）考えると、同じ関係式が成り立ちます。一方、(3-39) の第 2 項については、$m \leq f(x_0) \leq M$ が成り立ちます。つまり、(3-39) の第 1 項と第 2 項は、共に区間 $[m, M]$ に存在するので、これらの差は、$M - m$ 以下であり、

$$\left| \frac{g(x)}{x - x_0} \right| \leq M - m \qquad (3\text{-}40)$$

が成り立ちます。

一方、$f(x)$ は $x = x_0$ で連続であることを考えると、任意の $\epsilon > 0$ に対して、ある $\delta > 0$ を用いて、

$$|x - x_0| < \delta \Rightarrow |f(x) - f(x_0)| < \epsilon$$

が成り立ちます。言い換えると、$|x - x_0| < \delta$ であれば、区間 $[x_0, x]$（$x > x_0$ の場合）、もしくは、$[x, x_0]$（$x < x_0$ の場合）における $f(x)$ の値の変化は ϵ 未満であり、

$M - m < \epsilon$ が成り立ちます。したがって、(3-40)より、

$$|x - x_0| < \delta \Rightarrow \left| \frac{g(x)}{x - x_0} \right| < \epsilon$$

が得られます。これで、(3-38)が示されました。

　以上により、関数 $f(x)$ の不定積分は、$f(x)$ の連続点では、微分すると $f(x)$ に戻ることがわかりました。一般に、区間 I で定義された関数 $f(x)$ に対して、$\forall x \in I$; $F'(x) = f(x)$ を満たす関数 $F(x)$ を $f(x)$ の原始関数と言います▶定義10。上記の結果より、区間 I 全体で連続な関数 $f(x)$ に対しては、不定積分

$$F(x) = \int_a^x f(x)\,dx \tag{3-41}$$

は、その原始関数になると言えます。このとき、積分区間の下端 a は、区間 I の任意の点でかまいません。a の値を変えると、関数 $F(x)$ の値も変化しますので、一般に原始関数は1つとは限らないことになります。ここで、$a = a_0$ と $a = a_1$ の2つの場合を比較すると、

$$\int_{a_0}^x f(x)\,dx = \int_{a_1}^x f(x)\,dx + \int_{a_0}^{a_1} f(x)\,dx$$

という関係が成り立ちます。最後の項は x に依存しない定数ですので、これを C と置いて、

$$\int_{a_0}^x f(x)\,dx = \int_{a_1}^x f(x)\,dx + C$$

と表わすことができます。つまり、この2つの原始関数は、定数 C の違いしかありません。実は、I 上の連続関数 $f(x)$ について、すべての原始関数は、(3-41)の $F(x)$ を用いて、$F(x) + C$（C は定数）と書けることが言えます。実際、$F(x)$ と $G(x)$ がどちらも関数 $f(x)$ の不定積分だとすると、区間 I 上の任意の点 x において

$$\{G(x) - F(x)\}' = G'(x) - F'(x) = 0$$

が成り立ちます。微分係数が恒等的に0になる関数は定数関数しか存在しないので、$G(x) - F(x) = C$ を満たす定数 C が存在することになります。これより、$G(x) = F(x) + C$ が成り立ちます。なお、微分係数、すなわち、グラフの傾きが恒等的に0になる関数が定数関数しか存在しないことは、直感的には明らかですが、厳密な証明は本項の最後に改めて示します。

以上の議論から、原始関数を用いた定積分の計算方法は、次のようにまとめることができます。まず、先に説明したように、適当な a_0 を1つ決めると、不定積分 $\int_{a_0}^{x} f(x)\,dx$ は原始関数の1つになります。他にもう1つ原始関数 $F(x)$ があった場合、

$$\int_{a_0}^{x} f(x)\,dx = F(x) + C$$

が成り立ちます▶**定理28**。このとき、区間 $[a, b]$ における定積分は、次のように計算されます。

$$\int_{a}^{b} f(x)\,dx = \int_{a_0}^{b} f(x)\,dx - \int_{a_0}^{a} f(x)\,dx$$
$$= \{F(b) + C\} - \{F(a) + C\} = F(b) - F(a)$$

つまり、関数 $f(x)$ に対する原始関数 $F(x)$ を1つ見つけておけば、これを用いて、任意の区間に対する定積分の値が計算できることになります。たとえば、「3.1.2 導関数の計算例」で示した(3-18)を思い出すと、関数 $f(x) = x^n\ (n \in \mathbf{Z})$ については、$n = -1$ を除いて、$F(x) = \dfrac{1}{n+1}x^{n+1}$ が原始関数になることがわかりますので、これを用いて、定積分 $\int_{a}^{b} x^n\,dx\ (n \neq -1)$ を計算できます。$n = -1$ の場合は、この関係は成り立たないことに注意してください[※6]。

一般に、定積分の計算においては、2点 a, b における原始関数の値の差を次の記号で表わします。

$$F(b) - F(a) = \left[F(x)\right]_{a}^{b}$$

[※6] 「4.1.3 指数関数・対数関数の導関数」で説明するように、$n = -1$ の場合、すなわち、$f(x) = \dfrac{1}{x}$ の場合、不定積分は $F(x) = \log_{e}|x|$ で与えられます。

この記号を用いると、

$$\int_a^b f(x)\,dx = [F(x)]_a^b$$

が成り立ちます ▶定理29 。たとえば、「3.2.1　連続関数の定積分」の最後に求めた (3-34)は、原始関数を利用すると、この記号を用いて次のように計算できます。

$$\int_a^b x^2\,dx = \left[\frac{1}{3}x^3\right]_a^b = \frac{1}{3}(b^3 - a^3)$$

また、自明なことですが、関数 $f(x)$ は導関数 $f'(x)$ の原始関数ですので、次の関係が成り立ちます。

$$\int_a^b f'(x)\,dx = [f(x)]_a^b$$

ここで、特に $f(x) = g(x)h(x)$ という場合を考えると、積の微分の公式から $f'(x) = g'(x)h(x) + g(x)h'(x)$ となるので、

$$\int_a^b g'(x)h(x)\,dx + \int_a^b g(x)h'(x)\,dx = [g(x)h(x)]_a^b$$

が得られます。これを変形して、

$$\int_a^b g(x)h'(x)\,dx = [g(x)h(x)]_a^b - \int_a^b g'(x)h(x)\,dx$$

としたものが、いわゆる部分積分の公式になります。このままでは使い道がよくわかりませんが、改めて、$f(x) = h'(x)$, $F(x) = h(x)$ と置き直すと次のようになります ▶定理30 。

$$\int_a^b f(x)g(x)\,dx = [F(x)g(x)]_a^b - \int_a^b F(x)g'(x)\,dx$$

これは、2つの関数の積を積分する際に利用できます。右辺の形を覚えるには、「積分・そのまま・マイナス・そのまま・微分」という呪文を唱えるのがよいでしょう[※7]。

それでは、最後に、微分係数が恒等的に0になる関数は定数関数しか存在しないことを証明しておきましょう。その準備として、最大値・最小値の定理、ロルの定理、そして、平均値の定理を示します。

はじめに、最大値・最小値の定理です。本項の議論の中で、閉区間 I で連続な関数 $f(x)$ は有界であることを示しました。つまり、上限 $M = \sup_{x \in I} f(x)$ と下限 $m = \inf_{x \in I} f(x)$ が存在して、$m \leq f(x) \leq M$ が成り立ちます。単に有界と言った場合、$f(x) = m$、もしくは、$f(x) = M$ となる点 x が存在するかどうかわかりませんが、実は、これらを満たす点 x が必ず I の中に存在することが言えます ▶ 定理21。

まず、上限の定義である「上界の最小値」に立ち戻ると、任意の $n \in \mathbf{N}$ に対して、$f(x) > M - \dfrac{1}{n}$ を満たす $x \in I$ が存在するはずです。なぜなら、もし存在しなければ、$M - \dfrac{1}{n}$ は集合 $\{f(x) \mid x \in I\}$ の上界に属することになるので、M がこの集合の上限、すなわち、上界の最小値という前提に矛盾するからです。そこで、$n = 1, 2, \cdots$ のそれぞれに対して、$f(x) > M - \dfrac{1}{n}$ を満たす x の1つを x_n として選択して、無限数列 $\{x_n\}_{n=1}^{\infty}$ を構成します。各 x_n は閉区間 I に属することから、これは有界な数列になります。したがって、ボルツァノ・ワイエルシュトラスの定理より、ここから、収束する部分列 $\{x_{n_k}\}_{k=1}^{\infty}$ を取り出すことができます。

この部分列の収束先を $c = \lim_{k \to \infty} x_{n_k}$ とすると、$I = [a, b]$ が閉区間であることから、c は I に属することになります。これは、背理法で示すことができます。$c \notin I$ と仮定した場合、$c < a$ もしくは $c > b$ となりますが、たとえば、$c < a$ とした場合、任意の $\epsilon > 0$ に対して、十分大きな k を取ると、$|c - x_{n_k}| < \epsilon$、つまり、$c - \epsilon < x_{n_k} < c + \epsilon$ が成り立ちます。そこで、$\epsilon = \dfrac{a - c}{2}$ の場合を考えると、図3.16より $x_{n_k} < c + \epsilon < a$ となり、$x_{n_k} \in [a, b]$ に矛盾します。$c > b$ の場合も同様の議論が可能です。ここで、$[a, b]$ が閉区間であるという条件が効いている点に注意してください。これが開区間 (a, b) だとすると、たとえば、$c = a \notin I$ に対して、上述の議論を適用できなくなります。

[※7]「マイナス」の後ろは「そのまま」ではなくて、「積分」なのでは？ という疑問の声が出そうですが、実際に計算する際、マイナスの直後は、最初に計算した不定積分 $F(x)$ をそのままもう一度書き写すことになるので、筆者は、このように覚えています。

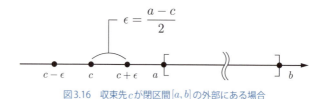
図3.16 収束先 c が閉区間 $[a,b]$ の外部にある場合

次に、$f(x)$ が I 上で連続であることから、これは、$c \in I$ においても連続であり、

$$\lim_{k \to \infty} f(x_{n_k}) = f(c)$$

が成り立ちます。一方、ここで、数列 $\{x_n\}_{n=1}^{\infty}$ の定義を思い出すと、

$$M - \frac{1}{n_k} < f(x_{n_k}) \leq M$$

が成り立つので、はさみうちの原理により、$\lim_{k \to \infty} f(x_{n_k}) = M$ が成り立ちます。以上により、$f(c) = M$ であり、I の中に最大値 M を実現する点 $x = c$ が存在することがわかりました。

以上をまとめると、閉区間 I で定義された連続関数 $f(x)$ は、区間 I の中で最大値 M を取ることになります。最小値 m についても同様の議論が成り立ち、同じく、$f(x)$ は、区間 I の中で最小値を取ります。これらが、最大値・最小値の定理です。

続いて、ロルの定理を示します。これは、閉区間 $I = [a,b]$ で連続、かつ、開区間 (a,b) で微分可能な関数 $f(x)$ が $f(a) = f(b)$ を満たすとき、$f'(c) = 0$ となる点 $c \in (a,b)$ が存在するというものです ▶ 定理22 。図3.17からわかるように、直感的には、$f(x)$ が最大、もしくは、最小となる点 c で $f'(c) = 0$ となるはずです。実際に、これが成り立つことを示します。

まず、$f(x)$ が定数関数の場合は、明らかにすべての $x \in (a,b)$ で $f'(x) = 0$ となるので、これ以外の場合を考えれば十分です。この場合、区間の端点以外の場所に、最大値 M、もしくは、最小値 m のどちらかが存在するはずです。なぜなら、端点以外に最大値も最小値も存在しないということは、2つの端点に最大値と最小値が存在することになりますが、今の場合、2つの端点の値が等しいという前提ですので、$f(a) = f(b)$ が最大値かつ最小値ということになります。この場合、すべての点 $x \in I$ で $f(x) = f(a) = f(b)$ となり、結局、$f(x)$ は定数関数になります。

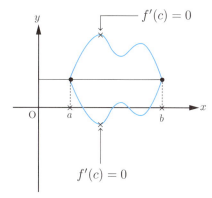

図3.17 最大、もしくは、最小となる点の様子

そこで、たとえば、$x = c\,(a < c < b)$で$f(x)$は最大値Mを取ると仮定します。このとき、任意の$x \in I$に対して、$f(c) - f(x) \geq 0$となるので、

$$\lim_{x \to c-0} \frac{f(c) - f(x)}{c - x} \geq 0$$

および

$$\lim_{x \to c+0} \frac{f(c) - f(x)}{c - x} \leq 0$$

が成り立ちます。$f(x)$は$x = c$で微分可能なので、上記の2つの極限は一致する必要があり、

$$f'(c) = \lim_{x \to c} \frac{f(c) - f(x)}{c - x} = 0$$

が得られます。最大値ではなく、最小値を取るとした場合も同様の議論が成り立ちます。これでロルの定理が証明できました。

そして、ロルの定理を用いると、平均値の定理を示すことができます。これは、閉区間$I = [a, b]$で連続、かつ、開区間(a, b)で微分可能な関数$f(x)$に対して、

$$f(b) - f(a) = f'(c)(b - a)$$

を満たす点 $c \in (a, b)$ が存在するというものです ▶定理23 。これを示すには、与えられた関数 $f(x)$ に対して、新たな関数

$$g(x) = f(x) - \frac{f(b) - f(a)}{b - a}(x - a)$$

を考えます。上記の定義より、$g(a) = g(b) = f(a)$ が成り立つので、$g(x)$ に対してロルの定理が適用できて、$g'(c) = 0$ を満たす $c \in I$ が存在します。一方、$g(x)$ の導関数を計算すると、

$$g'(x) = f'(x) - \frac{f(b) - f(a)}{b - a}$$

となるので、これより、

$$g'(c) = f'(c) - \frac{f(b) - f(a)}{b - a} = 0$$

が成り立ちます。これを変形すると、

$$f(b) - f(a) = f'(c)(b - a)$$

が得られます。これで平均値の定理が証明されました。

そして、最後に、閉区間 $I = [a, b]$ で連続で、開区間 (a, b) で恒等的に $f'(x) = 0$ となる関数 $f(x)$ を考えます。この関数の定義域を $[a, x]$ $(a \leq x \leq b)$ に制限して、平均値の定理を適用すると、

$$f(x) - f(a) = 0$$

が得られます。これより、$f(a) = C$ と置いて、

$$f(x) = C$$

が成り立ちます。つまり、$f(x)$ は、区間 I における定数関数ということになります。

3.3 主要な定理のまとめ

ここでは、本章で示した主要な事実を定理、および、定義としてまとめておきます。

定義6 微分係数と導関数

関数 $f(x)$ が $x = x_0$ において、次の極限値を持つとき、これを $x = x_0$ における微分係数と呼ぶ。

$$\alpha = \lim_{x_1 \to x_0} \frac{f(x_1) - f(x_0)}{x_1 - x_0}$$

$x = x_0$ における微分係数が存在する場合、関数 $f(x)$ は $x = x_0$ で微分可能であると言う。また、微分係数を表わす位置 x を変数と見なした関数

$$f'(x) = \lim_{x_1 \to x} \frac{f(x_1) - f(x)}{x_1 - x}$$

を関数 $f(x)$ の導関数と呼ぶ。

定理13 1次近似としての微分係数

関数 $f(x)$ に対して、

$$f(x) = f(x_0) + \alpha(x - x_0) + g(x), \quad \lim_{x \to x_0} \frac{g(x)}{x - x_0} = 0$$

を満たす定数 α が存在した場合、$f(x)$ は $x = x_0$ で微分可能であり、α は $x = x_0$ における微分係数 $f'(x_0)$ に一致する。

定理14 微分演算の線形性

関数 $f(x)$ と $g(x)$ が $x = x_0$ で微分可能なとき、a と b を定数として、次の関係が成り立つ。

$$\{af(x) + bg(x)\}' = af'(x) + bg'(x)$$

定理15　積の微分

関数 $f(x)$ と $g(x)$ が $x=x_0$ で微分可能とするとき、次の関係が成り立つ。

$$\{f(x)g(x)\}' = f'(x)g(x) + f(x)g'(x)$$

定理16　合成関数の微分

$f(x)$ が x で微分可能で、$g(y)$ が $y=f(x)$ で微分可能とするとき、次の関係が成り立つ。

$$\{g(f(x))\}' = g'(f(x))f'(x)$$

定理17　x^n の微分

任意の $n \in \mathbf{Z}$ について、次が成り立つ。

$$(x^n)' = nx^{n-1}$$

定理18　はさみうちの原理

3つの無限数列 $\{a_n\}_{n=1}^{\infty}, \{b_n\}_{n=1}^{\infty}, \{c_n\}_{n=1}^{\infty}$ は、任意の $n \in \mathbf{N}$ について、

$$a_n \leq c_n \leq b_n$$

を満たすとする。このとき、

$$\lim_{n \to \infty} a_n = \lim_{n \to \infty} b_n = a$$

であれば、

$$\lim_{n \to \infty} c_n = a$$

が成り立つ。

定理19 有界な単調数列の収束
上に有界で単調増加な数列、もしくは、下に有界で単調減少な数列は収束する。

定理20 ボルツァノ・ワイエルシュトラスの定理
有界な無限数列 $\{a_n\}_{n=1}^{\infty}$ から、収束する部分列 $\{a_{n_k}\}_{k=1}^{\infty}$ を取り出すことができる。

定理21 最大値・最小値の定理
閉区間 I で定義された連続関数 $f(x)$ は、区間 I の中で最大値、および、最小値を取る。

定理22 ロルの定理
閉区間 $I = [a, b]$ で連続、かつ、開区間 (a, b) で微分可能な関数 $f(x)$ が $f(a) = f(b)$ を満たすとき、

$$f'(c) = 0$$

を満たす点 $c \in (a, b)$ が存在する。

定理23 平均値の定理
閉区間 $I = [a, b]$ で連続、かつ、開区間 (a, b) で微分可能な関数 $f(x)$ に対して、

$$f(b) - f(a) = f'(c)(b - a)$$

を満たす点 $c \in (a, b)$ が存在する。

定義7 一様連続
任意の $\epsilon > 0$ に対して、十分に小さな $\delta > 0$ を選択すると、

$$\forall x, x' \in I;\ |x - x'| < \delta \Rightarrow |f(x) - f(x')| < \epsilon$$

が成り立つとき、関数 $f(x)$ は I 上で一様連続であると言う。

定理24 閉区間の連続関数は一様連続

閉区間I上の連続関数は、I上で一様連続である。

定義8 リーマン積分[※8]

閉区間$I=[a,b]$で定義された関数$f(x)$があるとき、Iをn個の区間に分割した際の各区間の端点を$\{x_i\}_{i=0}^{n}$ $(a=x_0<x_1<\cdots<x_n=b)$とする。各区間の代表点$\{\xi_i\}_{i=1}^{n}$ $(x_{i-1}\leq \xi_i \leq x_i)$を選んで計算した次の和をリーマン和と呼ぶ。

$$\sum_{i=1}^{n} f(\xi_i)(x_i - x_{i-1})$$

このとき、任意の$\epsilon>0$に対して、適当な$\delta>0$を決めると、区間の幅の最大値がδより小さくなる（つまり、$\max_{1\leq i \leq n}(x_i - x_{i-1})<\delta$が成り立つ）任意の分割に対して、

$$\left| \sum_{i=1}^{n} f(\xi_i)(x_i - x_{i-1}) - S \right| < \epsilon$$

を満たすSが存在するとき、これを関数$f(x)$の区間$I=[a,b]$における定積分（リーマン積分）と呼び、次の記号で表わす。

$$S = \int_a^b f(x)\,dx$$

また、$a\geq b$の場合は、次のように定義する。

$$\int_a^a f(x)\,dx = 0, \quad \int_a^b f(x)\,dx = -\int_b^a f(x)\,dx$$

[※8] 本文では、等間隔に取った区間の幅を半分ずつに減らす前提で説明しましたが、ここでは、区間の幅の取り方を限定しない、一般的な定義を示しています。

定理25 リーマン積分の存在

閉区間 $I = [a, b]$ で定義された関数 $f(x)$ が区間 I で連続、もしくは、開区間 (a, b) で一様連続であれば、区間 I における定積分が存在する。

区間 I を有限個の小区間に分割して、それぞれの小区間で定積分が存在する場合は、各小区間の定積分の和を区間 I における定積分と定義する。

定理26 定積分の三角不等式

区間 $[a, b]$ で積分可能な関数 $f(x)$ について、次が成り立つ。

$$\left| \int_a^b f(x)\,dx \right| \leq \int_a^b |f(x)|\,dx$$

定理27 積分区間の合成

関数 $f(x)$ の定積分について、次が成り立つ。

$$\int_a^b f(x)\,dx = \int_a^c f(x)\,dx + \int_c^b f(x)\,dx$$

ただし、関数 $f(x)$ は、それぞれの積分区間において積分可能であるとする。

定義9 不定積分

区間 I で積分可能な関数 $f(x)$ について、積分区間の上端 $x \in I$ を変数と見なした定積分

$$\int_a^x f(x)\,dx$$

を関数 $f(x)$ の不定積分と言う。ここに、$a \in I$ は任意の定数とする。

定義10 原始関数

区間Iで定義された関数$f(x)$に対して、

$$\forall x \in I;\ F'(x) = f(x)$$

を満たす関数$F(x)$を$f(x)$の原始関数と言う。

定理28 原始関数と不定積分の関係

区間Iで連続な関数$f(x)$のすべての原始関数$F(x)$は、不定積分を用いて、

$$F(x) = \int_a^x f(x)\, dx + C$$

という形で表わされる。ここに、$a \in I$で、Cは任意の定数である。

定理29 原始関数を用いた定積分の計算

区間$I = [a, b]$で積分可能な関数$f(x)$の原始関数の1つを$F(x)$として、

$$\int_a^b f(x)\, dx = [F(x)]_a^b = F(b) - F(a)$$

が成り立つ。

定理30 部分積分

$g(x)$を区間$I = [a, b]$で微分可能な関数、同じく、$f(x)$をIで積分可能な関数として、Iにおける$f(x)$の原始関数の1つを$F(x)$とすると、

$$\int_a^b f(x)g(x)\, dx = [F(x)g(x)]_a^b - \int_a^b F(x)g'(x)\, dx$$

が成り立つ。

3.4 演習問題

問 1 $f(x) = \sqrt{x}$ の導関数は $f'(x) = \dfrac{1}{2\sqrt{x}}$ になることを証明せよ。

問 2 $f(x) = \dfrac{1}{\sqrt{1+x^2}}$ の導関数を計算せよ。

問 3 $f(x) = \dfrac{1-x^2}{1+x^2}$ の導関数を計算せよ。

問 4 関数 $f(x)$ が $x = x_0$ で微分可能であるとき、$f(x)$ は $x = x_0$ で連続であることを証明せよ。

問 5 **置換積分**

$f(x)$ は区間 I で連続な関数で、$g(t)$ は区間 J で導関数 $g'(t)$ が連続となる関数とする。また、変数 t が $[a,b] \subset J$ の範囲を動く際に、$g(t)$ は区間 I の内部を動く、すなわち、

$$\{g(t) \mid a \leq t \leq b\} \subset I$$

が成り立つものとする。このとき、次の関係が成り立つことを証明せよ。

$$\int_{g(a)}^{g(b)} f(x)\,dx = \int_a^b f(g(t))g'(t)\,dt$$

> **ヒント** $F(x)$ を $f(x)$ の原始関数とするとき、▶定理16 （合成関数の微分）より、
>
> $$\{F(g(t))\}' = F'(g(t))g'(t) = f(g(t))g'(t)$$
>
> が成立する。

問6 問5の結果を利用して、次の定積分の値を求めよ。

$$\int_0^1 x\sqrt{x+1}\,dx$$

問7 $f(x)$ は、区間 $I = [a, b]$ で連続な関数とする。このとき、

$$\frac{1}{b-a}\int_a^b f(x)\,dx = f(c)$$

を満たす $c \in I$ が存在することを証明せよ。

> **ヒント** ▶定理21 （最大値・最小値の定理）より、$f(x)$ は、区間 I の中で最大値 M、および、最小値 m を取り、任意の $x \in I$ に対して、
>
> $$m \le f(x) \le M$$
>
> が成立する。また、$f(x_0) = m$, $f(x_1) = M$ $(x_0, x_1 \in I)$ とするとき、「**2.3　主要な定理のまとめ**」の ▶定理10 （中間値の定理）より、$m \le k \le M$ を満たす任意の k に対して、$f(c) = k$ となる c が x_0 と x_1 の間に存在する。

Chapter 4

初等関数

- 4.1 指数関数・対数関数
  - 4.1.1 指数関数の定義
  - 4.1.2 対数関数の定義
  - 4.1.3 指数関数・対数関数の導関数
- 4.2 三角関数
  - 4.2.1 三角関数の定義
  - 4.2.2 三角関数の導関数
  - 4.2.3 正接関数の性質
- 4.3 主要な定理のまとめ
- 4.4 演習問題

Chapter 4 初等関数

本章では、解析学で扱う関数の中でも、特に基本となる、指数関数、対数関数、三角関数について、これらを厳密に定義した上で、それぞれの導関数を導きます。

4.1 指数関数・対数関数

4.1.1 指数関数の定義

指数関数は、任意の正の定数aに対して、$y = a^x$で与えられます。xが自然数nの場合は、

$$(-1)^n = \begin{cases} 1 & (n\ \text{が偶数}) \\ -1 & (n\ \text{が奇数}) \end{cases}$$

という関係を用いることで、aが負の場合でもa^xを考えることができますが、この場合、自然数以外のxに対してはうまく計算できません。このため、実数全体を定義域とする指数関数を考える際は、$a > 0$の場合に話を限定します。ただし、今の時点では、一般の実数xに対して、これがどのように計算されるのかは、まだ明らかではありません。ここでは、指数関数の基本性質と連続性を満たすように、一般の実数xに対してa^xを定義する方法を考えていきます。

まず、xが自然数$n = 1, 2, \cdots$の場合に限定すれば、a^nの意味はaをn回掛け合わせたものとして自然に決まります。

$$a^n = \underbrace{a \times a \times \cdots \times a}_{n\ \text{個}}$$

また、このとき、任意の$n, m \in \mathbf{N}$に対して、次の性質が自明に成り立ちます。

$$a^{n+m} = a^n \times a^m \tag{4-1}$$

$$(a^n)^m = a^{nm} \tag{4-2}$$

ここでは、これを指数関数の基本性質として、これらが成り立つように、xが自然数

以外の場合にも拡張していきます。まず、x が 0、もしくは、負の整数の場合を考えると、(4-1) を満たすには、

$$a^0 = 1, \ a^{-n} = \frac{1}{a^n} \ (n = 1, 2, \cdots) \tag{4-3}$$

と定義する必要があります。x が自然数の逆数である場合は、(4-2) より、

$$\left(a^{\frac{1}{n}}\right)^n = a^1 = a$$

が成り立つ必要があります。一般に、n 乗したときに a になる値を a の n 乗根と呼び、n が奇数の場合は、対応する正の値が 1 つだけ存在します。これを $\sqrt[n]{a}$ という記号で表わします。n が偶数の場合は、正の n 乗根を $\sqrt[n]{a}$ として、$-\sqrt[n]{a}$ も同じく n 乗根となります。やや天下り的ですが、ここでは、正の n 乗根を採用して、

$$a^{\frac{1}{n}} = \sqrt[n]{a} \tag{4-4}$$

と定義しておきます[※1]。(4-2)、(4-3)、(4-4) を用いると、一般に、

$$\begin{aligned} a^{\frac{m}{n}} &= \left(\sqrt[n]{a}\right)^m \\ a^{-\frac{m}{n}} &= \frac{1}{\left(\sqrt[n]{a}\right)^m} \end{aligned} \tag{4-5}$$

ということになり、ここまでの段階で、有理数 $r \in \mathbf{Q}$ に対する指数 a^r が定義されたことになります。これらの定義から、逆に、p, q を任意の有理数とした場合にも

$$\begin{aligned} a^{p+q} &= a^p \times a^q \\ (a^p)^q &= a^{pq} \end{aligned}$$

が成り立つことが確認できます。一例として、n_1, m_1, n_2, m_2 を自然数として、次のような計算が成り立ちます。

[※1] ここで負の値を採用すると、この後で、指数関数を連続関数として拡張することができなくなります。具体的には、a^x が単調増加、もしくは、単調減少であるという条件が利用できなくなります。

$$\begin{aligned}
a^{\frac{m_1}{n_1}+\frac{m_2}{n_2}} &= a^{\frac{n_2 m_1 + n_1 m_2}{n_1 n_2}} \\
&= \{\sqrt[n_1 n_2]{a}\}^{n_2 m_1 + n_1 m_2} \\
&= \{\sqrt[n_1 n_2]{a}^{n_2}\}^{m_1} \times \{\sqrt[n_1 n_2]{a}^{n_1}\}^{m_2} \\
&= \left(a^{\frac{n_2}{n_1 n_2}}\right)^{m_1} \times \left(a^{\frac{n_1}{n_1 n_2}}\right)^{m_2} \\
&= (\sqrt[n_1]{a})^{m_1} \times (\sqrt[n_2]{a})^{m_2} \\
&= a^{\frac{m_1}{n_1}} \times a^{\frac{m_2}{n_2}}
\end{aligned}$$

回りくどい計算のように見えますが、1行目から2行目の変形は(4-5)、3行目への変形は(4-1)、(4-2)、4行目以降の変形は(4-5)といったように、これまでに示した自然数n, mに対するルールのみを用いて計算している点に注意してください。

また、その他の性質として、$a > 1$であれば単調増加、$0 < a < 1$であれば単調減少な関数であることも証明できます。たとえば、$a > 1$とすると、任意の正の有理数$r = \dfrac{n}{m} > 0 \, (n, m \in \mathbf{N})$に対して、

$$a^r = a^{\frac{n}{m}} = \sqrt[m]{a^n}$$

となり、$a^n > 1$より、$a^r = \sqrt[m]{a^n} > 1$が成り立ちます。$\sqrt[m]{a^n}$は、m回掛けたときにa^nになる数ですが、1より小さい数をm回掛けても1より大きくなることはありえませんので、$\sqrt[m]{a^n} > 1$と言えます。したがって、任意の$p > q \, (p, q \in \mathbf{Q})$に対して、$r = p - q > 0$より、

$$\frac{a^p}{a^q} = a^{p-q} = a^r > 1$$

つまり、

$$a^p > a^q$$

が成り立ち、a^xは単調増加であることがわかります。$0 < a < 1$の場合は、aを$\dfrac{1}{a} > 1$に置き換えて同じ議論をすれば、$\dfrac{1}{a^x}$が単調増加であることから、a^xは単調減少であると言えます。

それでは、xが有理数以外の場合、つまり、無理数を含む一般の実数の場合は、どのように定義すればよいのでしょうか？ これは、指数関数が実数上で連続になるという

方針で決めることができます。「1.2.2 実数の完備性」で説明したように、有理数の間には無数の隙間がありますので、有理数上の値のみをグラフに表わした場合、グラフの間には無数の隙間が生じます。そこで、グラフ全体が連続に繋がるように、隙間の値を決めようというわけです（図4.1）。このとき、無理数を含む任意の実数xに対して、

$$x = \sup\{r \mid r \in \mathbf{Q}, r < x\}$$

という関係が成り立つことに注目します。直感的には、$r < x$の範囲内で有理数rをできる限り大きくしていった極限がxになるということです。そこで、$a > 1$に対しては、$r < x$の範囲内でrをできる限り大きくしていったときに得られるa^rの極限をa^xと定めます。厳密に数式で表現すると、次のようになります。

$$a^x = \sup\{a^r \mid r \in \mathbf{Q}, r < x\} \tag{4-6}$$

rはあくまで有理数の範囲を動くので、xが無理数の場合は、$r = x$となることはできませんが、少なくともrがxを超えない範囲でできる限り大きくした極限を考えることになります。xが有理数r_0の場合であっても、上記で定義されるa^xはa^{r_0}に一致する点にも注意してください。

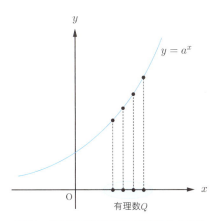

図4.1　有理数の隙間を埋めて連続関数を構成

また、この定義を用いると、実数全体でa^xは単調増加になることが保証されます。なぜなら、$x < y$とするとき、「1.3 主要な定理のまとめ」の▶定理8 より、$x < r < y$を満たす有理数rが必ず存在するので、

$$\sup\{a^r \mid r \in \mathbf{Q}, r < x\} < \sup\{a^r \mid r \in \mathbf{Q}, r < y\}$$

が成り立ちます。$0 < a < 1$ の場合は、少し回りくどくなりますが、

$$a^x = a^{(-1)\times x \times (-1)} = \left\{\left(\frac{1}{a}\right)^x\right\}^{-1} \tag{4-7}$$

と変形して、$a' = \dfrac{1}{a} > 1$ に対して (4-6) と同様に a'^x を定義した後に、$a^x = \dfrac{1}{a'^x}$ と置きます。この場合、a'^x が単調増加であることから、a^x は単調減少な関数になります。また、$a = 1$ の場合は、任意の $x \in \mathbf{R}$ に対して、$a^x = 1$ と定義しておきます。

以上の定義に基いて、指数関数の基本性質

$$a^{x+y} = a^x a^y$$
$$(a^x)^y = a^{xy}$$

が任意の実数 x, y について成り立つことも証明できますが、この点については議論を割愛します ▶ 定理32 。ここでは、上記を認めた上で、$a > 1$ に対して (4-6) で定義された指数関数が連続関数になっていることを確かめておきます。まず、任意の実数 x に対して、

$$\lim_{h \to 0} a^{x+h} = a^x \times \lim_{h \to 0} a^h$$

となるので、

$$\lim_{h \to 0} a^h = 1 \tag{4-8}$$

であれば、a^x は、点 x で連続であることになります。そこで、(4-8) を背理法で示します。仮に $\lim\limits_{h \to 0} a^h \neq 1$ とすると、0 に収束する無限数列 $\left\{\dfrac{1}{n}\right\}_{n=1}^{\infty}$ に対しても、

$$\lim_{n \to \infty} a^{\frac{1}{n}} \neq 1$$

となります。このとき、a^x は単調増加なので、$\frac{1}{n} > 0$ より $a^{\frac{1}{n}} > a^0 = 1$ に注意すると、ある $\epsilon > 0$ があり、どれほど大きな n に対しても、

$$a^{\frac{1}{n}} \geq 1 + \epsilon$$

が成り立ちます。このような $\epsilon > 0$ が存在しないとすると、任意の $\epsilon > 0$ に対して、十分大きな n において、$1 < a^{\frac{1}{n}} < 1 + \epsilon$ となり、$\lim_{h \to 0} a^{\frac{1}{n}} = 1$ が成り立つからです。そして、上式の両辺を n 乗すると、

$$a \geq (1 + \epsilon)^n$$

となりますが、この右辺を 2 項展開した最初の 2 つの項を取り出すと、

$$(1 + \epsilon)^n > 1 + n\epsilon$$

が得られます。上式の右辺は、$n \to \infty$ の極限で無限大に発散するので、これは、a が有限の値であることに矛盾します。これで、a^x の連続性が証明されました。$0 < a < 1$ の場合は、$\left(\frac{1}{a}\right)^x$ が連続であることから、(4-7) で定義される $a^x = \left\{\left(\frac{1}{a}\right)^x\right\}^{-1}$ も連続と言えます。

指数関数のグラフは、一般に図 4.2 のようになります。

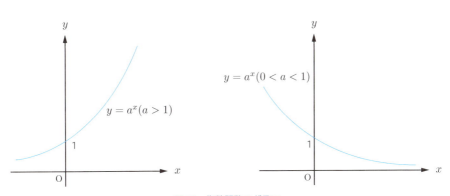

図 4.2　指数関数のグラフ

4.1.1　指数関数の定義

4.1.2 対数関数の定義

前項で示したように、指数関数 $y = a^x$ は、実数全体で定義された単調増加、もしくは、単調減少な関数で、その値域は正の実数全体になります。したがって、任意の $x > 0$ に対して、$x = a^y$ を満たす実数 y が一意に存在して、この x から y の対応が指数関数の逆関数ということになります。この逆関数を a を底とする対数関数と呼び、次の記号で表わします ▶定義11 。

$$y = \log_a x$$

一般に、関数 $f(x)$ とその逆関数 $f^{-1}(x)$ においては、$f(x)$ の定義域に属する x について、

$$f^{-1} \circ f(x) = x$$

あるいは、$f^{-1}(x)$ の定義域に属する x について、

$$f \circ f^{-1}(x) = x$$

という関係が成り立ちます。したがって、a^x と $\log_a x$ の間では、

$$\log_a a^x = x \ (x \in \mathbf{R}) \tag{4-9}$$

および

$$a^{\log_a x} = x \ (x \in \mathbf{R}_+ \backslash \{0\})$$

という関係が成り立ちます。$\log_a x$ というのは、「a の肩に乗せたときにちょうど x になる数」と考えるとわかりやすいかもしれません。また、任意の $a > 0$ に対して、$a^0 = 1$、および、$a^1 = a$ が成り立つことから、

$$\log_a 1 = 0$$
$$\log_a a = 1$$

となることもわかります。それぞれ、「aの肩に乗せると1になる数」「aの肩に乗せるとaになる数」と考えてください。

そして、指数関数の基本性質に対応して、次の対数関数の基本性質が成り立ちます
▶ 定理34 。(4-10)では、$p, q > 0$、(4-11)では、$p > 0$とします。

$$\log_a pq = \log_a p + \log_a q \tag{4-10}$$
$$\log_a p^q = q \log_a p \tag{4-11}$$

まず、(4-10)については、次の計算を考えます。

$$a^{\log_a p + \log_a q} = a^{\log_a p} \times a^{\log_a q} = pq$$

この両辺を$\log_a x$に代入すると、左辺については(4-9)を用いて、

$$\log_a a^{\log_a p + \log_a q} = \log_a p + \log_a q$$

が得られます。一方、右辺は$\log_a pq$になるので、これから(4-10)が得られます。次に、(4-11)については、次の計算を考えます。

$$a^{q \log_a p} = \left(a^{\log_a p}\right)^q = p^q$$

この両辺を$\log_a x$に代入すると、左辺については(4-9)を用いて、

$$\log_a a^{q \log_a p} = q \log_a p$$

が得られます。一方、右辺は$\log_a p^q$になるので、これから(4-11)が得られます。

最後に、対数関数の引数と底を入れ替えたときに成り立つ、次の面白い関係を紹介しておきます。ここでは、$a, b > 0$とします。

$$\log_a b = \frac{1}{\log_b a} \tag{4-12}$$

これを示すには、対数の定義から得られる次の自明な関係を利用します。「aの肩に乗せるとbになる数」を実際にaの肩に乗せたと考えてください。

$$a^{\log_a b} = b$$

この両辺について、$\log_a b$ 乗根を取ると、次が得られます。

$$a = \sqrt[\log_a b]{b} = b^{\frac{1}{\log_a b}}$$

これは、$\dfrac{1}{\log_a b}$ は、「b の肩に乗せたときに a になる数」、すなわち、$\log_b a$ であることを意味します。これで、$\log_a b$ と $\log_b a$ は互いに逆数になることが示されました。対数関数のグラフは、一般に図4.3のようになります。

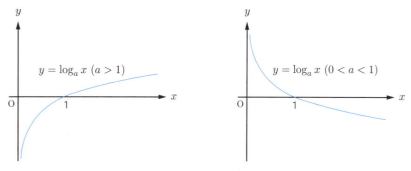

図4.3 対数関数のグラフ

4.1.3 指数関数・対数関数の導関数

ここでは、指数関数と対数関数の導関数を計算します。この際、有名な<u>ネイピア数</u> $e = 2.71828\cdots$ が登場することになりますが、ここでは先に天下り的に定義を与えておきます ▶ 定理31 。

$$e = \lim_{x \to \infty} \left(1 + \frac{1}{x}\right)^x \tag{4-13}$$

右辺の関数が $x \to \infty$ の極限で特定の値 e に収束することの証明は、後ほど改めて行ないます。

それでは、まず、指数関数 $f(x) = a^x$ について、一般の位置 x における微分係数を定義に従って計算してみます。

$$f'(x) = \lim_{h \to 0} \frac{a^{x+h} - a^x}{h} = a^x \times \lim_{h \to 0} \frac{a^h - 1}{h}$$

右辺の積に含まれる第2因子は、$x = 0$における微分係数$f'(0)$に他なりません。つまり、指数関数の導関数は、

$$f'(x) = f(x)f'(0) \tag{4-14}$$

という関係を満たしており、原点における微分係数

$$f'(0) = \lim_{h \to 0} \frac{a^h - 1}{h} \tag{4-15}$$

が計算できれば、任意の位置xにおける微分係数、すなわち、導関数$f'(x)$が決定できることになります。ここで、$f'(0)$を計算するために、やや作為的ですが、

$$s = \frac{1}{a^h - 1} \tag{4-16}$$

という変数変換を行ないます。これは、hについて解くと、

$$a^h = 1 + \frac{1}{s}$$

より、

$$h = \log_a \left(1 + \frac{1}{s}\right)$$

となるので、(4-15)の極限を取る前の関数について、

$$\frac{a^h - 1}{h} = \frac{1}{s \log_a \left(1 + \frac{1}{s}\right)} = \frac{1}{\log_a \left(1 + \frac{1}{s}\right)^s}$$

という書き換えができます。次に$h \to 0$の極限を考えるわけですが、$a > 1$の場合、

はじめに、$h \to +0$ のときを考えると、$a^h \to 1+0$ となるので、このときは、$s \to \infty$ となります。したがって、(4-13)を用いて、次が得られます。

$$\lim_{h \to +0} \frac{a^h - 1}{h} = \lim_{s \to \infty} \frac{1}{\log_a \left(1 + \frac{1}{s}\right)^s} = \frac{1}{\log_a e}$$

最後の変形では、対数関数が連続関数であることを用いています。一方、$h \to -0$ の場合は、(4-15)の極限を取る前の関数について、次の変形を行ないます。

$$\frac{a^h - 1}{h} = \frac{a^h \left(1 - a^{-h}\right)}{h} = a^h \left(\frac{a^{-h} - 1}{-h}\right)$$

すると、$h' = -h$ と変数変換をして、

$$\lim_{h \to -0} \frac{a^h - 1}{h} = \lim_{h \to -0} a^h \left(\frac{a^{-h} - 1}{-h}\right) = \lim_{h' \to +0} a^{-h'} \left(\frac{a^{h'} - 1}{h'}\right) = \frac{1}{\log_a e}$$

となり、先ほどと同じ結果が得られます。$0 < a < 1$ の場合は、$h \to +0$ と $h \to -0$ の場合を入れかえて、やはり同じ結果になります。以上より、

$$f'(0) = \frac{1}{\log_a e} = \log_e a$$

が得られました。上記の最後の変形では、(4-12)の関係を利用しています。この結果を(4-14)に適用すると、指数関数の導関数の公式として、次の結果が得られます▶定理33。

$$(a^x)' = a^x \log_e a$$

特に $a = e$ の場合を考えると、$\log_e e = 1$ より、

$$(e^x)' = e^x$$

という有名な結果が得られます。なお、e^x について、これを $\exp x$ と表記することがあります。$\exp\left\{-\dfrac{1}{2}(x-1)^2\right\}$ など、e の肩に複雑な数式を乗せる際に、便利な記法です。

次にこの結果を用いて、対数関数の導関数を計算します。これには、逆関数の導関数を求める手法を利用します。まず、一般に、関数 $f(x)$ の逆関数を $g(x)$ とすると、$y = f(x)$ に対して、$x = g(y)$ が成り立ちます。これは、次のように書いてもかまいません。

$$g(f(x)) = x$$

この両辺を x で微分すると、左辺に合成関数の微分の公式を適用して、次が得られます。

$$g'(f(x))f'(x) = 1$$

$y = f(x), x = g(y)$ の関係を用いて、これを整理すると次の関係が得られます。

$$g'(y) = \frac{1}{f'(x)} = \frac{1}{f'(g(y))}$$

最後に y を x に置き換えると、逆関数の導関数を求める公式が、次の形で得られます。

$$g'(x) = \frac{1}{f'(g(x))}$$

一方、今の場合は、$g(x) = \log_a x, f(x) = a^x$、つまり、$f'(x) = a^x \log_e a$ ですので、これらを代入すると、次の結果が得られます。

$$(\log_a x)' = \frac{1}{f'(\log_a x)} = \frac{1}{a^{\log_a x} \log_e a} = \frac{1}{x \log_e a}$$

つまり、対数関数の導関数の公式は、次式で与えられることになります ▶定理35 。

$$(\log_a x)' = \frac{1}{x \log_e a}$$

特に $a = e$ の場合は、次が得られます。

$$(\log_e x)' = \frac{1}{x} \tag{4-17}$$

この最後の結果を見ると、関数 $f(x) = \frac{1}{x}$ の原始関数は $F(x) = \log_e x$ で与えられると言いたくなりますが、この点は注意が必要です。対数関数の定義域は、あくまで正の実数の範囲ですので、(4-17) の関係が成り立つのは、$x > 0$ の場合に限ります。それでは、$x < 0$ の場合に導関数が $\frac{1}{x}$ になる関数は存在するのでしょうか？　実は、これは、$\log_e(-x)$ で与えられます。実際、$-x$ をカタマリと見なして、合成関数の微分の公式を適用すると次が得られます。

$$\{\log_e(-x)\}' = \frac{1}{-x} \times (-1) = \frac{1}{x}$$

したがって、$x > 0$ と $x < 0$ の両方の場合をまとめると、関数 $f(x) = \frac{1}{x}$ の原始関数は次式で与えられることになります。

$$F(x) = \log_e |x|$$

なお、底としてネイピア数 e を用いた対数を自然対数と呼びます。自然対数については、次のように、底を省略して記載することもあります。

$$y = \log x$$

もしくは、自然対数（Natural Logarithm）の省略形で、

$$y = \ln x$$

と記載することもあります。ln は「log natural」と読みます。

ここで、(4-17) を利用して、対数関数 $\log_e x$ の原始関数を求めてみます。微分の公式から原始関数を求めるというのは不思議な気もしますが、これは、「3.3　主要な定理のまとめ」の ▶定理30 にある部分積分の公式を利用します。具体的には、$\log_e x = 1 \times \log_e x$ と見なして、次のように計算します。

$$\int_c^x 1 \times \log_e x \, dx = [x \log_e x]_c^x - \int_c^x x \times \frac{1}{x} \, dx$$
$$= [x \log_e x]_c^x - [x]_c^x$$
$$= x(\log_e x - 1) + C$$

ここで、$C = c(1 - \log_e c)$ は x に依存しない定数です。これより、$\log_e x$ の原始関数の1つは、

$$f(x) = x(\log_e x - 1) \tag{4-18}$$

で与えられることがわかりました。

最後に、(4-13)で定義されるネイピア数が実際に存在することの証明を与えておきましょう。少し計算が長くなるので、先に証明の流れを説明しておきます。はじめに、x を自然数に限定した場合を考えます。具体的には、無限数列

$$a_n = \left(1 + \frac{1}{n}\right)^n \quad (n = 1, 2, \cdots) \tag{4-19}$$

を考えると、これは、上に有界で単調増加な数列であることが証明できます。したがって、「3.3 主要な定理のまとめ」の ▶定理19 より、この数列はある値に収束します。まずは、この値をネイピア数 e として定義します。次に、実数値 $x > 1$ を引数とする関数

$$f(x) = \left(1 + \frac{1}{x}\right)^x$$

を考えると、n を x を超えない最大の整数として、次の不等式が成り立ちます。

$$\left(1 + \frac{1}{n+1}\right)^n < \left(1 + \frac{1}{x}\right)^x < \left(1 + \frac{1}{n}\right)^{n+1} \tag{4-20}$$

そして、この不等式の両側の数列は、どちらも e に収束することが証明されます。したがって、はさみうちの原理と同じ議論を用いて、$f(x)$ も e に収束することが示されます。

なお、関数 $f(x)$ に対して、x が自然数 n の場合に限定した数列 $\{a_n = f(n)\}_{n=1}^{\infty}$ が収束するとしても、一般には、$f(x)$ 自身も同じ値に収束するとは限らない点に注意してください。たとえば、$f(x) = \sin(\pi x)$ を考えると、図4.4のように、自然数 n に対して $a_n = f(n) = 0$ となるので、$\{a_n\}_{n=1}^{\infty}$ は明らかに0に収束しますが、$f(x)$ 自身の値は振動を続けるので、$x \to \infty$ で0に収束することはありません。

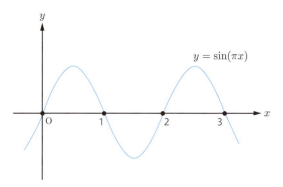

図4.4　x が自然数のときに0になる関数

それでは、上記の流れで証明を進めていきます。まず、(4-19)で定義された無限数列 $\{a_n\}_{n=1}^{\infty}$ が単調増加であることを示すために、2項展開の公式

$$(a+b)^n = \sum_{k=0}^{n} {}_nC_k a^k b^{n-k} = \sum_{k=0}^{n} \frac{n!}{k!(n-k)!} a^k b^{n-k}$$

を用いて、a_n を具体的に展開してみます。ここでは、$a = \dfrac{1}{n}, b = 1$ として上記の公式を適用します。

$$a_n = \sum_{k=0}^{n} \frac{n!}{k!(n-k)!} \left(\frac{1}{n}\right)^k \tag{4-21}$$

この和における k 番目の項を取り出すと次のように変形できます。ここでは、表記をわかりやすくするために、$n \geq k \geq 3$ の場合と仮定します。

$$\frac{n!}{k!(n-k)!}\left(\frac{1}{n}\right)^k = \frac{1}{k!}\frac{n(n-1)(n-2)\cdots 1}{(n-k)\{n-(k+1)\}\cdots 1}\frac{1}{n^k}$$
$$= \frac{1}{k!}n(n-1)(n-2)\cdots\{n-(k-1)\}\frac{1}{n^k}$$
$$= \frac{1}{k!}\frac{n}{n}\frac{n-1}{n}\frac{n-2}{n}\cdots\frac{n-(k-1)}{n}$$
$$= \frac{1}{k!}\left(1-\frac{1}{n}\right)\left(1-\frac{2}{n}\right)\cdots\left(1-\frac{k-1}{n}\right) \quad \text{(4-22)}$$

最後の表式を見ると、(4-22)に含まれる各因子は、それぞれ、n が大きくなるにつれて、一緒に大きくなります。つまり、a_n の k 番目の項と a_{n+1} の k 番目の項を比べると、a_{n+1} のほうが大きいことになります。さらに、a_{n+1} は、a_n よりも最後にもう 1 つ追加の項（正の値）がありますので、結果として、$a_{n+1} > a_n$ が成り立ちます。

次に、数列 $\{a_n\}_{n=1}^{\infty}$ が上に有界であることを示します。まず、(4-22)の各因子について、

$$1-\frac{1}{n}<1,\ 1-\frac{2}{n}<1,\ \cdots,\ 1-\frac{k-1}{n}<1$$

が成り立つことから、

$$\frac{n!}{k!(n-k)!}\left(\frac{1}{n}\right)^k < \frac{1}{k!}$$

が成り立ちます。さらに、$2 \leq k \leq n$ のとき、

$$\frac{1}{k!} = \frac{1}{2\times 3\times\cdots\times k} < \underbrace{\frac{1}{2\times 2\times\cdots\times 2}}_{k-1\text{個}} = \frac{1}{2^{k-1}}$$

が成り立ちます。つまり、(4-21)の和における $2 \leq k \leq n$ の項について、

$$\frac{n!}{k!(n-k)!}\left(\frac{1}{n}\right)^k < \frac{1}{2^{k-1}}$$

という関係が得られます。(4-21)の和における$k=0$と$k=1$の項は、直接計算より、どちらも1になるので、結局、次の関係が成り立ちます。

$$a_n < 1 + 1 + \sum_{k=2}^{n} \frac{1}{2^{k-1}}$$

さらに、等比級数の公式を用いて和を計算すると、次の関係が得られます。

$$1 + \sum_{k=2}^{n} \frac{1}{2^{k-1}} = 1 + \frac{1}{2} + \frac{1}{2^2} + \cdots + \frac{1}{2^{n-1}} = \frac{1 - \frac{1}{2^n}}{1 - \frac{1}{2}} < \frac{1}{1 - \frac{1}{2}} = 2$$

以上により、$n \geq 3$に対して、次が成り立つことになります。

$$a_n < 3$$

したがって、$\{a_n\}_{n=1}^{\infty}$は上に有界であり、その収束先の値は、3未満であることになります。

次は、(4-20)を示します。これはまず、

$$n \leq x < n+1 \tag{4-23}$$

の逆数を取って不等号の向きを変えた後、各項に1を足して、

$$1 + \frac{1}{n} \geq 1 + \frac{1}{x} > 1 + \frac{1}{n+1}$$

とします。この各項は1より大きい値ですので、$p > 1$としてp乗すると、pの値が大きくなるほど、その値はより大きくなります。そこで、左から順に$n+1$乗、x乗、n乗すると、(4-23)に注意して、

$$\left(1 + \frac{1}{n}\right)^{n+1} > \left(1 + \frac{1}{x}\right)^x > \left(1 + \frac{1}{n+1}\right)^n$$

が得られます。これは、(4-20)と同じ関係です。続いて、上式の左右両側の項の$n \to$

∞ での極限が e になることを示します。まず、左側の項は次のように計算されます。

$$\lim_{n\to\infty}\left(1+\frac{1}{n}\right)^{n+1} = \lim_{n\to\infty}\left\{\left(1+\frac{1}{n}\right)^n \times \left(1+\frac{1}{n}\right)\right\} = e \times 1 = e$$

右側の項は、次のようになります。

$$\lim_{n\to\infty}\left(1+\frac{1}{n+1}\right)^n = \lim_{n\to\infty}\left\{\left(1+\frac{1}{n+1}\right)^{n+1} \times \frac{1}{1+\frac{1}{n+1}}\right\} = e \times 1 = e$$

したがって、任意の ϵ に対して、十分に大きな x を取ると、x を超えない最大の整数 n も十分に大きくなって、(4-20) の両側の項は、e との距離が ϵ 未満になります。したがって、これらに挟まれた $f(x)$ は、e との距離が 2ϵ 未満になります。つまり、$x \to \infty$ の極限で、$f(x)$ は e に収束することになります。

これで、(4-13) によってネイピア数 e が定義されることがわかりました。上記の証明の過程において、その値は 3 未満であることも示されましたが、より具体的な値を計算するには、また別の手法が必要となります。たとえば、「5.2.4 解析関数とテイラー展開」で示すテイラー展開を用いると、

$$e^x = 1 + \frac{1}{1!}x + \frac{1}{2!}x^2 + \frac{1}{3!}x^3 + \cdots$$

という関係が成り立つので、これに $x=1$ を代入して、

$$e = 1 + \frac{1}{1!} + \frac{1}{2!} + \frac{1}{3!} + \cdots$$

という無限級数展開ができます。これを任意の項まで足し合わせることで、より高い精度で e の値を計算できます。たとえば、$\frac{1}{6!}$ の項まで足すと、よく知られた $2.718\cdots$ という値が確認できます。

なお、先ほどの証明の最後の部分では、無限数列におけるはさみうちの原理と同じ手法を関数の極限にも適用しました。一般には、点 x_0 を含む区間で

$$f(x) \leq g(x) \leq h(x)$$

を満たす関数について、

$$\lim_{x \to x_0} f(x) = \lim_{x \to x_0} h(x) = a \ \Rightarrow \ \lim_{x \to x_0} g(x) = a$$

が成り立つことがわかります。これ以降は、はさみうちの原理といえば、無限数列に関するものだけではなく、ここで示した、関数の極限に関する場合も含むものとします。

4.2 三角関数

4.2.1 三角関数の定義

三角関数を定義するにはいくつかの方法がありますが、ここでは、単位円の円周を用いた素朴な定義を与えておきます。(x, y) 平面上に原点 O を中心とした半径 1 の円（単位円）を描きます（図 4.5）。このとき、単位円上の任意の点 Q(x, y) について、点 P$(1, 0)$ から点 Q に至る円周の長さを θ（シータ）として、これを線分 OQ が線分 OP に対して作る一般角と呼びます。日常的に使用する角度は 1 周を 360° とするものですが、一般角の場合、1 周分の角度は、単位円の円周の長さに一致するので 2π になります。その他には、90° は $\frac{\pi}{2}$ で、180° は π になります。

このとき、$0 \leq \theta < 2\pi$ の範囲の θ に対して、対応する点 Q の座標 (x, y) が一意に決まりますので、これらを、

$$x = \cos\theta$$

$$y = \sin\theta$$

とおいて、余弦関数 $\cos\theta$ と正弦関数 $\sin\theta$ を定義します。

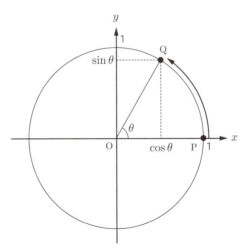

図 4.5 単位円を用いた三角関数の定義

特に、$0 \leq \theta < \dfrac{\pi}{2}$ の場合に限定すると、図4.6に示す直角三角形ABC（斜辺の長さがb）について、斜辺の長さが1の場合との相似比から、

$$c = b\cos\theta$$

$$a = b\sin\theta$$

すなわち、

$$\cos\theta = \frac{c}{b}$$

$$\sin\theta = \frac{a}{b}$$

が成り立つこともすぐにわかるでしょう。

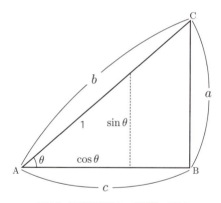

図4.6　直角三角形と三角関数の関係

次に、$0 \leq \theta < 2\pi$ 以外の範囲の θ に対しては、周期的に値を拡張します。具体的には、任意の θ に対して、$\theta = \theta_0 + 2\pi n$ ($n \in \mathbf{Z}$, $0 \leq \theta_0 < 2\pi$) を満たす θ_0 が一意に決まるので、これを用いて、$\cos\theta = \cos\theta_0$, $\sin\theta = \sin\theta_0$ と定義します。図4.5を用いて図形的に考えると、以上の定義から、次の関係式が自明に成り立つことがわかります。

$$\cos(-\theta) = \cos\theta$$

$$\sin(-\theta) = -\sin\theta$$

$$\cos 0 = 1, \ \cos\frac{\pi}{2} = 0, \ \cos\pi = -1$$

$$\sin 0 = 0, \ \sin\frac{\pi}{2} = 1, \ \sin\pi = 0$$

そして、点 $(\cos\theta, \sin\theta)$ は単位円上の点を表わすので、原点からの距離が 1 になることから、

$$\cos^2\theta + \sin^2\theta = 1 \tag{4-24}$$

が成り立ちます。ここで、$\cos^2\theta$ と $\sin^2\theta$ は、それぞれ、$(\cos\theta)^2$ と $(\sin\theta)^2$ を表わします。一般に、正弦関数と余弦関数のグラフは、図 4.7 のようになります。

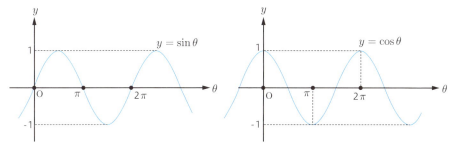

図 4.7　正弦関数と余弦関数のグラフ

次に、これらの導関数を求める際に必要となるのが、三角関数の加法定理です。今の場合、三角関数を図形的に定義しているので、加法定理も図形的に導くことが可能です。まず、準備として、余弦定理を確認しておきます。図 4.8 の三角形 ABC において、頂点 A の角度を θ とすると、頂点 C から辺 AB におろした垂線の足を D として、

$$\text{CD} = b\sin\theta, \ \text{BD} = c - b\cos\theta, \ \text{BC} = a$$

が成り立ちます。これらを三角形 BCD に関する三平方の定理 $\text{BC}^2 = \text{CD}^2 + \text{BD}^2$ に代入して整理すると、(4-24) を用いて、次の余弦定理が得られます。

$$a^2 = b^2 + c^2 - 2bc\cos\theta$$

この議論は、θ が鋭角（$0 < \theta < \dfrac{\pi}{2}$）の場合に限定されますが、それ以外の場合も同様に証明可能です。

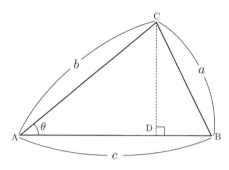

図4.8　余弦定理の証明

次に、図4.9のように、単位円上の2つの点 $P(\cos\theta_2, \sin\theta_2), Q(\cos\theta_1, \sin\theta_1)$ を考えます。ここで、三角形OPQに対して余弦定理を適用すると、$OP = OQ = 1$に注意して、

$$PQ^2 = 1 + 1 - 2\cos(\theta_1 - \theta_2)$$

が得られます。一方、PQの長さを座標成分から計算すると、

$$PQ^2 = (\cos\theta_1 - \cos\theta_2)^2 + (\sin\theta_1 - \sin\theta_2)^2 = 2 - 2(\sin\theta_1\sin\theta_2 + \cos\theta_1\cos\theta_2)$$

となります。これらを等置して整理すると、次の関係が得られます。

$$\cos(\theta_1 - \theta_2) = \cos\theta_1\cos\theta_2 + \sin\theta_1\sin\theta_2 \qquad (4\text{-}25)$$

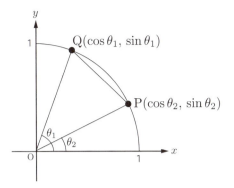

図4.9 三角関数の加法定理の導出

ここで、θ_2 を $-\theta_2$ に置き換えると、$\cos(-\theta) = \cos\theta, \sin(-\theta) = -\sin\theta$ を用いて、

$$\cos(\theta_1 + \theta_2) = \cos\theta_1 \cos\theta_2 - \sin\theta_1 \sin\theta_2$$

が得られます。これが、余弦関数についての加法定理となります ▶定理37 。余弦定理を用いた導出が適用できるのは、$0 < \theta_1, \theta_2 < \pi$ の場合に限定されますが、$\cos(\theta - \pi) = -\cos\theta, \sin(\theta - \pi) = -\sin\theta$ などの関係を利用すると、一般の場合についても同じ関係が成り立つことがわかります。

ここで、(4-25)で、$\theta_1 = \dfrac{\pi}{2}$、$\theta_2 = \theta$ の場合を考えると、

$$\cos\left(\dfrac{\pi}{2} - \theta\right) = \sin\theta$$

という関係が得られます。さらに、この式の θ を $\dfrac{\pi}{2} - \theta$ に置き換えると、次が得られます[※2]。

$$\sin\left(\dfrac{\pi}{2} - \theta\right) = \cos\theta$$

そして、これらを利用すると、(4-25)を用いて、

[※2] 直角三角形の鋭角の1つを θ とするともう1つの鋭角は $\dfrac{\pi}{2} - \theta$ になりますが、これを角 θ に対する補角(コアングル)と言います。補角 $\dfrac{\pi}{2} - \theta$ に対する sin(サイン)が cos(コ・サイン)というわけです。

4.2.1 三角関数の定義

$$\begin{aligned}
\sin(\theta_1 + \theta_2) &= \cos\left\{\frac{\pi}{2} - (\theta_1 + \theta_2)\right\} \\
&= \cos\left\{\left(\frac{\pi}{2} - \theta_1\right) - \theta_2\right\} \\
&= \cos\left(\frac{\pi}{2} - \theta_1\right)\cos\theta_2 + \sin\left(\frac{\pi}{2} - \theta_1\right)\sin\theta_2 \\
&= \sin\theta_1\cos\theta_2 + \cos\theta_1\sin\theta_2
\end{aligned}$$

となり、正弦関数の加法定理

$$\sin(\theta_1 + \theta_2) = \sin\theta_1\cos\theta_2 + \cos\theta_1\sin\theta_2$$

が得られます▶定理37 。

最後にもう1つ、三角関数の極限に関する公式を図形的に導きます。図4.10において、点A, Bは、単位円の円周上にあるものとします。このとき、3種類の図形の面積について、次の大小関係が成り立ちます。

$$三角形\,OAB < 扇形\,OAB < 三角形\,OAC$$

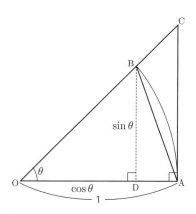

図4.10　三角関数の極限に関する公式の導出

また、それぞれの面積は、具体的には、次のように計算されます。

$$三角形\,\mathrm{OAB} = \frac{1}{2} \times 1 \times \sin\theta = \frac{\sin\theta}{2}$$

$$扇形\quad \mathrm{OAB} = \pi \times \frac{\theta}{2\pi} = \frac{\theta}{2}$$

$$三角形\,\mathrm{OAC} = \frac{1}{2}\cos\theta\sin\theta \times \frac{1}{\cos^2\theta} = \frac{\sin\theta}{2\cos\theta}$$

ここで、扇形OABについては、単位円全体の面積が π で、これに、一周分の角度 2π に対する中心角 θ の割合を掛けています。三角形OACは、三角形ODBと相似形なので、三角形ODBの面積に、底辺の長さの比 $\dfrac{1}{\cos\theta}$ の2乗を掛けて計算しています。以上の計算から、次の関係が成り立ちます。

$$\sin\theta < \theta < \frac{\sin\theta}{\cos\theta}$$

上式の各項を $\sin\theta > 0$ で割って逆数を取ると、次が得られます。

$$1 > \frac{\sin\theta}{\theta} > \cos\theta$$

今は、図4.10に基づいて、$0 < \theta < \dfrac{\pi}{2}$ の範囲で考えているので、$\theta \neq 0$ である点に注意してください。ここで、$\theta \to +0$ の極限を考えると、$\displaystyle\lim_{\theta\to+0}\cos\theta = 1$ となることから、はさみうちの原理により、

$$\lim_{\theta\to+0} \frac{\sin\theta}{\theta} = 1$$

が成り立ちます。以上の計算は、$\theta > 0$、すなわち、$\theta \to +0$ の場合に限定されますが、$\theta \to -0$ の場合は、次の計算から、同様に1に収束することがわかります。

$$\lim_{\theta\to-0}\frac{\sin\theta}{\theta} = \lim_{\theta\to+0}\frac{\sin(-\theta)}{-\theta} = \lim_{\theta\to+0}\frac{\sin\theta}{\theta} = 1$$

これで、一般に、次の関係が成り立つことが証明されました。

$$\lim_{\theta \to 0} \frac{\sin \theta}{\theta} = 1$$

これは、$\theta \to 0$の極限において、$\sin \theta$とθが同じ速さで0に近づくことを示しており、次項で示すように、$y = \sin \theta$と$y = \theta$の$\theta = 0$における微分係数が一致することに対応します。

一方、$\cos \theta$の$\theta \to 0$における極限に関しては、次の関係が成り立ちます。

$$\lim_{\theta \to 0} \frac{\cos \theta - 1}{\theta} = 0$$

少し技巧的ですが、これは、次の計算で示すことができます。

$$\frac{\cos \theta - 1}{\theta} = \frac{(\cos \theta - 1)(\cos \theta + 1)}{\theta(\cos \theta + 1)} = \frac{-\sin^2 \theta}{\theta(\cos \theta + 1)} = \left(\frac{\sin \theta}{\theta}\right)^2 \frac{-\theta}{\cos \theta + 1} \to 0 \ (\theta \to 0)$$

4.2.2 三角関数の導関数

前項で示した関係を利用すると、三角関数の導関数は、定義から直接に計算することができます。まず、正弦関数については、次のようになります。

$$\begin{aligned}
(\sin \theta)' &= \lim_{h \to 0} \frac{\sin(\theta + h) - \sin \theta}{h} \\
&= \lim_{h \to 0} \frac{\sin \theta \cos h + \cos \theta \sin h - \sin \theta}{h} \\
&= \sin \theta \times \lim_{h \to 0} \frac{\cos h - 1}{h} + \cos \theta \times \lim_{h \to 0} \frac{\sin h}{h} = \cos \theta
\end{aligned}$$

したがって、

$$(\sin \theta)' = \cos \theta$$

が成り立ちます ▶定理38 。特に、$\theta = 0$における微分係数は$\cos 0 = 1$となり、関数$y = \theta$の微分係数と一致します。つまり、正弦関数$y = \sin \theta$の原点における接線は、$y = \theta$で与えられます。

一方、余弦関数については、次のようになります。

$$
\begin{aligned}
(\cos\theta)' &= \lim_{h\to 0}\frac{\cos(\theta+h)-\cos\theta}{h}\\
&= \lim_{h\to 0}\frac{\cos\theta\cos h - \sin\theta\sin h - \cos\theta}{h}\\
&= \cos\theta\times\lim_{h\to 0}\frac{\cos h-1}{h} - \sin\theta\times\lim_{h\to 0}\frac{\sin h}{h} = -\sin\theta
\end{aligned}
$$

したがって、

$$
(\cos\theta)' = -\sin\theta
$$

が成り立ちます ▶定理38 。特に、$\theta = 0$ における微分係数は $\sin 0 = 0$ となるので、余弦関数 $y = \cos\theta$ の原点における接線の傾きは0になります。

4.2.3 正接関数の性質

ここでは、正接関数 $\tan\theta$ の定義と性質をまとめて説明します。これは、正弦関数 $\sin\theta$ と余弦関数 $\cos\theta$ を用いて、

$$
\tan\theta = \frac{\sin\theta}{\cos\theta}
$$

と定義することができます。分母が0になる $\theta = \frac{\pi}{2} + n\pi\ (n\in\mathbf{Z})$ については、その値は定義されません。

加法定理については、定義に従って計算すると、正弦関数と余弦関数の加法定理を用いて、

$$
\tan(\theta_1+\theta_2) = \frac{\sin(\theta_1+\theta_2)}{\cos(\theta_1+\theta_2)} = \frac{\sin\theta_1\cos\theta_2 + \cos\theta_1\sin\theta_2}{\cos\theta_1\cos\theta_2 - \sin\theta_1\sin\theta_2}
$$

となります。上式の分子と分母をそれぞれ $\cos\theta_1\cos\theta_2$ で割ると、次の結果が得られます。

$$\tan(\theta_1 + \theta_2) = \frac{\frac{\sin\theta_1}{\cos\theta_1} + \frac{\sin\theta_2}{\cos\theta_2}}{1 - \frac{\sin\theta_1}{\cos\theta_1}\frac{\sin\theta_2}{\cos\theta_2}} = \frac{\tan\theta_1 + \tan\theta_2}{1 - \tan\theta_1\tan\theta_2}$$

したがって、正接関数の加法定理は、次で与えられます▶ 定理37 。

$$\tan(\theta_1 + \theta_2) = \frac{\tan\theta_1 + \tan\theta_2}{1 - \tan\theta_1\tan\theta_2}$$

次に、導関数 $\tan'\theta$ については、積の微分と合成関数の微分を用いて、次のように計算されます。

$$(\tan\theta)' = \left(\frac{\sin\theta}{\cos\theta}\right)' = (\sin\theta)' \times \frac{1}{\cos\theta} + \sin\theta \times \left(\frac{1}{\cos\theta}\right)'$$
$$= 1 + \sin\theta \times \frac{\sin\theta}{\cos^2\theta} = \frac{\cos^2\theta + \sin^2\theta}{\cos^2\theta} = \frac{1}{\cos^2\theta}$$

したがって、正接関数の導関数は、次で与えられます▶ 定理38 。

$$(\tan\theta)' = \frac{1}{\cos^2\theta}$$

最後に、正接関数のグラフは、図4.11のようになります。分母が0になる $\theta = \frac{\pi}{2} + n\pi \, (n \in \mathbf{Z})$ については、$\pm\infty$ に値が発散することがわかります。

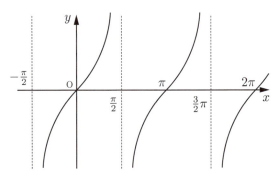

図4.11 正接関数のグラフ

4.3 主要な定理のまとめ

ここでは、本章で示した主要な事実を定理、および、定義としてまとめておきます。

定理31. ネイピア数の存在

次の極限が存在して、その値 e をネイピア数と呼ぶ。

$$e = \lim_{x \to \infty} \left(1 + \frac{1}{x}\right)^x$$

定理32. 指数関数の基本性質

a を任意の正の実数とするとき、任意の $x, y \in \mathbf{R}$ に対して次が成り立つ。

$$a^{x+y} = a^x a^y$$
$$(a^x)^y = a^{xy}$$

定理33. 指数関数の導関数

a を任意の正の実数とするとき、指数関数 a^x の導関数は次式で与えられる。

$$(a^x)' = a^x \log_e a$$

特に、$a = e$ の場合は、次が成り立つ。

$$(e^x)' = e^x$$

定義11. 対数関数の定義

指数関数 a^x の逆関数を $\log_a x$ と表わし、a を底とする対数関数と呼ぶ。特にネイピア数 e を底とする対数 $\log_e x$ を自然対数と呼ぶ。対数関数の定義域は正の実数全体となる。

定理34. 対数関数の基本性質

aを任意の正の実数とするとき、任意の正の実数x, yに対して次が成り立つ。

$$\log_a xy = \log_a x + \log_a y$$

また、任意の正の実数xと任意の実数yに対して次が成り立つ。

$$\log_a x^y = y \log_a x$$

定理35. 対数関数の導関数

aを任意の正の実数とするとき、対数関数$\log_a x$の導関数は次式で与えられる。

$$(\log_a x)' = \frac{1}{x \log_e a}$$

特に、自然対数については、次が成り立つ。

$$(\log_e x)' = \frac{1}{x}$$

定理36. 三角関数の基本性質

正弦関数$\sin \theta$と余弦関数$\cos \theta$について、次の関係が成り立つ。

$$\cos^2 \theta + \sin^2 \theta = 1$$

$$\sin(-\theta) = -\sin \theta, \ \cos(-\theta) = \cos \theta$$

$$\sin \theta = \cos \left(\frac{\pi}{2} - \theta \right), \ \cos \theta = \sin \left(\frac{\pi}{2} - \theta \right)$$

$$\lim_{\theta \to 0} \frac{\sin \theta}{\theta} = 1, \ \lim_{\theta \to 0} \frac{\cos \theta - 1}{\theta} = 0$$

定理37 三角関数の加法定理

三角関数について、次の関係が成り立つ。

$$\sin(\theta_1 + \theta_2) = \sin\theta_1 \cos\theta_2 + \cos\theta_1 \sin\theta_2$$
$$\cos(\theta_1 + \theta_2) = \cos\theta_1 \cos\theta_2 - \sin\theta_1 \sin\theta_2$$
$$\tan(\theta_1 + \theta_2) = \frac{\tan\theta_1 + \tan\theta_2}{1 - \tan\theta_1 \tan\theta_2}$$

定理38 三角関数の導関数

三角関数の導関数は、それぞれ、次式で与えられる。

$$(\sin\theta)' = \cos\theta$$
$$(\cos\theta)' = -\sin\theta$$
$$(\tan\theta)' = \frac{1}{\cos^2\theta}$$

演習問題

問1 任意の自然数 n について、x の n 乗根 $\sqrt[n]{x}$ の導関数を求めよ。

 $f(x) = \sqrt[n]{x} = x^{\frac{1}{n}}$ の両辺の自然対数を取ると、
$\log_e f(x) = \dfrac{1}{n} \log_e x$ となる。この両辺を x で微分する。

問2 次の関数の導関数を求めよ。

(1) $f(x) = \dfrac{1}{1 + \sin^3 2x}$

(2) $f(x) = \exp\left\{-\dfrac{1}{2}\left(\dfrac{x-3}{5}\right)^2\right\}$

(3) $f(x) = x^x$

 (3) は、両辺の自然対数を取ってから微分する。

問3 次の定積分を計算せよ。

(1) $\displaystyle\int_0^{\pi} x \sin 2x \, dx$

(2) $\displaystyle\int_0^{\pi} e^x \sin 2x \, dx$

(3) $\displaystyle\int_1^{e} x^3 \log_e x \, dx$

問 4 次で定義される関数を双曲線関数と呼ぶ[※3]。これらについて以下の問いに答えよ。

$$\sinh x = \frac{e^x - e^{-x}}{2}$$

$$\cosh x = \frac{e^x + e^{-x}}{2}$$

$$\tanh x = \frac{\sinh x}{\cosh x}$$

(1) $\cosh^2 x - \sinh^2 x = 1$ が成り立つことを示せ。

(2) それぞれの導関数を再び双曲線関数を用いて表わせ。

(3) $\lim_{x \to \infty} \tanh x$、および、$\lim_{x \to -\infty} \tanh x$ を求めよ。

※3 それぞれ、「ハイパボリックサイン」「ハイパボリックコサイン」「ハイパボリックタンジェント」と読みます。

Chapter 5

テイラーの公式と解析関数

- 5.1 テイラーの公式
  - 5.1.1 連続微分可能関数
  - 5.1.2 無限小解析
  - 5.1.3 テイラーの公式
- 5.2 解析関数
  - 5.2.1 関数列の収束
  - 5.2.2 関数項級数
  - 5.2.3 整級数
  - 5.2.4 解析関数とテイラー展開
- 5.3 主要な定理のまとめ
- 5.4 演習問題

本章では、微分の応用として、関数をべき級数で近似するテイラーの公式を導きます。特にその準備として、高階導関数と無限小解析について説明します。また、テイラーの公式に従った展開を無限に続けた際に、元の関数に厳密に一致する特別な関数として、解析関数の考え方を紹介します。

5.1 テイラーの公式

5.1.1 連続微分可能関数

区間Iの各点xで微分可能な関数$f(x)$に対して、導関数$f'(x)$が再びI上で微分可能になるためには、少なくとも、$f'(x)$はI上で連続である必要があります。このような関数をI上で連続微分可能、あるいは、C^1-級の関数と呼びます。また、I上で連続微分可能な関数をすべて集めた集合を次の記号で表わします。

$$C^1(I) = \{f(x) \mid f(x)\text{は}I\text{上で連続微分可能}\}$$

「1.1.1 集合とは？」の例で見たように、数学における集合とは、何らかのものの集まりを表わすものですが、ここでは、関数を集めた集合を考えている点に注意してください。また、ここで言う「連続微分可能」というのは、微分した結果が連続関数であるという意味であり、何度も連続して微分できるという意味ではありません。そして、C^1-級の関数の中でも、特にI上の各点xで$f'(x)$が再び微分可能になる場合、$f(x)$はI上で2回微分可能であると言い、$f'(x)$の導関数、すなわち、$f''(x)$を関数$f(x)$の2階導関数と呼びます。

ここでさらに、I上で2回微分可能な関数$f(x)$の中でも、2階導関数$f''(x)$がI上の連続関数になる場合、$f(x)$はI上で2回連続微分可能、あるいは、C^2-級の関数と呼びます。I上で2回連続微分可能な関数を集めた集合を次の記号で表わします。

$$C^2(I) = \{f(x) \mid f(x)\text{は}I\text{上で2回連続微分可能}\}$$

この議論を繰り返すことにより、一般にI上でm回微分可能な関数に対して、m階

導関数 $f^{(m)}(x)$ が I 上の連続関数となるものを考えることができます[※1]。これを I 上で m 回連続微分可能 な関数、あるいは、C^m-級の関数 と呼び、I 上で m 回連続微分可能な関数を集めた集合を次の記号で表わします ▶定義12 。

$$C^m(I) = \{f(x) \mid f(x) は I 上で m 回連続微分可能\}$$

便宜上、I 上の連続関数を集めた集合を $C^0(I)$ という記号で表わすと、次のような集合としての包含関係が成り立つことがわかります。

$$C^0(I) \supset C^1(I) \supset C^2(I) \supset \cdots \supset C^m(I)$$

ここで、これらの集合全体の積集合を考えてみます。

$$C^\infty(I) = \bigcap_{m=0}^{\infty} C^m(I)$$

これは、任意の m について $f(x) \in C^m(I)$ となるような関数 $f(x)$ を集めたもので、I 上で何回でも微分できる関数の全体になります。厳密には、何回でも微分できて、すべての導関数が連続関数であるという意味になりますが、m 階導関数が連続であることは、$m+1$ 回微分可能であることの必要条件となりますので、連続性について明示的に言及しなくても同じことになります。このような関数を I 上で無限回微分可能な関数、もしくは、C^∞-級の関数 と呼びます ▶定義13 。Chapter 4「初等関数」で紹介した指数関数や三角関数は、実数上で無限回微分可能な関数で、たとえば、次のような関係が成り立ちます。

$$(e^x)^{(m)} = e^x \ (m = 1, 2, 3, \cdots) \tag{5-1}$$

$$(\sin x)^{(m)} = \begin{cases} \cos x & (m = 1, 5, 9, \cdots) \\ -\sin x & (m = 2, 6, 10, \cdots) \\ -\cos x & (m = 3, 7, 11, \cdots) \\ \sin x & (m = 4, 8, 12, \cdots) \end{cases} \tag{5-2}$$

[※1] (m) は導関数の記号 $'$ を m 個並べたものに対応する記号です。

5.1.2 無限小解析

「3.1.1 微分係数と導関数」の (3-8) では、$x_1 \to x_0$ の極限で0になる2つの関数 $g(x)$ と $h(x)$ について、

$$\lim_{x_1 \to x_0} \frac{g(x_1)}{h(x_1)} = 0 \tag{5-3}$$

が成り立つ際に、$g(x)$ は $h(x)$ よりも速く0に近づくと考えられることを説明しました。これは、極限の定義から、

$$\forall \epsilon > 0;\ \exists \delta > 0\ \text{s.t.}\ \forall x_1 \in \mathbf{R};\ 0 < |x_1 - x_0| < \delta \Rightarrow |g(x_1)| < \epsilon |h(x_1)|$$

が成立して、x_1 が十分に x_0 に近ければ、$|g(x_1)|$ は $|h(x_1)|$ よりもいくらでも小さくなるということでした。(5-3) を満たす例として、$g(x) = x^2$ と $h(x) = x$ を考えて、表5.1のように、$x \to 0$ における値の変化を具体的に考えてもよいでしょう。

表5.1 無限小を比較する例

x	1.0	0.1	0.01	$\cdots$
$g(x) = x^2$	1.0	0.01	0.0001	$\cdots$
$h(x) = x$	1.0	0.1	0.01	$\cdots$
$\dfrac{g(x)}{h(x)}$	1.0	0.1	0.01	$\cdots$

一般に $x \to x_0$ の極限で0になる関数 $f(x)$ は、$x \to x_0$ で無限小であると言います。無限小解析は、$x \to x_0$ で無限小である関数について、これらが0に近づく速度を系統的に比較する手法を提供します。また、$x \to x_0 + 0$ のように右から x_0 に近づく場合に限定して議論することも可能で、このような場合は、$x \to x_0 + 0$ で無限小である関数どうしの関係を考えることになります。あるいは、左から x_0 に近づく場合に限定することも可能です。ここでは、話を簡単にするために、両側から x_0 に近づく場合に限定して話を進めますが、それ以外の場合も同じ議論が成り立ちます。

はじめに、$f(x)$ と $g(x)$ を $x \to x_0$ で無限小である関数として、次の2種類の極限を考えます。

$$\lim_{x \to x_0} \frac{f(x)}{g(x)}, \ \lim_{x \to x_0} \frac{g(x)}{f(x)}$$

このどちらかが有限の値に収束する場合、$f(x)$ と $g(x)$ は比較可能な無限小であると言います。より具体的に、

$$\lim_{x \to x_0} \frac{f(x)}{g(x)} = \alpha \neq 0 \tag{5-4}$$

となる場合、$f(x)$ と $g(x)$ は同位な無限小であると言い、特に $\alpha = 1$ の場合、$f(x)$ と $g(x)$ は同値な無限小であると言います。$f(x)$ と $g(x)$ が同値な無限小であることを、

$$f(x) \sim g(x) \ (x \to x_0)$$

という記号で表わします▶定義14。この関係は、一般に同値関係と呼ばれる、次の3つの条件を満たしています。

反射律：$f(x) \sim f(x)$
対称律：$f(x) \sim g(x) \ \Rightarrow \ g(x) \sim f(x)$
推移律：$f(x) \sim g(x), \ g(x) \sim h(x) \ \Rightarrow \ f(x) \sim h(x)$

これら3つの条件は、$x \to x_0$ で無限小であるすべての関数について、お互いに同値なものでグループ分けできることを意味しています[※2]。また、(5-4)は、$f(x) \sim \alpha g(x)$ と同じことですので、同位な無限小は、定数倍の違いを除いて、同値な無限小のグループをまとめたものと理解できます。直感的に言うと、同値な無限小は、0 に近づく速度がぴったり同じで、同位な無限小は、0に近づく速度が定数倍の違いであるということです。

一方、次の関係が成立する場合、$f(x)$ は $g(x)$ よりも速く0に近づくことになります。

$$\lim_{x \to x_0} \frac{f(x)}{g(x)} = 0$$

[※2] たとえば、〜がSNSにおける「繋がり」を表わすものと考えてみます。「自分と自分は繋がる（反射律）」「AさんがBさんと繋がれば、BさんはAさんと繋がる（対称律）」「AさんとBさんが繋がっていて、BさんとCさんが繋がっていれば、AさんとCさんも繋がっている（推移律）」このルールがあれば、お互いに繋がりのある人々のグループが、きれいに分かれてできあがります。

この場合、$f(x)$ は $g(x)$ に対して無視できる無限小であると言い、この事実を次の記号で表わします ▶定義15 。

$$f(x) = o(g(x)) \ (x \to x_0)$$

実際にこの記号を使用する際は、$f(x)$ と比較する対象となる $g(x)$ には、x や x^2 などの単純な式を用いることがほとんどです。たとえば、関数

$$f(x) = (x+1)^3 = 1 + 3x + 3x^2 + x^3 \tag{5-5}$$

において、x の2次以上の項からなる $3x^2 + x^3$ という部分を x と比較すると、

$$\lim_{x \to 0} \frac{3x^2 + x^3}{x} = 0$$

となることから、

$$f(x) - (1 + 3x) = 3x^2 + x^3 = o(x) \ (x \to 0)$$

という関係が成り立ちます。ただし、この式だけを見ていても、その「ありがたみ」がわかりづらいので、これを次のように書き換えてみます。

$$f(x) = 1 + 3x + o(x) \ (x \to 0)$$

 関数 $f(x)$ をこのように表わすと、x の値が0に近い場合の近似式がすぐに読み取れるというメリットがあります。$o(x)$ で表わされる項は、$x \to 0$ の極限において、その前にある $3x$ よりも速く0に近づくことがわかっているので、x が0に近い場合、

$$f(x) \simeq 1 + 3x$$

という近似式が成り立ちます[※3]。つまり、$o(x)$ は、x の1次よりも次数の高い項のみからなる関数、と考えることができるわけです。

※3 $\simeq$ は近似的に値が等しいことを示す記号です。

ここで、「x の 1 次よりも次数の高い項」の意味をもう少し正確に捉えておきます。今、$x, x^2, x^3, \cdots$ のような項だけを考えているとすると、その意味は明白で、

$$x^2 = o(x),\ x^3 = o(x),\ \cdots$$

というように、「x の 2 次以上の項」を表わすことになります。それでは、$x^{\frac{3}{2}}$ のように、次数が整数ではない場合はどうなるでしょうか？ この場合は、定義に戻って計算すると、

$$\lim_{x \to 0} \frac{x^{\frac{3}{2}}}{x} = \lim_{x \to 0} x^{\frac{1}{2}} = 0$$

となるので、やはり、

$$x^{\frac{3}{2}} = o(x)$$

が成り立ちます。つまり、x よりもわずかでも次数が高いものは、すべて $o(x)$ に含まれることになるのです。

ランダウ記号

本文で説明した小文字の o を用いた記号の他に、大文字の O を用いた記号があります。具体的には、$f(x)$ が $g(x)$ に対して無視できる、あるいは、$g(x)$ と同位な無限小である場合、すなわち、$\displaystyle\lim_{x \to x_0} \frac{f(x)}{g(x)}$ が 0 を含めて有限の値に収束する場合、これを

$$f(x) = O(g(x))\ (x \to x_0)$$

という記号で表わします[a]。それでは、本文の (5-5) に含まれる項の中で、$O(x)$ と表現できるのはどの部分にあたるでしょうか？ 少し計算するとわかるように、この記号の場合は、x の 1 次の項を含めて、

---

[a] $\displaystyle\lim_{x \to x_0} \frac{f(x)}{g(x)}$ の極限が存在しなくても、x_0 の周りで $\frac{f(x)}{g(x)}$ が有界になる場合に、$f(x) = O(g(x))$ と表わすこともあります。

$$3x + 3x^2 + x^3 = O(x) \ (x \to 0)$$

という関係が成り立ちます。つまり、$o(x)$ が「x よりも少しでも次数が高い項」であったのに対して、$O(x)$ は「x を含めて、それよりも次数が高い項」と解釈されることになります。これらの記法は、数学者のエドムント・ランダウが発案したもので、ランダウ記号と呼ばれます。o は「スモールオー」または「スモールオミクロン」、O は「ラージオー」または「ラージオミクロン」と読みます。

ちなみに、先ほどの (5-5) については、次の2種類の表現が可能です。

$$f(x) = 1 + 3x + o(x) \ (x \to 0)$$
$$f(x) = 1 + 3x + O(x^2) \ (x \to 0)$$

どちらも数学的には正しい関係ですが、それぞれが意味する内容は異なるので注意が必要です。これ以降、本書では、小文字の o のみを使用していきます。

5.1.3 テイラーの公式

「3.3 主要な定理のまとめ」の ▶定理13 は、ランダウ記号を用いるとすっきり書き直すことができます。具体的には、関数 $f(x)$ が $x = x_0$ で微分可能なとき、次の関係が成り立ちます。

$$f(x) = f(x_0) + f'(x_0)(x - x_0) + o(x - x_0) \tag{5-6}$$

また、これは、x_0 付近の $f(x)$ の値を1次関数で近似した場合、

$$f(x) \simeq f(x_0) + f'(x_0)(x - x_0)$$

という形が最良の近似であると解釈できることを説明しました。この後すぐに証明するテイラーの公式を用いると、閉区間 $[x_0, x]$、もしくは、$[x, x_0]$ において、$f^{(n-1)}(x)$ が連続で、かつ、$f^{(n)}(x)$ が存在するとき、より一般に、

$$f(x) = f(x_0) + f'(x_0)(x-x_0) + o(x-x_0)$$
$$f(x) = f(x_0) + f'(x_0)(x-x_0) + \frac{1}{2!}f''(x_0)(x-x_0)^2 + o\left((x-x_0)^2\right)$$
$$f(x) = f(x_0) + f'(x_0)(x-x_0) + \frac{1}{2!}f''(x_0)(x-x_0)^2 + \frac{1}{3!}f^{(3)}(x_0)(x-x_0)^3 + o\left((x-x_0)^3\right)$$
$$\vdots$$
$$f(x) = f(x_0) + \sum_{k=1}^{n-1} \frac{f^{(k)}(x_0)}{k!}(x-x_0)^k + o\left((x-x_0)^{n-1}\right) \tag{5-7}$$

という関係が成り立つことがわかります。これらは、x_0 付近の $f(x)$ の値を k 次多項式（$k = 1, 2, \cdots, n-1$）で近似した場合の最良型を与えるものと言えます。なお、テイラーの公式では、(5-7)の $o\left((x-x_0)^{n-1}\right)$ の部分が、より具体的に、

$$R(x) = \frac{f^{(n)}(\xi)}{n!}(x-x_0)^n$$

と表現できることが示されます。ξ（グザイ）は、x_0 と x の間の値で、その具体的な値は x に依存して変化します ▶ 定理39 。

それでは、さっそくテイラーの公式を導いていきます。はじめに、$x_0 < x$ の場合を考えます。閉区間 $[x_0, x]$ において $x_1 \in [x_0, x]$ を1つ固定して、

$$f(x_1) = f(x_0) + \sum_{k=1}^{n-1} \frac{f^{(k)}(x_0)}{k!}(x_1 - x_0)^k + \frac{A}{n!}(x_1 - x_0)^n \tag{5-8}$$

が成り立つように定数 A を定義します。少し天下り的ですが、

$$A = \frac{n!}{(x_1 - x_0)^n} \left[f(x_1) - \left\{ f(x_0) + \sum_{k=1}^{n-1} \frac{f^{(k)}(x_0)}{k!}(x_1 - x_0)^k \right\} \right]$$

で A を定義したものと考えてください。

この定義からわかるように、A の値は x_0 に依存しているので、A を固定したまま、(5-8)の x_0 を適当な別の値 t に置き換えると両辺の値は一致しなくなります。この差分を関数 $\varphi(t)$ として定義します[※4]。

※4　φ はギリシャ文字 ϕ（ファイ）の筆記体。

$$\varphi(t) = f(x_1) - \left\{ f(t) + \sum_{k=1}^{n-1} \frac{f^{(k)}(t)}{k!}(x_1 - t)^k + \frac{A}{n!}(x_1 - t)^n \right\} \quad \text{(5-9)}$$

　すると、これらの定義から、$\varphi(x_0) = \varphi(x_1) = 0$ となることがわかります。また、閉区間 $[x_0, x]$、もしくは、$[x, x_0]$ において、$f^{(n-1)}(x)$ が連続、かつ、$f^{(n)}(x)$ が存在するという前提条件より、$\varphi(t)$ は、閉区間 $[x_0, x_1]$ で連続、かつ、開区間 (x_0, x_1) で微分可能と言えます。したがって、「3.3　主要な定理のまとめ」の▶定理22（ロルの定理）から、

$$\varphi'(\xi) = 0 \quad \text{(5-10)}$$

となる $\xi \in (x_0, x_1)$ が存在します。

　一方、(5-9)から $\varphi'(t)$ を計算すると次のようになります。「3.3　主要な定理のまとめ」の▶定理15（積の微分）を用いて計算する点に注意してください。

$$\varphi'(t) = -\left\{ f'(t) + \sum_{k=1}^{n-1} \frac{f^{(k+1)}(t)}{k!}(x_1 - t)^k - \sum_{k=1}^{n-1} \frac{f^{(k)}(t)}{(k-1)!}(x_1 - t)^{k-1} - \frac{A}{(n-1)!}(x_1 - t)^{n-1} \right\}$$

　ここで、上式の第2項と第3項は、k の値が1つずれているだけで、同じ形をしていることに気づきます。実際、$k' = k + 1$ として、第2項を k' で書き直すと次のようになります。

$$\sum_{k'=2}^{n} \frac{f^{(k')}(t)}{(k'-1)!}(x_1 - t)^{k'-1}$$

　したがって、第2項の $k' = n$ の項と第3項の $k = 1$ の項を除いて、第2項と第3項は互いに打ち消しあって、最終的に次が得られます。

$$\varphi'(t) = -\left\{ f'(t) + \frac{f^{(n)}(t)}{(n-1)!}(x_1 - t)^{n-1} - f'(t) - \frac{A}{(n-1)!}(x_1 - t)^{n-1} \right\}$$
$$= \frac{A - f^{(n)}(t)}{(n-1)!}(x_1 - t)^{n-1}$$

　これより、(5-10)から、

$$A = f^{(n)}(\xi)$$

となることがわかります。$\xi \in (x_0, x_1)$ より $\xi = x_1$ とはならない点に注意してください。この結果を(5-8)に代入すると、次が得られます。

$$f(x_1) = f(x_0) + \sum_{k=1}^{n-1} \frac{f^{(k)}(x_0)}{k!}(x_1 - x_0)^k + \frac{f^{(n)}(\xi)}{n!}(x_1 - x_0)^n$$

そして、x_1 は、$[x_0, x]$ に含まれる任意の値なので、x_1 を一般の x に置き換えると、次のようになります。

$$f(x) = f(x_0) + \sum_{k=1}^{n-1} \frac{f^{(k)}(x_0)}{k!}(x - x_0)^k + R(x) \qquad (5\text{-}11)$$

$$R(x) = \frac{f^{(n)}(\xi(x))}{n!}(x - x_0)^n \qquad (5\text{-}12)$$

(5-12)に含まれる ξ は、(5-10)を満たす値が区間 (x_0, x_1) に存在するという条件から出てきたものですので、その具体的な値は、x_1 の取り方によって変わります。今の場合は、x_1 を x に書き換えているので、ξ の値は、x によって変わることになります。この点を強調するために、(5-12)では、$\xi(x)$ という書き方をしています。

ここまでの議論では、閉区間 $[x_0, x]$(つまり、$x > x_0$)の場合を考えていましたが、閉区間 $[x, x_0]$(つまり $x < x_0$)の場合も同様の議論が成り立ちます。そして最後に、

$$\lim_{x \to x_0} \frac{R(x)}{(x - x_0)^{n-1}} = \lim_{x \to x_0} \frac{f^{(n)}(\xi(x))}{n!}(x - x_0) = 0$$

となることから、

$$R(x) = o\left((x - x_0)^{n-1}\right) \qquad (5\text{-}13)$$

が得られます。(5-11)、(5-12)、(5-13)が成り立つというのが、テイラーの公式の内容です。(5-12)の $R(x)$ をテイラーの公式の剰余項と呼びます。また、テイラーの公式で、特に $x_0 = 0$ とした場合をマクローリンの公式と呼ぶことがあります。

なお、(5-11)では、定数項 $f(x_0)$ を明示的に記載していますが、次のように、直後の和の部分に含めて書くこともあります。

$$f(x) = \sum_{k=0}^{n-1} \frac{f^{(k)}(x_0)}{k!}(x-x_0)^k + R(x)$$

上記の和で $k=0$ の部分が定数項 $f(x_0)$ に対応すると考えてください。そして、テイラーの公式で、特に $n=2$ とした場合が (5-6) に相当するわけですが、一般に、

$$f(x) = f'(x_0) + \alpha(x-x_0) + o(x-x_0)$$

が成立する場合、必ず $\alpha = f'(x)$ になるという関係がありました。これと同じことが、一般の n についても成り立ちます。つまり、

$$f(x) = f(x_0) + \sum_{k=1}^{n-1} a_k(x-x_0)^k + S(x) \qquad (5\text{-}14)$$
$$S(x) = o\left((x-x_0)^{n-1}\right)$$

が成り立つ場合、係数 a_k と剰余項 $S(x)$ は、テイラーの公式で与えられるものと必ず一致します。実際、$f(x)$ が (5-11) と (5-14) の 2 種類の形で表わされたとすると、

$$f(x_0) + \sum_{k=1}^{n-1} \frac{f^{(k)}(x_0)}{k!}(x-x_0)^k + R(x) = f(x_0) + \sum_{k=1}^{n-1} a_n(x-x_0)^k + S(x)$$

より、

$$\{f'(x_0) - a_1\}(x-x_0) + \left\{\frac{f''(x_0)}{2!} - a_2\right\}(x-x_0)^2 + \cdots + \{R(x) - S(x)\} = 0 \quad (5\text{-}15)$$

となります。ここで、両辺を $x-x_0$ で割って $x \to x_0$ の極限を取ると、

$$f'(x_0) - a_1 = 0$$

つまり、$a_1 = f'(x_0)$ が得られます。したがって、(5-15) は、

$$\left\{\frac{f''(x_0)}{2!} - a_2\right\}(x-x_0)^2 + \left\{\frac{f^{(3)}(x_0)}{3!} - a_3\right\}(x-x_0)^3 + \cdots + \{R(x) - S(x)\} = 0$$

となり、この両辺を $(x-x_0)^2$ で割って $x \to x_0$ の極限を取ると、

$$\frac{f''(x_0)}{2!} - a_2 = 0$$

つまり、$a_2 = \dfrac{f''(x_0)}{2!}$ が得られます。同様の議論を繰り返していくと、a_1 から a_{n-1} まですべての係数がテイラーの公式に一致することがわかり、その結果、$R(x) = S(x)$ となることもわかります。この議論では、$k = 1, 2, \cdots, n-1$ に対して、

$$\lim_{x \to x_0} \frac{R(x)}{(x-x_0)^k} = \lim_{x \to x_0} \frac{R(x)}{(x-x_0)^{n-1}} \frac{(x-x_0)^{n-1}}{(x-x_0)^k} = 0$$

および、同様に、

$$\lim_{x \to x_0} \frac{S(x)}{(x-x_0)^k} = 0$$

が成り立つことを用いています。

　最後に、テイラーの公式に従った近似の様子を具体例で確認してみましょう。たとえば、指数関数 $f(x) = e^x$ を考えると、(5-1) より、任意の $n \in \mathbf{N}$ に対して $f^{(n)}(x) = e^x$、つまり、$f^{(n)}(0) = 1$ となります。したがって、$x=0$ におけるテイラーの公式により、

$$f(x) \simeq 1 + x + \frac{1}{2}x^2 + \frac{1}{3!}x^3 + \frac{1}{4!}x^4 + \cdots$$

という n 次多項式による近似が成り立ちます。図5.1は、$n = 1 \sim 6$ の場合を示したもので、破線が $f(x) = e^x$ のグラフで、実線が n 次多項式による近似になります。原点 $x = 0$ から離れると近似の精度が悪くなりますが、多項式の次数が上がるほど、より広い範囲でよい近似になることが観察できます。

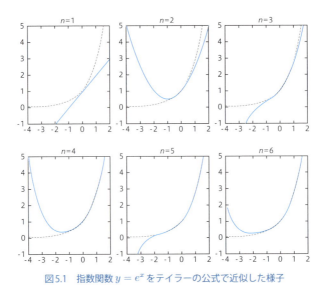

図5.1 指数関数 $y = e^x$ をテイラーの公式で近似した様子

同じく、正弦関数 $f(x) = \sin x$ については、(5-2) より、$x = 0$ の周りで、

$$f(x) \simeq x - \frac{1}{3!}x^3 + \frac{1}{5!}x^5 - \frac{1}{7!}x^7 + \cdots$$

という n 次多項式による近似が成り立ちます。図5.2は、$n = 1, 3, 5, 7$ の場合を示したものですが、こちらも、多項式の次数が上がるほど、より広い範囲でよい近似になることがわかります。

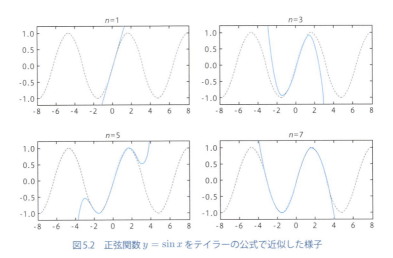

図5.2 正弦関数 $y = \sin x$ をテイラーの公式で近似した様子

5.2 解析関数

5.2.1 関数列の収束

テイラーの公式を利用することで、連続微分可能な関数を n 次多項式で近似できることがわかりました。特に、無限回微分可能な関数、すなわち、C^∞-級の関数であれば、n の値はいくらでも大きくすることができます。それでは、$n \to \infty$ の極限において、この近似は元の関数 $f(x)$ に一致すると言えるでしょうか? これはもう少し正確に言うと、

$$f_n(x) = f(x_0) + \sum_{k=1}^{n-1} \frac{f^{(k)}(x_0)}{k!}(x-x_0)^k \ (n=2,3,\cdots) \quad (5\text{-}16)$$

で関数 $f_n(x)$ を定義した際に、関数列 $\{f_n(x)\}$ が $f(x)$ に収束するかどうかを確かめるということになります。そこで、まずは、関数列が収束するということの意味を正確に定義しておきます。

まず、それぞれの $f_n(x)$ の定義域を I として、任意の点 $x_0 \in I$ を固定したときに、無限数列 $\{f_n(x_0)\}_{n=1}^{\infty}$ が収束する場合、関数列 $\{f_n(x)\}$ は I において各点収束すると言います。たとえば、

$$f_n(x) = \frac{nx+1}{n}$$

の場合を考えると、任意の $x_0 \in \mathbf{R}$ に対して、

$$\lim_{n \to \infty} f_n(x_0) = \lim_{n \to \infty} \frac{nx_0+1}{n} = \lim_{n \to \infty} \left(x_0 + \frac{1}{n}\right) = x_0$$

が成り立ちます。したがって、$\{f_n(x)\}$ は関数 $f(x) = x$ に各点収束することになります。ただし、この定義には思わぬ落とし穴があります。次の例を考えてみましょう。

$$f(x) = \begin{cases} 0 & (x \leq n) \\ 1 & (x > n) \end{cases}$$

　これは、ヘビサイド関数をx軸方向にnだけ平行移動した関数ですが、任意の$x_0 \in \mathbf{R}$に対して、$\lim_{n \to \infty} f_n(x_0) = 0$が成り立つので、定数関数$f(x) = 0$に各点収束することになります。しかしながら、関数全体の形を考えた場合、同じ形の関数が横に平行移動していくだけなので、nがどれほど大きくなっても、$f_n(x)$が定数関数0に近くなるとは言い難い気がします。

　それでは、このような定義域全体での関数の値を考えて、$f_n(x)$が$f(x)$に近づくという事実を表現する方法はないのでしょうか？ nが大きくなった際に、定義域全体における$f_n(x)$と$f(x)$の差が小さくなればよいので、これは、ϵ-δ論法を用いて、次のように表現できます。

$$\forall \epsilon > 0;\ \exists N \in \mathbf{N} \text{ s.t. } \forall n \in \mathbf{N};\ n > N \Rightarrow \sup_{x \in I} |f_n(x) - f(x)| < \epsilon$$

　これは、定義域全体における$f_n(x)$と$f(x)$の差の上限が0に収束することを意味しており、極限の記号を用いて表現すると、次のようになります。

$$\lim_{n \to \infty} \sup_{x \in I} |f_n(x) - f(x)| = 0$$

　この条件が成り立つ場合、関数列$\{f_n(x)\}$は、Iにおいて関数$f(x)$に一様収束すると言います▶定義16。先ほどのヘビサイド関数の例の場合、任意のnに対して、

$$\sup_{x \in \mathbf{R}} |f_n(x) - 0| = 1$$

となるので、これは、定数関数$f(x) = 0$に一様収束するとは言えません。一般に、関数列$\{f_n(x)\}$がIにおいて関数$f(x)$に一様収束すれば、同じ関数$f(x)$に各点収束することになりますが、その逆は必ずしも成り立ちません。関数列の収束を議論する際は、どちらの意味での収束を考えているのかを明確にすることが必要です。また、関数列$\{f_n(x)\}$が関数$f(x)$に一様収束することを次の記号で表わします。

$$f_n(x) \rightrightarrows f(x)\ (n \to \infty)$$

一様収束の定義において、$|f_n(x) - f(x)|$ の最大値ではなく、上限を用いる理由は、次の例を考えるとわかります。

$$f_n(x) = \begin{cases} 0 & (x \leq 1) \\ \dfrac{1}{n}\left(1 - \dfrac{1}{x}\right) & (x > 1) \end{cases}$$

図5.3のように、$x \to \infty$ の極限で $f_n(x) \to \dfrac{1}{n}$ となるので、$|f_n(x)|$ の最大値を定義することはできませんが、上限については、

$$\sup_{x \in \mathbf{R}} |f_n(x)| = \frac{1}{n}$$

が成り立ちます。したがって、関数列 $\{f_n(x)\}$ は、実数上で定数関数 $f(x) = 0$ に一様収束すると言えます。

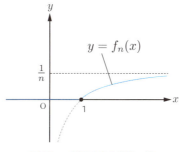

図5.3 一様収束する関数の例

I を定義域とする関数列 $\{f_n(x)\}$ が一様収束するための必要十分条件として、次のようなものがあります[※5]。

$$\forall \epsilon > 0;\ \exists N \in \mathbf{N}\ \text{s.t.}\ \forall p, q \in \mathbf{N};\ p, q > N \Rightarrow \sup_{x \in I} |f_p(x) - f_q(x)| < \epsilon \quad \text{(5-17)}$$

これは、十分に大きな n を取ると、そこから先の $f_n(x)$ はお互いの値の差の上限がいくらでも小さくなることを意味します▶ 定理41 。これが必要十分条件であることを

※5 $\forall p, q$ は厳密には $\forall p;\ \forall q$ と書くべきですが、ここでは簡略化して記述しています。

証明するために、まずは、一般の数列に対するコーシーの判定法を示します。

まず、無限数列 $\{a_n\}_{n=1}^{\infty}$ が次の条件を満たすとき、$\{a_n\}$ は<u>コーシー列</u>であると言います。

$$\forall \epsilon > 0;\ \exists N \in \mathbf{N}\ \text{s.t.}\ \forall p, q \in \mathbf{N};\ p, q > N \Rightarrow |a_p - a_q| < \epsilon$$

これは、先ほどの関数列の場合と同様に、十分に大きな n を取ると、そこから先の a_n はお互いの差がいくらでも小さくなることを意味しており、$\{a_n\}$ がコーシー列であることは、これが収束することの必要十分条件となります。これを<u>コーシーの判定法</u>と呼びます ▶定理40 。

収束列がコーシー列になることは、三角不等式で簡単に示すことができます。$\{a_n\}$ が a に収束するとした場合、任意の $\epsilon > 0$ に対して、ある $N > 0$ があり、

$$n > N \Rightarrow |a_n - a| < \epsilon$$

が成り立ちます。したがって、$p, q > N$ とするとき、

$$|a_p - a_q| = |(a_p - a) - (a_q - a)| \leq |a_p - a| + |a_q - a| < 2\epsilon$$

が成り立ちます。これは、$\{a_n\}$ がコーシー列であることを意味します。

反対にコーシー列が収束列になることの証明には、少し工夫が必要です。まず、ある $\epsilon > 0$ に対して、

$$p, q > N \Rightarrow |a_p - a_q| < \epsilon$$

を満たす $N > 0$ が決まりますが、このとき、任意の $n > N$ に対して、$|a_{N+1} - a_n| < \epsilon$ となることから、$a_n\ (n = N+1, N+2, \cdots)$ は、必ず $a_{N+1} \pm \epsilon$ の範囲に収まります。これは、数列 $\{a_n\}$ が有界であることを意味します。前半部分の $\{a_1, \cdots, a_N\}$ については、有限個の要素なので必ず有界になる点に注意してください。言い換えると、数列 $\{a_n\}$ の任意の部分列に対して、上限と下限が存在することになります。

そこで、n を固定した際に、a_n 以降の要素だけを集めた集合 $A_n = \{a_k \mid k \geq n\}$ を考えて、この集合の下限と上限をそれぞれ、α_n、および、β_n とします。このとき、n を大きくしていくと、集合 A_n の要素の数は減っていくので、その下限がより小さくな

ることはなく、

$$\alpha_1 \leq \alpha_2 \leq \alpha_3 \leq \cdots$$

という関係が成り立ちます。上限についても同様に、

$$\beta_1 \geq \beta_2 \geq \beta_3 \geq \cdots$$

となります。これは言い換えると、$I_n = [\alpha_n, \beta_n]$ で閉区間の列 $I_1, I_2, \cdots$ を定義した際に、

$$I_1 \supset I_2 \supset I_3 \supset \cdots \tag{5-18}$$

という包含関係が成り立つことになります。

そして、このとき、$\{a_n\}$ がコーシー列であるという条件から、任意の $\epsilon > 0$ に対して、ある $N > 0$ があって、任意の $p, q > N$ に対して、$|a_p - a_q| < \epsilon$ となります。これは言い換えると、A_n の上限と下限の差は、ϵ 以下、つまり、

$$n > N \Rightarrow \beta_n - \alpha_n \leq \epsilon \tag{5-19}$$

が成り立つことになります。なぜなら、仮に、$\beta_n - \alpha_n > \epsilon$ だとすると、$\delta = (\beta_n - \alpha_n) - \epsilon > 0$ として、$\beta'_n = \beta_n - \dfrac{\delta}{2}$, $\alpha'_n = \alpha_n + \dfrac{\delta}{2}$ とすると、上限・下限の定義より、$\beta_n \geq a_p > \beta'_n$, $\alpha'_n > a_q \geq \alpha_n$ となる a_p, a_q が存在します。このとき、$|a_p - a_q| > \beta'_n - \alpha'_n = \beta_n - \alpha_n - \delta = \epsilon$ となり、これは、コーシー列であるという前提条件と矛盾します。したがって、n を十分に大きくすると、閉区間 I_n の幅はいくらでも小さくなります。そのため、ある点 a が存在して、

$$I = \bigcap_{n=1}^{\infty} I_n = \{a\}$$

が成り立ちます。仮に、I が複数の異なる点 a, b を含んだとすると、I_n の幅は $|a - b|$ 以下になれないからです。(5-18) の包含関係より、I が空集合になることもありません。

そして、この a が $\{a_n\}$ の収束先となります。なぜなら、任意の $\epsilon > 0$ に対して、(5-19) を満たす $N > 0$ を取ると、$n > N$ のとき、a_n と a はどちらも区間 I_n に含ま

れるので、

$$|a_n - a| \leq \beta_n - \alpha_n \leq \epsilon \tag{5-20}$$

が成り立ちます。したがって、$\lim_{n \to \infty} a_n = a$ となります。

なお、(5-20)の最後の不等号が＜ではなく、≤になっている点が気になるかもしれませんが、これは問題ありません。(5-19)のϵは任意なので、たとえば、与えられたϵに対して、

$$n > N \Rightarrow \beta_n - \alpha_n \leq \frac{\epsilon}{2}$$

を満たすNを選択すれば、同じ議論により、

$$n > N \Rightarrow |a_n - a| \leq \frac{\epsilon}{2} < \epsilon$$

が成り立ちます。

それでは、コーシーの判定法を用いて、(5-17)を証明していきます。はじめに、一様収束すれば(5-17)が成り立つことを示します。これは、コーシーの判定法と同様に三角不等式で簡単に示すことができます。まず、$\{f_n(x)\}$が$f(x)$に一様収束する場合、任意の$\epsilon > 0$に対して、ある$N > 0$が存在して、

$$n > N \Rightarrow \sup_{x \in I} |f_n(x) - f(x)| < \epsilon$$

が成り立ちます。このとき、$p, q > N$に対して、次が成り立ちます。

$$\begin{aligned}
\sup_{x \in I} |f_p(x) - f_q(x)| &= \sup_{x \in I} |(f_p(x) - f(x)) - (f_q(x) - f(x))| \\
&\leq \sup_{x \in I} \{|f_p(x) - f(x)| + |f_q(x) - f(x)|\} \\
&\leq \sup_{x \in I} |f_p(x) - f(x)| + \sup_{x \in I} |f_q(x) - f(x)| < 2\epsilon
\end{aligned} \tag{5-21}$$

ϵは任意なので、ϵを$\frac{\epsilon}{2}$に置き換えて議論すると、(5-17)が得られます。

▼ sup の中の三角不等式

本文 (5-21) の式変形では、上限 sup の計算と三角不等式が混在しています。念のため、それぞれの式変形が成り立つことを正確に説明しておきましょう。まず、1行目から2行目の変形では、上限 sup の中で三角不等式を用いています。ここでは、まず、内部の式について、次の不等式が成り立ちます。

$$|(f_p(x) - f(x)) - (f_q(x) - f(x))| \leq |f_p(x) - f(x)| + |f_q(x) - f(x)|$$

この両辺についての上限を考えたときに、右辺の上限のほうが必ず大きくなることが言えれば、2行目への式変形が成り立ちます。これは、次のように示すことができます。左辺と右辺のそれぞれの上限を a、および、a' とするとき、a は左辺の上界の最小値であることから、任意の $\epsilon > 0$ に対して、

$$a - \epsilon < |(f_p(x) - f(x)) - (f_q(x) - f(x))|$$

を満たす x が存在します。ここで、$a > a'$ と仮定すると、$a - \epsilon > a'$ を満たす十分に小さな $\epsilon > 0$ に対して、

$$a' < a - \epsilon < |(f_p(x) - f(x)) - (f_q(x) - f(x))| \leq |f_p(x) - f(x)| + |f_q(x) - f(x)|$$

となり、a' が右辺の上限であるという前提に矛盾します。したがって、$a < a'$ が成り立ちます。

続いて、2行目から3行目の変形では、上限 sup を2つの項に分配しています。ここでは、

$$a = \sup_{x \in I} |f_p(x) - f(x)|$$
$$a' = \sup_{x \in I} |f_q(x) - f(x)|$$
$$a'' = \sup_{x \in I} \{|f_p(x) - f(x)| + |f_q(x) - f(x)|\}$$

としたときに、$a + a' \geq a''$ となることを利用しています。これは、次のように示すことができます。まず、任意の $x \in I$ に対して、

$$a \geq |f_p(x) - f(x)|, \ a' \geq |f_q(x) - f(x)|$$

であることから、任意の $x \in I$ に対して、

$$a + a' \geq |f_p(x) - f(x)| + |f_q(x) - f(x)|$$

となり、これは、$a + a'$ が $|f_p(x) - f(x)| + |f_q(x) - f(x)|$ の上界に属することを示しています。したがって、上界に属する要素の最小値が上限であることから、$a + a' \geq a''$ となります。

続いて、(5-17) が成り立てば、$\{f_n(x)\}$ は一様収束することを示します。まず、任意の $x_0 \in I$ を固定して、無限数列 $\{f_n(x_0)\}_{n=1}^{\infty}$ を構成すると、これはコーシー列になります。なぜなら、(5-17) を満たす $N > 0$ に対して、

$$p, q > N \Rightarrow |f_p(x_0) - f_q(x_0)| \leq \sup_{x \in I} |f_p(x) - f_q(x)| < \epsilon \qquad (5\text{-}22)$$

が成り立つからです。したがって、コーシーの判定法により極限値が存在するので、その値を $f(x_0)$ と置きます。そして、$f_n(x_0)$ の極限が $f(x_0)$ であることから、

$$n > N' \Rightarrow |f_n(x_0) - f(x_0)| < \epsilon \qquad (5\text{-}23)$$

を満たす $N' > 0$ が存在します。ただし、この N' は点 x_0 の選択に依存しますので、これから直接に一様収束を主張することはできません。そこで、改めて (5-22) を満たす N (これは x_0 には依存しません) を用いて、次の式変形を行ないます。

$$\begin{aligned} p > N \Rightarrow |f_p(x_0) - f(x_0)| &= |(f_p(x_0) - f_q(x_0)) - (f_q(x_0) - f(x_0))| \\ &\leq |f_p(x_0) - f_q(x_0)| + |f_q(x_0) - f(x_0)| \\ &< 2\epsilon \end{aligned}$$

ここで、q は、N と N' の両方より大きな任意の自然数です。つまり、$|f_p(x_0) - f(x_0)|$ が ϵ 未満にならない場合でも、十分に大きな q を持ってくれば、(5-22)、(5-23) より $|f_p(x_0) - f_q(x_0)|$ と $|f_q(x_0) - f(x_0)|$ のそれぞれが ϵ 未満になるので、上記の不等式が成立します。この結果は任意の $x_0 \in I$ について成り立つので、改めて、

$$p > N \Rightarrow \forall x \in I; \; |f_p(x) - f(x)| < 2\epsilon$$

と書き表わします。これより、

$$p > N \Rightarrow \sup_{x \in I} |f_p(x) - f(x)| \leq 2\epsilon$$

が成り立ち、$\{f_n(x)\}$ は $f(x)$ に一様収束することが示されます[6]。

最後に、収束する関数列 $\{f_n(x)\}$ に対して、その不定積分

$$F_n(x) = \int_c^x f_n(t)\,dt$$

からなる関数列 $\{F_n(x)\}$、もしくは、導関数からなる関数列 $\{f_n'(x)\}$ を考えてみます。不定積分の下端 c は、定義域 I に含まれる値を1つ固定しているものと考えます。先ほど説明したように、関数列の収束には、各点収束と一様収束がありますが、$\{f_n(x)\}$ がどちらの意味で収束するかによって、$\{F_n(x)\}$ や $\{f_n'(x)\}$ の振る舞いが変わります。

まず、不定積分 $\{F_n(x)\}$ については、$\{f_n(x)\}$ が $f(x)$ に一様収束するのであれば、$\{F_n(x)\}$ も一様収束して、$f(x)$ の不定積分

$$F(x) = \int_c^x f(t)\,dt$$

に一致します。先に定義した一様収束の記号を用いると、

$$f_n(x) \rightrightarrows f(x)\ (n \to \infty) \tag{5-24}$$

であれば、

$$F_n(x) \rightrightarrows F(x)\ (n \to \infty) \tag{5-25}$$

になるということです。ただし、$F_n(x)$ の定義域は有界な区間 I に限ります ▶ 定理42 。これは、次の計算で確認できます。まず、$I \subset [a, b]$ として、

※6 上限 sup を適用すると不等号 $< 2\epsilon$ が $\leq 2\epsilon$ に変わる点については、「1.4 演習問題」の問4を参照。

$$|F_n(x) - F(x)| = \left|\int_c^x f_n(t)\,dt - \int_c^x f(t)\,dt\right|$$

$$= \left|\int_c^x \{f_n(t) - f(t)\}\,dt\right|$$

$$\leq \sup_{t\in[c,x]} |f_n(t) - f(t)| \times |x-c|$$

$$\leq \sup_{t\in I} |f_n(t) - f(t)| \times (b-a)$$

が成り立ちます。最後の表式は x に無関係なので、両辺で $\sup_{x\in I}$ を取ると、

$$\sup_{x\in I} |F_n(x) - F(x)| \leq \sup_{t\in I} |f_n(t) - f(t)| \times (b-a)$$

となります。上式で $n\to\infty$ の極限を取ると、(5-24) より、

$$\lim_{n\to\infty} \sup_{x\in I} |F_n(x) - F(x)| \leq \lim_{n\to\infty} \sup_{t\in I} |f_n(t) - f(t)| \times (b-a) = 0$$

が得られます[※7]。これで、(5-25) が示されました。

一方、導関数 $\{f_n'(x)\}$ については、少し状況が異なります。$\{f_n(x)\}$ が各点収束と一様収束のどちらの意味で収束しても、$\{f_n'(x)\}$ も収束するとは限りません。導関数について言えるのは、$\{f_n(x)\}$ は $f(x)$ に少なくとも各点収束しており、さらに、$\{f_n'(x)\}$ 自身が何らかの関数に一様収束するのであれば、その収束先は、$f'(x)$ に一致するということです。ここでも、$f_n'(x)$ の定義域は有界な区間 I に限ります▶定理43。実際、

$$f_n'(x) \rightrightarrows g(x)\ (n\to\infty)$$

であるとすると、これらの不定積分について、直前に示した結果を適用して、

$$\int_c^x f_n'(t)\,dt \rightrightarrows G(x) = \int_c^x g(t)\,dt\ (n\to\infty)$$

が得られます。一方、左側の不定積分を直接に計算すると、

※7　不等式の両辺で $n\to\infty$ の極限を取る操作については、「1.4　演習問題」の問9を参照。

$$\int_c^x f_n'(t)\,dt = f_n(x) - f_n(c)$$

が得られるので、

$$f_n(x) - f_n(c) \rightrightarrows G(x) \ (n \to \infty) \tag{5-26}$$

となります。この結果から、

$$f(x) - f(c) = G(x) \tag{5-27}$$

が成り立ちます。なぜなら、$f_n(x)$ が $f(x)$ に各点収束することと、(5-26) が成り立つことから、任意の $\epsilon > 0$ に対して、十分に大きな n を取ると、

$$|f(x) - f_n(x)| < \epsilon$$
$$|f(c) - f_n(c)| < \epsilon$$
$$|G(x) - (f_n(x) - f_n(c))| < \epsilon$$

が成り立ち、これを踏まえて三角不等式を適用すると、

$$\begin{aligned}|f(x) - f(c) - G(x)| &= |\{f(x) - f_n(x)\} - \{f(c) - f_n(c)\} - \{G(x) - (f_n(x) - f_n(c))\}| \\ &\leq |f(x) - f_n(x)| + |f(c) - f_n(c)| + |G(x) - (f_n(x) - f_n(c))| \\ &< 3\epsilon\end{aligned}$$

という結果が得られます[※8]。このとき、(5-27) が成り立たないとすると、上記を満たさない $\epsilon > 0$ が存在することになって矛盾が生じます。最後に、改めて、(5-27) の両辺を x で微分すると、

$$f'(x) = G'(x) = g(x)$$

が得られます。$G(x)$ が微分可能であることから、$f(x)$ も微分可能と言える点に注意してください。これで、$\{f_n'(x)\}$ の収束先 $g(x)$ は、$f'(x)$ に一致することが示されました。

[※8] $|a - b| = |a + (-b)| \leq |a| + |-b| = |a| + |b|$ より、$|a - b| \leq |a| + |b|$ が成り立つ点に注意。

5.2.2 関数項級数

前項では、一般の関数列 $\{f_n(x)\}$ について、各点収束と一様収束を定義しましたが、ここでは特に、(5-16)のようにn個の関数の和として$f_n(x)$が表わされる場合を考えます。一般に、Iを定義域とする関数列 $\{u_n(x)\}_{n=1}^{\infty}$ を用いて、

$$f_n(x) = u_1(x) + u_2(x) + \cdots + u_n(x) \ (n = 1, 2, \cdots) \tag{5-28}$$

で定義される関数列 $\{f_n(x)\}_{n=1}^{\infty}$ を関数項級数と呼びます▶定義17 。ちなみに、

$$S_n = a_1 + a_2 + \cdots + a_n \ (n = 1, 2, \cdots)$$

という形で定義される無限数列 $\{S_n\}_{n=1}^{\infty}$ は、無限級数と呼ばれます。無限級数の関数版が関数項級数ということになります。

そして、ある関数項級数が一様収束することを確認する方法として、有名なワイエルシュトラスの優級数定理があります。これは、

$$\overline{u}_n = \sup_{x \in I} |u_n(x)|$$

とするときに、次で定義される無限級数 $\{S_n\}_{n=1}^{\infty}$ が収束すれば、(5-28)の関数項級数 $\{f_n(x)\}$ は、I上で一様収束するというものです。

$$S_n = \sum_{k=1}^{n} \overline{u}_k \tag{5-29}$$

さらに、この条件の下では、任意の $x_0 \in I$ に対して、次で定義される無限級数 $\{\overline{S}_n\}_{n=1}^{\infty}$ が収束することも言えます。

$$\overline{S}_n = |u_1(x_0)| + |u_2(x_0)| + \cdots + |u_n(x_0)| \ (n = 1, 2, \cdots)$$

これら2つの結果を併せて、関数項級数 $\{f_n(x)\}$ はI上で絶対一様収束すると言います▶定理45 。この定理は、一様収束するための十分条件を与えるもので、この条件を満たさない場合でも、一様収束することがありえる点には注意してください。

5.2 解析関数

そして、これを証明するには、前項で示したコーシーの判定法と(5-17)の条件を利用します。まず、(5-29)の無限級数 S_n が収束することから、コーシーの判定法が適用できて、任意の $\epsilon > 0$ に対して、ある $N > 0$ があり、

$$p, q > N \Rightarrow |S_p - S_q| < \epsilon$$

が成り立ちます。ここで、(5-29)の定義を思い出すと、$p < q$ とした場合、

$$|S_p - S_q| = S_q - S_p = \overline{u}_{p+1} + \overline{u}_{p+2} + \cdots + \overline{u}_q$$

となるので、結局、

$$q > p > N \Rightarrow \overline{u}_{p+1} + \overline{u}_{p+2} + \cdots + \overline{u}_q < \epsilon$$

が成り立ちます。これより、(5-17)の条件が満たされることがわかります。実際、(5-28)の定義より、$q > p > N$ として、

$$\begin{aligned}
\sup_{x \in I} |f_p(x) - f_q(x)| &= \sup_{x \in I} |u_{p+1}(x) + u_{p+2}(x) + \cdots + u_q(x)| \\
&\leq \sup_{x \in I} |u_{p+1}(x)| + \sup_{x \in I} |u_{p+2}(x)| + \cdots + \sup_{x \in I} |u_q(x)| \\
&= \overline{u}_{p+1} + \overline{u}_{p+2} + \cdots + \overline{u}_q < \epsilon
\end{aligned}$$

が成り立ちます。したがって、(5-17)は確かに満たされており、$\{f_n(x)\}$ は一様収束します。また、これと同様に、

$$|u_{p+1}(x_0)| + |u_{p+2}(x_0)| + \cdots + |u_q(x_0)| \leq \sup_{x \in I} |u_{p+1}(x)| + \sup_{x \in I} |u_{p+2}(x)| + \cdots + \sup_{x \in I} |u_q(x)|$$
$$= \overline{u}_{p+1} + \overline{u}_{p+2} + \cdots + \overline{u}_q < \epsilon$$

が成り立ちます。これは、$\overline{S}_n$ がコーシー列であることを示しており、コーシーの判定法により、$\{\overline{S}_n\}$ は収束します。

なお、一般に、$S_n = \sum_{k=1}^{n} a_k$ で定義される無限級数 $\{S_n\}_{n=1}^{\infty}$ において、

$$\overline{S}_n = \sum_{k=1}^{n} |a_k|$$

で定義される無限級数 $\{\overline{S}_n\}_{n=1}^{\infty}$ が $n \to \infty$ で収束するとき、$\{S_n\}$ は絶対収束すると言います。そして、絶対収束する無限級数は、必ず収束することが言えます▶定理44。これは、コーシーの判定法と三角不等式の組み合わせで示すことができます。まず、$\{\overline{S}_n\}$ が収束することから、コーシーの判定法により、任意の $\epsilon > 0$ に対して、ある $N > 0$ があり、

$$q > p > N \Rightarrow |\overline{S}_p - \overline{S}_q| = |a_{p+1}| + |a_{p+2}| + \cdots + |a_q| < \epsilon$$

が成り立ちます。このとき、

$$q > p > N \Rightarrow |S_p - S_q| = |a_{p+1} + a_{p+2} + \cdots + a_q| \leq |a_{p+1}| + |a_{p+2}| + \cdots + |a_q| < \epsilon$$

となることから、$\{S_n\}$ もコーシー列であり、コーシーの判定法から、収束することがわかります。

5.2.3 整級数

ここでは、関数項級数の中でも、特に、次の形で表わされる整級数 $\{f_n(x)\}_{n=1}^{\infty}$ を取り扱います。

$$f_n(x) = a_0 + a_1(x - x_0) + a_2(x - x_0)^2 + \cdots + a_n(x - x_0)^n$$

上式に含まれる定数 x_0 を整級数の中心と呼びます。そして、この後の議論により、x_0 を中心とする整級数が収束して関数 $f(x)$ に一致する場合、その係数 a_n は、テイラーの公式で計算される $\dfrac{1}{n!}f^{(n)}(x_0)$ に一致することが示されます。これは言い換えると、関数 $f(x)$ が整級数で表現されるとすれば、それは、テイラーの公式で $n \to \infty$ の極限を取ったものに他ならないということになります。

また、整級数が収束する条件は、すぐ後で説明するコーシー・アダマールの定理によって与えられます。ここでは、表記を簡単にするために中心 x_0 が0の場合に限定して議論しますが、x を $x - x_0$ に置き換えれば、一般の x_0 の場合もまったく同じ議論が成り立ちます。

また、簡便のため、

$$f_n(x) = a_0 + a_1 x + a_2 x^2 + \cdots + a_n x^n$$

で定義される整級数 $\{f_n(x)\}_{n=1}^{\infty}$ の極限を

$$f(x) = \sum_{n=0}^{\infty} a_n x^n \tag{5-30}$$

と表わします。ただし、実際に極限が存在するかどうかは別問題で、極限が存在する場合においても、各点収束なのか一様収束なのかを区別する必要があるので注意してください。

それでは、コーシー・アダマールの定理を説明します。まず、与えられた整級数に対して、次の値を計算します。

$$l = \lim_{N \to \infty} \sup_{n \geq N} \sqrt[n]{|a_n|} \tag{5-31}$$

これは、$N > 0$ を固定して $l_N = \sup\{\sqrt[n]{|a_n|} \mid n \geq N\}$ を計算した後に、$l = \lim_{N \to \infty} l_N$ を計算するという意味になります。N を大きくしていくと、$n \geq N$ の条件を満たす a_n の個数は減っていくので、$\{l_N\}$ は単調減少である点に注意してください。さらに、$\sqrt[n]{|a_n|} \geq 0$ であることから、$\{l_N\}$ は下に有界であり、「3.3 主要な定理のまとめ」の ▶定理19 から、極限 l は必ず存在します。唯一の例外として、任意の N に対して、l_N が $+\infty$ になる場合がありますが、この場合は、$l = +\infty$ と定義しておきます。

そして、この l の値によって、整級数の収束条件が決まるというのがコーシー・アダマールの定理です。具体的には、$l = 0$ であれば、任意の実数 x に対して、無限級数

$$\sum_{n=0}^{\infty} |a_n x^n| \tag{5-32}$$

が収束します。これは、x を固定したときに整級数

$$\sum_{n=0}^{\infty} a_n x^n$$

が絶対収束するということに他なりません。先に示したように、絶対収束する無限級数は必ず収束するので、これから (5-30) も収束することがわかります。x を固定して考えているので、関数列の収束という意味では、これは各点収束ということになります。少しややこしい言い方ですが、このように、x を固定したときに (5-32) が収束することを持って、「(5-30) は各点収束の意味で絶対収束する」と言います。そして、反対に $l = +\infty$ の場合は、任意の $x \neq 0$ に対して、(5-30) は発散することになります。また、一般の $0 < l < +\infty$ の場合は、

$$r = \frac{1}{l} \tag{5-33}$$

が収束と発散の境界になり、$|x| < r$ で各点収束の意味で絶対収束して、$|x| > r$ で発散することになります ▶ 定理46 。$|x| = r$ での挙動は一意には定まらず、発散する場合と収束する場合がありえます[※9]。

それでは、はじめに、$|x| < r$ で絶対収束することを示します。まず、(5-31)、(5-33) より、

$$\lim_{N \to \infty} \sup_{n \geq N} \sqrt[n]{|a_n|} = \frac{1}{r}$$

となり、$|x_0| < r$ を満たす $x = x_0$ を 1 つ固定して、$|x_0|$ を両辺に掛けると次が得られます。

$$\lim_{N \to \infty} \sup_{n \geq N} \sqrt[n]{|a_n x_0^n|} = \frac{|x_0|}{r}$$

このとき、極限の定義に戻って考えると、任意の $\epsilon > 0$ に対して、ある $N_0 > 0$ があり、

[※9] $|x| = r$ で収束する場合と発散する場合の例は、「5.2.4 解析関数とテイラー展開」の最後の例 (5-47) を参照。

$$N > N_0 \Rightarrow \sup_{n \geq N} \sqrt[n]{|a_n x_0^n|} < \frac{|x_0|}{r} + \epsilon$$

が成り立ちます。今の場合、$\dfrac{|x_0|}{r} < 1$ なので、特に、$c = \dfrac{|x_0|}{r} + \epsilon < 1$ を満たすような ϵ、たとえば、$\epsilon = \dfrac{1}{2}\left(1 - \dfrac{|x_0|}{r}\right)$ を取ることができて、この場合、

$$N > N_0 \Rightarrow \sup_{n \geq N} \sqrt[n]{|a_n x_0^n|} < c < 1$$

が成り立ちます。特に、$N = N_0 + 1$ の場合を考えると、

$$\sup_{n \geq N_0 + 1} \sqrt[n]{|a_n x_0^n|} < c < 1$$

となりますが、これは、

$$n \geq N_0 + 1 \Rightarrow \sqrt[n]{|a_n x_0^n|} < c < 1$$

すなわち、

$$n \geq N_0 + 1 \Rightarrow |a_n x_0^n| < c^n \tag{5-34}$$

であることを意味します。そこで、$b_n = |a_n x_0^n|$ として、級数 $S_n = \sum_{k=0}^{n} b_k$ を考えると、これは、コーシー列になることがわかります。実際、$q > p \geq N_0 + 1$ とすると、等比級数の公式を用いて、

$$|S_q - S_p| = b_{p+1} + b_{p+2} + \cdots + b_q < c^{p+1} + c^{p+2} + \cdots + c^q = \frac{c^{p+1}(1 - c^{q-p})}{1 - c} < \frac{c^{p+1}}{1 - c}$$

となり、$c < 1$ であることから、p を十分大きくすれば、$|S_q - S_p|$ はいくらでも小さくすることができます。したがって、無限級数

$$\sum_{n=0}^{\infty} b_n = \sum_{n=0}^{\infty} |a_n x_0^n|$$

は収束します。これは、$x = x_0$ において、(5-30) が絶対収束することに他なりません。

逆に $|x| > r$ の場合を考えると、先と同様の議論により、$|x_0| > r$ を満たす $x = x_0$ に対して、

$$\lim_{N \to \infty} \sup_{n \geq N} \sqrt[n]{|a_n x_0^n|} = \frac{|x_0|}{r} > 1$$

が成り立ちます。先ほどと同じ考え方により、これは、十分に大きな N_0 に対して、

$$n \geq N_0 + 1 \Rightarrow \sqrt[n]{|a_n x_0^n|} > 1$$

つまり、

$$n \geq N_0 + 1 \Rightarrow |a_n x_0^n| > 1$$

が成り立つことを意味します。このとき、$b'_n = a_n x_0^n$ として、級数 $S_n = \sum_{k=0}^{n} b'_k$ を考えると、$n \geq N_0$ において、

$$|S_{n+1} - S_n| = |a_{n+1} x_0^{n+1}| > 1$$

となるので、この級数はコーシー列の条件を満たすことができません。したがって、無限級数

$$\sum_{n=0}^{\infty} b'_n = \sum_{n=0}^{\infty} a_n x_0^n$$

は発散します。これは、$x = x_0$ において、(5-30) が発散することに他なりません。

以上は、$0 < l < +\infty$ の場合の議論ですが、$l = 0$、もしくは、$l = +\infty$ の場合については、上記の議論で $r \to \infty$、もしくは、$r \to +0$ とした場合を考えればよいで

しょう。以上で、コーシー・アダマールの定理が証明できました。

また、上記の議論では、$|x| < r$ において、(5-30)が各点収束することを示しましたが、x の範囲をもう少しだけ制限すると、絶対一様収束することも言えます。具体的には、任意の $0 < r' < r$ に対して、閉区間 $[-r', r']$ で絶対一様収束します。つまり、開区間 $(-r, r)$ をわずかに小さくした閉区間において絶対一様収束するということになります▶ 定理47 。

これは、前項で示した優級数定理を用いて証明できます。今の場合、優級数定理の前提条件として示すべきことは、無限級数 $\{S_n\}_{n=0}^{\infty}$ を

$$\overline{u}_n = \sup_{x \in [-r', r']} |a_n x^n| = |a_n r'^n| \tag{5-35}$$

$$S_n = \sum_{k=0}^{n} \overline{u}_k$$

で定義したときに、これが収束するということです。(5-35)の2つ目の等号では、関数 $|x^n|$ は $x \in [-r', r']$ の範囲において、$x = \pm r'$ で最大値 $|r'^n|$ を取ることを用いています。

まず、(5-34)において、特に $x_0 = r' < r$ の場合を考えると、

$$n \geq N_0 + 1 \Rightarrow |a_n r'^n| < c^n$$

が得られます。したがって、(5-35)より、

$$n \geq N_0 + 1 \Rightarrow \overline{u}_n < c^n \tag{5-36}$$

が成り立ちます。さらに、$c < 1$ であることに注意して、無限等比級数の公式を利用すると、

$$\sum_{n=N_0+1}^{\infty} c^n = \frac{c^{N_0+1}}{1-c}$$

が得られます。これは、無限級数 $S'_n = \sum_{k=0}^{n} \overline{u}'_k$ を

$$\overline{u}'_k = \begin{cases} \overline{u}_k & (k = 0, 1, \cdots, N_0) \\ c^k & (k = N_0 + 1, \cdots) \end{cases} \tag{5-37}$$

で定義すると、$\{S'_n\}$ は収束することを意味します。$n = 0, 1, \cdots, N_0$ の部分は有限個の要素の和なので、必ず有限の値になり、その先の無限個の要素の和は $\dfrac{c^{N_0+1}}{1-c}$ に収束するからです。

このとき、$\{S'_n\}$ は単調増加なので、その収束先を C として、任意の n について、$S'_n \leq C$ が成り立ちます。そして、さらに、(5-36)、(5-37) より、すべての n について、

$$\overline{u}_n \leq \overline{u}'_n$$

であることから、$S_n \leq S'_n \leq C$ が得られます。これにより、$\{S_n\}$ は単調増加する上に有界な数列であり、確かに収束することがわかります。

　以上の説明から、整級数は、$(-r, r)$ の区間においてうまく収束する性質があることがわかりました。一般に、この r のことを整級数の収束半径と呼びます[※10]。さらに、整級数の極限として得られる関数 $f(x)$ には、収束半径の内部で、無限回微分可能であるという著しい特徴があります。これは、

$$f_n(x) = a_0 + a_1 x + a_2 x^2 + \cdots + a_n x^n$$

を微分して得られる整級数

$$f'_n(x) = a_1 + 2a_2 x + 3a_3 x^2 \cdots + na_n x^{n-1}$$

の収束半径を考えるとわかります。まず、元の整級数の収束半径の逆数 l は、次で計算されました。

$$l = \lim_{N \to \infty} \sup_{n \geq N} \sqrt[n]{|a_n|} \tag{5-38}$$

[※10] 変数 x が複素数 z の場合にも同様の性質が成り立つことが知られており、この場合、$|z| < r$ という条件で収束範囲が決まります。これは、複素平面上で半径 r の円になるので、収束半径という名前が付けられています。

一方、微分したほうの整級数については、次で計算されます[※11]。

$$l' = \lim_{N \to \infty} \sup_{n \geq N} \sqrt[n]{|na_n|} = \lim_{N \to \infty} \sup_{n \geq N} (p_n q_n) \tag{5-39}$$

ここで、$p_n = \sqrt[n]{n}$, $q_n = \sqrt[n]{|a_n|}$ と置いています。このとき、すぐ後で示すように、

$$\lim_{n \to \infty} p_n = \lim_{n \to \infty} \sqrt[n]{n} = 1 \tag{5-40}$$

が成り立つので、任意の $\epsilon > 0$ に対して、$N' > 0$ が存在して、$n > N'$ において、

$$1 - \epsilon < p_n < 1 + \epsilon$$

が成り立ちます。この各辺に $q_n > 0$ を掛けると、

$$q_n(1 - \epsilon) < p_n q_n < q_n(1 + \epsilon)$$

となり、ここで、$N > N'$ となる N を用いて、$\sup\limits_{n \geq N}$ という上限を考えると、

$$\sup_{n \geq N} \{q_n(1 - \epsilon)\} \leq \sup_{n \geq N} (p_n q_n) \leq \sup_{n \geq N} \{q_n(1 + \epsilon)\} \tag{5-41}$$

が成り立ちます（190ページ「不等式と上限の関係」を参照）。さらに、一般に、数列 $\{a_n\}$ と定数 c に対して、$\sup\limits_n (ca_n) = c \times \sup\limits_n a_n$ が成り立つことに注意すると、これは次のように書き換えられます。

$$(1 - \epsilon) \sup_{n \geq N} q_n \leq \sup_{n \geq N} (p_n q_n) \leq (1 + \epsilon) \sup_{n \geq N} q_n$$

最後に、各辺で $N \to \infty$ の極限を取って、(5-38)、(5-39) を用いると、

$$l(1 - \epsilon) \leq l' \leq l(1 + \epsilon) \tag{5-42}$$

[※11] 厳密には、$\sqrt[n]{|na_n|}$ ではなく、$\sqrt[n-1]{|na_n|}$ とするべきですが、$\sup\limits_{n \geq N} \sqrt[n-1]{|na_n|} = \sup\limits_{n \geq N} (\sqrt[n]{|na_n|})^{\frac{n}{n-1}}$ より、$N \to \infty$ の極限でこれらは一致します。

が得られます。これは、任意のϵについて成り立つべき関係式ですので、結局、$l' = l$ となります。仮に、$l' \ne l$ だとすると、十分に小さな $\epsilon > 0$ について、(5-42) が成立しなくなるからです。

以上により、$\{f_n'(x)\}$ は、元の整級数と同じ収束半径 $r = \dfrac{1}{l}$ を持っており、任意の $0 < r' < r$ に対して $[-r', r']$ で絶対一様収束することが言えます。このとき、178ページの 定理43 より、その収束先の関数は、$f'(x)$ に一致することになります。任意の $x \in (-r, r)$ に対して、$x \in [-r', r']$ となる $r' < r$ が取れるので、$(-r, r)$ 全体で $f_n(x)$ は $f(x)$ に各点収束する点に注意してください。この後、$f'(x)$ を改めて $f(x)$ と見なして同じ議論を繰り返せば、結局、同一の収束半径 r の内部で、$f(x)$ は何度でも微分可能であることになります ▶定理48 。

● 不等式と上限の関係

念のため、本文 (5-41) と (5-42) の式変形を正確に説明しておきます。(5-41) については、一般に、

$$a_n < b_n \ (n = 1, 2, \cdots)$$

を満たす数列 $\{a_n\}, \{b_n\}$ について、

$$\sup_n a_n \le \sup_n b_n$$

が成り立つという事実を用いています。これは、次のように示すことができます。今、$a = \sup_n a_n, b = \sup_n b_n$ とすると、a は $\{a_n\}$ の上界の最小値であることから、任意の $\epsilon > 0$ について、

$$a - \epsilon < a_n$$

を満たす a_n が存在します。このとき、

$$a - \epsilon < a_n < b_n \le b$$

となります。仮に $a > b$ だとすると、十分に小さな $\epsilon > 0$ について、この関係が成立しなくなります。したがって、$a \le b$ でなければなりません。

(5-42)は、極限を取る前の式に上限の計算が含まれており、一見すると複雑に見えますが、

$$a_N = \sup_{n \geq N} q_n(1-\epsilon)$$

のように置き換えると、通常の数列の極限と変わりはありません。一般に

$$a_n \leq b_n \ (n = 1, 2, \cdots)$$

を満たす数列 $\{a_n\}, \{b_n\}$ について、

$$\lim_{n \to \infty} a_n \leq \lim_{n \to \infty} b_n$$

が成り立つという事実を用いています[※b]。

[※b] 「1.4 演習問題」の問9を参照。

それでは最後に、(5-40)を示しておきます。まず、nを2以上の自然数とするとき、$\sqrt[n]{n} > 1$である点に注意します。仮に$\sqrt[n]{n} \leq 1$だとすると、両辺をn乗して、$n \leq 1$となるので、nが2以上という前提に矛盾するからです。そこで、

$$\sqrt[n]{n} = 1 + \Delta_n \ (\Delta_n > 0) \tag{5-43}$$

と置きます。両辺をn乗して、2項展開の公式で右辺を展開すると、

$$n = (1 + \Delta_n)^n = 1 + n\Delta_n + \frac{n(n-1)}{2}\Delta_n^2 + \cdots$$

となります。ここで、右辺の各項はすべて正の値で、これらの合計がnになることから、それぞれの項は、必ずn未満になります。特に、3項目に着目すると、

$$\frac{n(n-1)}{2}\Delta_n^2 < n$$

が得られます。これを変形すると、

$$0 < \Delta_n < \sqrt{\frac{2}{n-1}}$$

となります。右辺は $n \to \infty$ の極限で0に収束するので、はさみうちの原理により、Δ_n も0に収束します。したがって、(5-43) より、

$$\lim_{n \to \infty} \sqrt[n]{n} = 1$$

が得られます。

5.2.4 解析関数とテイラー展開

前項では、$x_0 = 0$ の場合で考えてきましたが、改めて、一般の x_0 の場合で話を整理すると、整級数

$$f(x) = a_0 + a_1(x - x_0) + a_2(x - x_0)^2 + \cdots = \sum_{n=0}^{\infty} a_n(x - x_0)^n \quad \text{(5-44)}$$

は、その収束半径を r として、$(x_0 - r, x_0 + r)$ の区間において、無限回微分可能であることになります。一般に、ある関数 $f(x)$ が $r > 0$ の収束半径を持つ整級数で (5-44) のように表わされる場合、この関数は、$x = x_0$ で解析的である、もしくは、解析関数であると言います。この場合は、(5-44) で $f(x)$ が定義されるわけではなく、既存の関数 $f(x)$ が (5-44) の右辺に一致するものと考えてください。ある関数 $f(x)$ が解析的であれば、その関数は収束半径内部で無限回微分可能であることが保証されます。

それでは、既存の関数 $f(x)$ に対して、ある収束半径 r で (5-44) が成り立つ場合、つまり、$f(x)$ が解析的であるとき、右辺の整級数の係数 $\{a_n\}$ はどのように決まるのでしょうか？これは、次の手続きで決定することができます。まず、(5-44) に $x = x_0$ を代入すると、

$$a_0 = f(x_0)$$

が得られます。次に、(5-44) の両辺を x で微分した後に、$x = x_0$ を代入すると次が得られます。

$$a_1 = f'(x_0)$$

前項の議論から、整級数の導関数は、各項を個別に微分して得られる整級数

$$f'(x) = a_1 + 2a_2(x - x_0) + 3a_3(x - x_0)^2 + \cdots = \sum_{n=1}^{\infty} na_n(x - x_0)^{n-1}$$

で与えられる点に注意してください。さらに、これを x で微分すると、

$$f''(x) = 2a_2 + 3 \cdot 2a_3(x - x_0) + \cdots = \sum_{n=2}^{\infty} n(n-1)a_n(x - x_0)^{n-2}$$

となり、$x = x_0$ を代入すると次が得られます。

$$a_2 = \frac{f''(x_0)}{2}$$

この操作を何度も繰り返していくと、一般に次の関係が得られます。

$$a_n = \frac{f^{(n)}(x_0)}{n!}$$

これは、テイラーの公式 (5-11) の係数に一致することがわかります。つまり、解析関数 $f(x)$ というのは、テイラーの公式による展開を無限に続けた際に、収束半径内部において、きちんと元の関数に収束して、

$$f(x) = \sum_{n=0}^{\infty} \frac{f^{(n)}(x_0)}{n!}(x - x_0)^n \tag{5-45}$$

が成り立つものと理解できます。このとき、(5-45) を関数 $f(x)$ のテイラー展開と呼びます ▶定理49 。特に $x_0 = 0$ の場合は、マクローリン展開と呼ぶこともあります。

また、ある関数 $f(x)$ が $x = x_0$ で解析的であるかどうかを調べるには、その点におけるテイラーの公式の剰余項 $R(x)$ が $n \to \infty$ で 0 に収束することを確認すれば十分です。実際、テイラーの公式

$$f(x) = \sum_{k=0}^{n-1} \frac{f^{(k)}(x_0)}{k!}(x-x_0)^k + R(x)$$

を、

$$\sum_{k=0}^{n-1} \frac{f^{(k)}(x_0)}{k!}(x-x_0)^k = f(x) - R(x)$$

と変形すると、上式の左辺が $n \to \infty$ で $f(x)$ に収束することと、$R(x)$ が0に収束することは同値であることがわかります。$R(x)$ は n に応じて変化する点に注意してください。

それでは、いくつかの関数について、実際にテイラー展開が収束するかどうかを確認してみましょう。ここでは、$x_0 = 0$ として、原点の周りに展開する場合を考えます。まず、わかりやすい例としては、$f(x) = e^x$ があります。これは、任意の $n \in \mathbf{N}$ に対して、$f^{(n)}(x) = e^x$ より、$f^{(n)}(0) = 1$ となります。したがって、

$$a_n = \frac{1}{n!}$$

であり、テイラーの公式は、

$$e^x = \sum_{k=0}^{n-1} \frac{1}{k!} x^k + e^\xi \frac{x^n}{n!}$$

となります。ここで、ξ は、0 と x の間の値になるので、剰余項について、

$$|R(x)| = \left| e^\xi \frac{x^n}{n!} \right| \leq \max(e^0, e^x) \left| \frac{x^n}{n!} \right|$$

が成り立ちます。「1.4 演習問題」の問7で示したように、$\lim_{n \to \infty} \frac{x^n}{n!} = 0$ が成り立つので、これより、任意の x に対して、$\lim_{n \to \infty} R(x) = 0$ となり、任意の x に対して、

$$e^x = \sum_{n=0}^{\infty} \frac{1}{n!} x^n$$

が成り立ちます。これは、言い換えると、テイラー展開の収束半径は $r = +\infty$ であることを示しています。

　収束半径については、コーシー・アダマールの定理から、直接に計算して確認することもできます[※12]。今の場合、収束半径の逆数は、

$$l = \lim_{N \to \infty} \sup_{n \geq N} \sqrt[n]{|a_n|} = \lim_{N \to \infty} \sup_{n \geq N} \frac{1}{\sqrt[n]{n!}}$$

となるので、すぐ後で示すように、

$$\lim_{n \to \infty} \frac{1}{\sqrt[n]{n!}} = 0 \tag{5-46}$$

となることから、$l = 0$ が得られます。もう少し正確に説明すると、(5-46) より、任意の $\epsilon > 0$ に対して、$N' > 0$ が存在して、

$$n > N' \Rightarrow 0 < \frac{1}{\sqrt[n]{n!}} < \epsilon$$

が成り立つので、

$$N > N' \Rightarrow \sup_{n \geq N} \frac{1}{\sqrt[n]{n!}} \leq \epsilon$$

が言えます[※13]。これは、$\displaystyle\lim_{N \to \infty} \sup_{n \geq N} \frac{1}{\sqrt[n]{n!}} = 0$ に他なりません。したがって、収束半径は $r = +\infty$ とわかります。

　同様の議論により、三角関数 $\sin x, \cos x$ も解析的で、テイラー展開の収束半径は

[※12] この例の場合、「5.4 演習問題」の問6で示す関係式 $l = \displaystyle\lim_{n \to \infty} \left| \frac{a_n}{a_{n-1}} \right|$ を用いて計算することもできます。

[※13] 上限 sup を適用すると不等号 $< \epsilon$ が $\leq \epsilon$ に変わる点については、「1.4 演習問題」の問4を参照。

$r = +\infty$ となることがわかります。たとえば、正弦関数に対するテイラーの公式は、「5.1.1　連続微分可能関数」の(5-2)の結果を用いて、次で与えられます。

$$\sin x = x - \frac{1}{3!}x^3 + \frac{1}{5!}x^5 - \frac{1}{7!}x^7 + \cdots + R(x) = \sum_{k=1}^{n-1} \frac{(-1)^{k-1}}{(2k-1)!}x^{2k-1} + \frac{(-1)^{n-1}\cos\xi}{(2n-1)!}x^{2n-1}$$

したがって、剰余項について、

$$|R(x)| = \left|\frac{(-1)^{n-1}\cos\xi}{(2n-1)!}x^{2n-1}\right| \leq \left|\frac{x^{2n-1}}{(2n-1)!}\right|$$

が成り立ちます。先ほど指数関数の例で用いた関係、$\lim_{n \to \infty} \frac{x^n}{n!} = 0$ より、$\lim_{n \to \infty} \frac{x^{2n-1}}{(2n-1)!} = 0$ が成り立つので、任意の x に対して、$\lim_{x \to \infty} R(x) = 0$ となります。したがって、任意の x に対して、

$$\sin x = \sum_{k=1}^{\infty} \frac{(-1)^{k-1}}{(2k-1)!}x^{2k-1}$$

が成り立ちます。

ここで、先ほど用いた(5-46)の証明は、次のようになります。まず、対数の基本公式より、

$$\log_e \sqrt[n]{n!} = \frac{1}{n}\log_e n! = \frac{1}{n}\sum_{k=1}^{n}\log_e k$$

が成り立ちます。そして、図5.4のグラフにおいて、$[1, n]$ の範囲における棒グラフの面積と対数関数 $y = \log_e x$ のグラフの面積を比較すると、次の不等式が成り立ちます。

$$\sum_{k=1}^{n}\log_e k > \int_1^n \log_e x\, dx = [x(\log_e x - 1)]_1^n = n(\log_e n - 1) + 1$$

右辺の積分を計算する際は、「4.1.3　指数関数・対数関数の導関数」の(4-18)で求めた $\log_e x$ の不定積分を利用しています。これより、

$$\log_e \sqrt[n]{n!} > \frac{1}{n}\{n(\log_e n - 1) + 1\} = (\log_e n - 1) + \frac{1}{n}$$

が成り立ちます。ここで、両辺を指数関数 e^x に代入して、さらに逆数を取ると次が得られます。

$$0 < \frac{1}{\sqrt[n]{n!}} < \frac{1}{e^{(\log_e n - 1) + \frac{1}{n}}} = \frac{1}{ne^{-1+\frac{1}{n}}}$$

$n \to \infty$ の極限で、右辺は0に収束するので、はさみうちの原理により、(5-46) が成り立ちます。

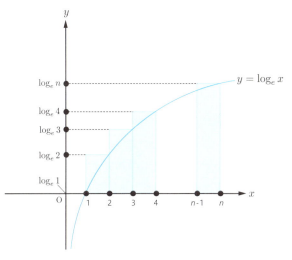

図5.4 $\sum_{k=1}^{n} \log_e k$ と $y = \log_e x$ の面積の比較

一方、収束半径が有限になる例には、次があります。

$$\frac{1}{1-x} = 1 + x + x^2 + x^3 + \cdots$$

これは、無限等比級数の公式から得られる結果ですが、よく知られているように、この結果は $|x| < 1$ の場合にのみ成り立ちます。つまり、この整級数の収束半径は、$r = 1$ で与えられます。もう少し厳密には、次の議論が成り立ちます。まず、項数 n が

有限の場合は、等比級数の公式から、x の値によらず、次の関係が成り立ちます。

$$1 + x + x^2 + \cdots + x^{n-1} = \frac{1-x^n}{1-x}$$

これを変形すると、

$$\frac{1}{1-x} - (1 + x + x^2 + \cdots + x^{n-1}) = \frac{x^n}{1-x}$$

が得られます。この右辺は、$\dfrac{1}{1-x}$ の $x=0$ におけるテイラーの公式の剰余項にあたります[14]。ここで、$n \to \infty$ の極限を考えると、$|x|<1$ の場合、右辺は 0 に収束するので、

$$\frac{1}{1-x} = \lim_{n \to \infty} (1 + x + x^2 + \cdots + x^{n-1})$$

が成り立ちます。一方、$|x|>1$ の場合、右辺は発散するので、この関係は成り立ちません。$\dfrac{1}{1-x}$ という関数は、$|x|>1$ でも定義されていますが、$x=0$ を中心とする整級数で表現できるのは、$|x|<1$ の場合に限られるということになります。

最後にここで、収束半径上での挙動についての具体例をあげておきます。コーシー・アダマールの定理では、収束半径上の点 $|x|=r$ においては、整級数の収束と発散については決定することができず、両方の場合がありえると説明しました。これに関連する面白い例として、次の整級数があげられます。

$$f(x) = \sum_{n=1}^{\infty} \frac{(-1)^n}{n} x^n \tag{5-47}$$

この場合、$a_n = \dfrac{(-1)^n}{n}$ より、収束半径 r の逆数は、

$$l = \lim_{N \to \infty} \sup_{n \geq N} \sqrt[n]{|a_n|} = \lim_{N \to \infty} \sup_{n \geq N} \frac{1}{\sqrt[n]{n}}$$

---

[14] 導関数を計算して、テイラーの公式を書き下しても同様の結果が得られます。

で与えられます。ここで、前項の(5-40)で示した $\lim_{n\to\infty} \sqrt[n]{n} = 1$ という関係を思い出すと、$l=1$、すなわち、収束半径は $r = \dfrac{1}{l} = 1$ と決まります。それでは、収束半径上の点 $|x|=1$ における(5-47)の値はどのようになるでしょうか？ $x = \pm 1$ に分けて具体的に表わすと、次のようになります。

$$f(1) = \sum_{n=1}^{\infty} \frac{(-1)^n}{n} \tag{5-48}$$

$$f(-1) = \sum_{n=1}^{\infty} \frac{1}{n} \tag{5-49}$$

そして、結論から先に言うと、(5-48)は収束して、一方、(5-49)は発散します。つまり、同一の級数に対して、収束半径上の両側の点において、収束と発散の両方が起こりうるのです。

具体的な計算は、次のようになります。まず、(5-49)については、定積分と比較する手法で発散することが示せます。図5.5において、棒グラフの面積と関数 $y = \dfrac{1}{x}$ の面積を比較して、

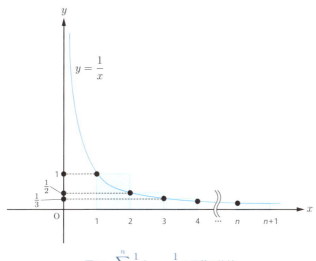

図5.5 $\sum_{k=1}^{n} \dfrac{1}{k}$ と $y = \dfrac{1}{x}$ の面積の比較

$$\sum_{k=1}^{n} \frac{1}{k} > \int_{1}^{n+1} \frac{1}{x}\, dx = [\log_e x]_1^{n+1} = \log_e(n+1)$$

という関係が得られますが、上式の右辺は、$n \to \infty$ の極限で $+\infty$ に発散します。したがって、左辺も同様に発散することになります。

一方、(5-48)は、

$$S_n = \sum_{k=1}^{n} \frac{(-1)^k}{k}$$

として、数列 $\{S_n\}_{n=1}^{\infty}$ の極限として与えられることになりますが、たとえば、奇数番目の項だけを取り出した数列 $\{S_{2n-1}\}_{n=1}^{\infty}$ を考えると、

$$S_{2n-1} = -1 + \left(\frac{1}{2} - \frac{1}{3}\right) + \left(\frac{1}{4} - \frac{1}{5}\right) + \cdots + \left(\frac{1}{2n-2} - \frac{1}{2n-1}\right)$$

とまとめることができて、上式の括弧内はすべて正の値なので、$\{S_{2n-1}\}$ は単調増加になります。さらに、これと同じものを、

$$S_{2n-1} = -\left(1 - \frac{1}{2}\right) - \left(\frac{1}{3} - \frac{1}{4}\right) - \cdots - \left(\frac{1}{2n-3} - \frac{1}{2n-2}\right) - \frac{1}{2n-1}$$

とまとめると、やはり括弧内はすべて正の値なので、$S_{2n-1} < 0$ とわかります。したがって、$\{S_{2n-1}\}$ は上に有界な単調増加列であり、ある値 S に収束します (「3.3 主要な定理のまとめ」の ▶定理19)。一方、偶数番目の項だけを取り出したものについては、

$$S_{2n} = S_{2n-1} + \frac{1}{2n}$$

と書けるので、両辺で $n \to \infty$ の極限を取ると、同じ値 S に収束することがわかります。したがって、$\lim_{n \to \infty} S_n = S$ が成り立ちます[※15]。

※15 「1.4 演習問題」の問8を参照。

5.3 主要な定理のまとめ

定義12 **連続微分可能な関数**

区間Iの各点でm回微分可能な関数で、m階導関数$f^{(m)}(x)$がI上の連続関数となるものをI上でm回連続微分可能な関数、もしくは、C^m-級の関数と呼ぶ。

また、I上でC^m-級の関数を集めた集合を$C^m(I)$とすると、次の包含関係が成り立つ。

$$C^0(I) \supset C^1(I) \supset C^2(I) \supset \cdots \supset C^m(I)$$

ここで、$C^0(I)$は、I上の連続関数を集めた集合とする。

定義13 **無限回微分可能な関数**

次の集合に含まれる関数$f(x)$をI上で無限回微分可能な関数、もしくは、C^∞-級の関数と呼ぶ。

$$C^\infty(I) = \bigcap_{m=0}^{\infty} C^m(I)$$

これは、I上で何度でも微分可能な関数を集めた集合になる。

定義14 **同位な無限小と同値な無限小**

$x \to x_0$の極限で0に収束する関数$f(x)$は、$x = x_0$で無限小であると言う。$f(x)$と$g(x)$を$x \to x_0$で無限小である関数として、

$$\lim_{x \to x_0} \frac{f(x)}{g(x)} = \alpha \neq 0$$

となる場合、$f(x)$と$g(x)$は同位な無限小であると言い、特に$\alpha = 1$の場合、$f(x)$と$g(x)$は同値な無限小であると言う。

$f(x)$と$g(x)$が同値な無限小であることを、

$$f(x) \sim g(x) \ (x \to x_0)$$

という記号で表わす。

定義15. 無視できる無限小

$f(x)$ と $g(x)$ を $x \to x_0$ で無限小である関数として、

$$\lim_{x \to x_0} \frac{f(x)}{g(x)} = 0$$

となる場合、$f(x)$ は $g(x)$ に対して無視できる無限小であると言い、この事実を次の記号で表わす。

$$f(x) = o(g(x))\ (x \to x_0)$$

また、$f(x)$ は $g(x)$ に対して無視できる、あるいは、$g(x)$ と同位な無限小である場合、この事実を次の記号で表わす。

$$f(x) = O(g(x))\ (x \to x_0)$$

定理39. テイラーの公式

閉区間 $[x_0, x]$、もしくは、$[x, x_0]$ において、$f^{(n-1)}(x)$ が連続で、かつ、$f^{(n)}(x)$ が存在するとき、$n = 1, 2, \cdots$ に対して、次の関係が成り立つ。

$$f(x) = \sum_{k=0}^{n-1} \frac{f^{(k)}(x_0)}{k!}(x - x_0)^k + R(x)$$
$$R(x) = o\left((x - x_0)^{n-1}\right)$$

特に、(x_0, x)、もしくは、(x, x_0) に含まれる値 ξ を用いて、

$$R(x) = \frac{f^{(n)}(\xi)}{n!}(x - x_0)^n$$

が成り立ち、これをテイラーの公式の剰余項と呼ぶ。このとき、ξ の値は、x に依存して変化する。

5.3 主要な定理のまとめ

定義16. 関数列の収束

区間 I 上で定義された関数列 $\{f_n(x)\}_{n=1}^{\infty}$ において、任意の $x_0 \in I$ に対して、

$$\lim_{n \to \infty} f_n(x_0) = f(x)$$

が成り立つとき、関数列 $\{f_n(x)\}$ は関数 $f(x)$ に I 上で各点収束すると言う。さらに、

$$\lim_{n \to \infty} \sup_{x \in I} |f_n(x) - f(x)| = 0$$

が成り立つとき、関数列 $\{f_n(x)\}$ は関数 $f(x)$ に I 上で一様収束すると言い、この事実を次の記号で表わす。

$$f_n(x) \rightrightarrows f(x) \ (n \to \infty)$$

一様収束する関数は、必ず、各点収束するが、その逆は必ずしも成り立たない。

定理40. コーシーの判定法

無限数列 $\{a_n\}_{n=1}^{\infty}$ が次の条件を満たすとき、$\{a_n\}$ はコーシー列であると言う。

$$\forall \epsilon > 0; \ \exists N \in \mathbf{N} \ \text{s.t.} \ \forall p, q \in \mathbf{N}; \ p, q > N \Rightarrow |a_p - a_q| < \epsilon$$

$\{a_n\}$ がコーシー列であることは、これが収束することの必要十分条件となる。

定理41. 一様収束の判定法

次は、I を定義域とする関数列 $\{f_n(x)\}$ が I 上で一様収束するための必要十分条件を与える。

$$\forall \epsilon > 0; \ \exists N \in \mathbf{N} \ \text{s.t.} \ \forall p, q \in \mathbf{N}; \ p, q > N \Rightarrow \sup_{x \in I} |f_p(x) - f_q(x)| < \epsilon$$

定理42 関数列の不定積分

有界な区間Iを定義域とする関数列$\{f_n(x)\}$に対して、その不定積分

$$F_n(x) = \int_c^x f_n(t)\,dt$$

からなる関数列$\{F_n(x)\}$を考える。このとき、$\{f_n(x)\}$が$f(x)$に一様収束すれば、$\{F_n(x)\}$も一様収束して、$f(x)$の不定積分

$$F(x) = \int_c^x f(t)\,dt$$

に一致する。ここで、不定積分の下端cはIに含まれる値を1つ固定しているものとする。

定理43 関数列の導関数

有界な区間Iを定義域とする関数列$\{f_n(x)\}$に対して、その導関数からなる関数列$\{f_n'(x)\}$を考える。このとき、$\{f_n'(x)\}$が一様収束するならば、その収束先は、$f'(x)$に一致する。ここで、$\{f_n(x)\}$は$f(x)$に各点収束しているものとする。

定理44 無限級数の絶対収束

無限数列$\{a_n\}_{n=1}^{\infty}$を用いて、次で定義される無限数列$\{S_n\}_{n=1}^{\infty}$を無限級数と呼ぶ。

$$S_n = \sum_{k=1}^{n} a_k$$

さらに、

$$\overline{S}_n = \sum_{k=1}^{n} |a_k|$$

で定義される無限級数$\{\overline{S}_n\}_{n=1}^{\infty}$が$n \to \infty$で収束するとき、$\{S_n\}$は絶対収束すると言う。絶対収束する無限級数は、必ず、収束する。

定義17　関数項級数

I を定義域とする関数列 $\{u_n(x)\}_{n=1}^{\infty}$ を用いて、

$$f_n(x) = u_1(x) + u_2(x) + \cdots + u_n(x) \ (n = 1, 2, \cdots)$$

で定義される関数列 $\{f_n(x)\}_{n=1}^{\infty}$ を関数項級数と呼ぶ。

定理45　ワイエルシュトラスの優級数定理

I を定義域として、次で定義される関数項級数 $\{f_n(x)\}$ を考える。

$$f_n(x) = u_1(x) + u_2(x) + \cdots + u_n(x) \ (n = 1, 2, \cdots)$$

このとき、次で定義される無限級数 $\{S_n\}_{n=1}^{\infty}$ が収束すれば、関数項級数 $\{f_n(x)\}$ は、I 上で一様収束する。

$$S_n = \sum_{k=1}^{n} \overline{u}_k$$
$$\overline{u}_n = \sup_{x \in I} |u_n(x)|$$

さらに、この条件の下で、任意の $x_0 \in I$ に対して、次で定義される無限級数 $\{\overline{S}_n\}_{n=1}^{\infty}$ が収束する。

$$\overline{S}_n = |u_1(x_0)| + |u_2(x_0)| + \cdots + |u_n(x_0)| \ (n = 1, 2, \cdots)$$

これら2つの結果を併せて、関数項級数 $\{f_n(x)\}$ は I 上で絶対一様収束すると言う。

定理46　コーシー・アダマールの定理

次の形で表わされる関数項級数 $\{f_n(x)\}_{n=0}^{\infty}$ を整級数と呼ぶ。

$$f_n(x) = a_0 + a_1(x - x_0) + a_2(x - x_0)^2 + \cdots + a_n(x - x_0)^n \ (n = 0, 1, 2, \cdots)$$

この整級数の収束半径 r は、次式で計算される l を用いて、$r = \dfrac{1}{l}$ で与えられる。

$$l = \lim_{N \to \infty} \sup_{n \geq N} \sqrt[n]{|a_n|}$$

このとき、$\{f_n(x)\}$ は、$|x - x_0| < r$ において各点収束の意味で絶対収束して、$|x - x_0| > r$ において発散する。$l = 0$、もしくは、$l = +\infty$ の場合は、$r = +\infty$、および、$r = 0$ と定義する。

「各点収束の意味で絶対収束する」とは、x を固定したときに $\sum_{n=0}^{\infty} |a_n(x - x_0)^n|$ が収束するということで、このとき、▶定理44 より、$\{f_n(x)\}$ は各点収束することが言える。

定理47 整級数の一様収束

収束半径 r の整級数は、任意の $0 < r' < r$ に対して、$|x - x_0| \leq r'$ で定義される閉区間上で絶対一様収束する。

定理48 整級数の導関数

整級数は、その収束半径内部で無限回微分可能で、その導関数は項別微分によって与えられる。つまり、

$$f(x) = a_0 + a_1(x - x_0) + a_2(x - x_0)^2 + \cdots = \sum_{n=0}^{\infty} a_n(x - x_0)^n$$

に対して、次の関係が成り立つ。

$$f'(x) = a_1 + 2a_2(x - x_0) + 3a_3(x - x_0)^2 + \cdots = \sum_{n=1}^{\infty} na_n(x - x_0)^{n-1}$$

$$f''(x) = 2a_2 + 3 \cdot 2a_3(x - x_0) + 4 \cdot 3a_4(x - x_0)^2 + \cdots = \sum_{n=2}^{\infty} n(n-1)a_n(x - x_0)^{n-2}$$

$\vdots$

定理49 解析関数

関数 $f(x)$ が収束半径 $r > 0$ を持つ整級数によって、収束半径内部において、

$$f(x) = a_0 + a_1(x - x_0) + a_2(x - x_0)^2 + \cdots = \sum_{n=0}^{\infty} a_n(x - x_0)^n$$

と表わされる場合、関数 $f(x)$ は、$x = x_0$ で解析的である、もしくは、解析関数であると言う。このとき、各係数は、

$$a_n = \frac{f^{(n)}(x_0)}{n!}$$

によって与えられ、収束半径内部において、

$$f(x) = \sum_{n=0}^{\infty} \frac{f^{(n)}(x_0)}{n!}(x - x_0)^n$$

が成り立つ。これを関数 $f(x)$ のテイラー展開と呼ぶ。

5.4 演習問題

問1 無限数列 $\{a_n\}_{n=1}^{\infty}$ において、無限級数 $S = \displaystyle\sum_{n=1}^{\infty} a_n$ が収束するならば、$\displaystyle\lim_{n\to\infty} a_n = 0$ となることを証明せよ。

問2 ダランベールの判定法

無限数列 $\{a_n\}_{n=1}^{\infty}$ において、ある番号 n_0 以降のすべての n に対して、

$$\left|\frac{a_n}{a_{n-1}}\right| \leq q$$

が成り立つとする。ここで、q は、$0 < q < 1$ を満たす定数である。このとき、無限級数 $\displaystyle\sum_{n=1}^{\infty} |a_n|$ は収束することを証明せよ。また、

$$\left|\frac{a_n}{a_{n-1}}\right| \geq 1$$

が成り立つ場合は、$\displaystyle\sum_{n=1}^{\infty} |a_n|$ は発散することを証明せよ。

> **ヒント**
> $$\sum_{n=1}^{\infty} |a_n| = \sum_{n=1}^{N} |a_n| + \sum_{n=N+1}^{\infty} |a_n|$$
> において、右辺第1項は有限個の和なので、必ず有限の値となる。したがって、$n = N+1$ 以降の項に対して、改めて、$n = 1, 2, \cdots$ と番号を振り直したと考えれば、$n_0 = 1$ としても一般性を失わない。また、次の関係が成り立つことに注意する。
> $$\frac{a_n}{a_1} = \frac{a_2}{a_1} \cdot \frac{a_3}{a_2} \cdots \frac{a_n}{a_{n-1}}$$

問 3

$f(x)$ と $g(x)$ は、どちらも閉区間 $I = [a, b]$ 上で連続、開区間 (a, b) 上で微分可能な関数とする。さらに、$g(a) \neq g(b)$、かつ、$f'(x)$ と $g'(x)$ は同時に 0 にならない、という条件があるとき、

$$\frac{f(b) - f(a)}{g(b) - g(a)} = \frac{f'(c)}{g'(c)}$$

を満たす $c \in (a, b)$ が存在することを証明せよ。

次の関数に対して、平均値の定理を適用する。

$$F(x) = \{g(b) - g(a)\} f(x) - \{f(b) - f(a)\} g(x)$$

問 4

ド・ロピタルの定理

$f(x)$ と $g(x)$ は、問3と同じ条件を満たしており、さらに、

$$f(a) = \lim_{x \to a+0} f(x) = 0$$

$$g(a) = \lim_{x \to a+0} g(x) = 0$$

を満たすものとする。このとき、$\displaystyle\lim_{x \to a+0} \frac{f'(x)}{g'(x)}$ が存在するなら、$\displaystyle\lim_{x \to a+0} \frac{f(x)}{g(x)}$ も存在して、

$$\lim_{x \to a+0} \frac{f(x)}{g(x)} = \lim_{x \to a+0} \frac{f'(x)}{g'(x)}$$

となることを証明せよ。

問5

問4の結果を用いて、次の極限を計算せよ。

(1) $\displaystyle\lim_{x\to+0}\frac{e^x-1}{x}$

(2) $\displaystyle\lim_{x\to+0}\frac{e^x-e^{-x}}{\sin x}$

(3) $\displaystyle\lim_{x\to+0}\frac{e^x-e^{\sin x}}{x-\sin x}$

問6

整級数 $\displaystyle S=\sum_{n=0}^{\infty}a_n x^n$ において、

$$l=\lim_{n\to\infty}\left|\frac{a_n}{a_{n-1}}\right|$$

が（$+\infty$ を含めて）存在するとき、$r=\dfrac{1}{l}$ は、コーシー・アダマールの定理における収束半径に一致する、すなわち、$|x|<r$ で S は絶対収束して、$|x|>r$ で S は発散することを示せ。

 問2の結果（ダランベールの判定法）を利用する。

問7

次の関数は、$x=0$ において、ある収束半径を持つ解析関数である。それぞれのマクローリン展開（$x=0$ におけるテイラー展開）を求めた上で、収束半径を計算せよ。（$\sinh x$ と $\cosh x$ の定義は、「4.4 演習問題」の問4を参照。）この際、問6の結果、および、$\displaystyle\lim_{n\to\infty}\frac{1}{\sqrt[n]{n!}}=0$ を用いてもよい。

(1) $f(x)=\sinh x$

(2) $f(x)=\cosh x$

(3) $f(x)=\log_e(1+x)\ (x>-1)$

Chapter 6

多変数関数

- 6.1 多変数関数の微分
  - 6.1.1 全微分と偏微分
  - 6.1.2 全微分可能条件
  - 6.1.3 高階偏導関数
  - 6.1.4 多変数関数のテイラーの公式
- 6.2 写像の微分
  - 6.2.1 平面から平面への写像
  - 6.2.2 アフィン変換による写像の近似
- 6.3 極値問題
  - 6.3.1 1変数関数の極値問題
  - 6.3.2 2変数関数の極値問題
- 6.4 主要な定理のまとめ
- 6.5 演習問題

Chapter 6 多変数関数

　本章では、複数の変数を持つ関数についての微分と積分を取り扱います。説明をシンプルにするために、2変数の関数 $z = f(x, y)$ の場合を取り扱いますが、本章で取り扱う内容については、変数の数が増えても本質的な違いはないと考えてかまいません。ここでは、変数 x と y のそれぞれが任意の実数値を取るものとして、2つの実数値のペア (x, y) をすべて集めた集合を、

$$\mathbf{R}^2 = \{(x, y) \mid x, y \in \mathbf{R}\}$$

という記号で表わします。さらに、$\mathbf{R}^2$ に含まれる連結な開集合 Ω（オメガ）の上で関数 $f(x, y)$ が定義されているものとします。連結というのは、Ω 上の任意の2点に対して、Ω 内にこれらを結ぶ曲線が描けることを言います。また開集合というのは、任意の $a \in \Omega$ に対して、十分に小さな $\epsilon > 0$ を取ると、a を中心とする半径 ϵ の円がすべて Ω に含まれるという条件で表わされます。図6.1の例で言うと、

$$\Omega = \{(x, y) \mid x^2 + y^2 < 1\}$$

は、原点を中心とする半径1の円を表わしますが、$x^2 + y^2 = 1$ を満たす円周上の点を含まないので開集合になります。これに対して、

$$\Omega = \{(x, y) \mid x^2 + y^2 \leq 1\}$$

という集合を考えると、円周上の点については前述の条件が成り立たないため、これは開集合にはなりません。

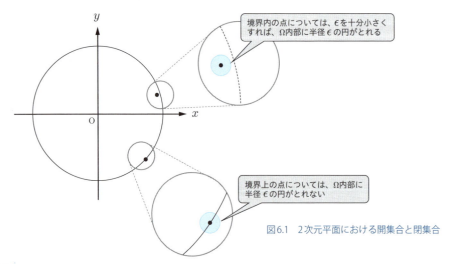

図6.1 2次元平面における開集合と閉集合

6.1 多変数関数の微分

6.1.1 全微分と偏微分

「3.1.1 微分係数と導関数」の冒頭で 1 変数の関数 $y = f(x)$ の微分を定義する際に、$x = x_0$ の周りで $f(x)$ の値を 1 次関数

$$y = f(x_0) + \alpha(x - x_0)$$

で近似するという考え方を用いました。そして、近似における誤差を $g(x)$ として、

$$f(x) = f(x_0) + \alpha(x - x_0) + g(x)$$

と表現した際に、

$$\lim_{x \to x_0} \frac{g(x)}{x - x_0} = 0 \tag{6-1}$$

が成り立つという条件を課すと、1 次関数の係数 α が微分係数

$$f'(x_0) = \lim_{x \to x_0} \frac{f(x) - f(x_0)}{x - x_0}$$

に一致するという結果が得られました。ここでは、この考え方を拡張することで、2 変数の関数 $z = f(x, y)$ に対する微分を定義していきます。

はじめに、関数 $f(x, y)$ の定義域 Ω に属する点 (x_0, y_0) を考えて、この周りで、$f(x, y)$ の値を x, y それぞれの 1 次関数

$$z = f(x_0, y_0) + \alpha(x - x_0) + \beta(y - y_0)$$

で近似します。このときに発生する誤差を $g(x, y)$ として、

$$f(x, y) = f(x_0, y_0) + \alpha(x - x_0) + \beta(y - y_0) + g(x, y) \tag{6-2}$$

とします。このとき、点 (x, y) が (x_0, y_0) に近づくと誤差 $g(x, y)$ は 0 に近づくわけですが、(6-1) の拡張として、

$$\lim_{(x,y)\to(x_0,y_0)} \frac{g(x,y)}{\sqrt{(x-x_0)^2+(y-y_0)^2}} = 0 \qquad (6\text{-}3)$$

という条件を考えてみます。(6-1) では、$g(x)$ と $x - x_0$、すなわち、数直線上での x と x_0 の距離を比較しましたが、ここでは、これを 2 次元平面における (x, y) と (x_0, y_0) の距離 $\sqrt{(x-x_0)^2+(y-y_0)^2}$ に置き換えています。

このとき (x, y) が (x_0, y_0) に近づくと言っても、2 次元平面上での話なので、さまざまな方向から近づける点に注意が必要です。(6-3) における極限 $(x, y) \to (x_0, y_0)$ は、ϵ-δ 論法で表記して、

$$\forall \epsilon > 0;\ \exists \delta > 0 \text{ s.t. } \forall x, y \in \mathbf{R};\ \sqrt{(x-x_0)^2+(y-y_0)^2} < \delta \Rightarrow \left| \frac{g(x,y)}{\sqrt{(x-x_0)^2+(y-y_0)^2}} \right| < \epsilon$$

という意味であると考えてください。つまり、どちらの方向から近づくかに関係なく、平面上での (x, y) と (x_0, y_0) の距離が十分に小さくなるとき、$g(x, y)$ は $\sqrt{(x-x_0)^2+(y-y_0)^2}$ よりも速く 0 に収束する必要があります。このような条件を満たす定数 α, β が存在する場合に、関数 $f(x, y)$ は点 (x_0, y_0) で**全微分可能**であると定義します▶ 定義19 。

近づく方向によらずに (6-3) が成り立つことを確認するのは大変そうですが、仮に、そのような条件を満たす関数 $f(x, y)$ があったとすれば、定数 α, β の値を具体的に計算するのはそれほど難しくはありません。近づく方向によらずに成り立つという前提なので、たとえば、$y = y_0$ に固定して、x 軸方向に $x \to x_0$ という極限を取る場合を考えると、(6-2) と (6-3) は、次のように書き換えられます。

$$f(x, y_0) = f(x_0, y_0) + \alpha(x - x_0) + g(x, y_0)$$
$$\lim_{x \to x_0} \frac{g(x, y_0)}{|x - x_0|} = 0$$

これは、$f(x, y_0)$ を変数 x の 1 変数関数と見なした際に、$x = x_0$ で微分可能であり、その微分係数が α に一致することを意味します。したがって、α の値は、

$$\alpha = \lim_{x \to x_0} \frac{f(x, y_0) - f(x_0, y_0)}{x - x_0} \tag{6-4}$$

で計算できます。同様に、$x = x_0$ に固定して $y \to y_0$ の極限を取ると、

$$\beta = \lim_{y \to y_0} \frac{f(x_0, y) - f(x_0, y_0)}{y - y_0} \tag{6-5}$$

が得られます。このように、2変数関数 $f(x, y)$ において、一方の値を定数に固定して、1変数関数と見なして微分することを偏微分と呼びます。より正確に言うと、(6-4)、(6-5) を偏微分係数と呼び、

$$\alpha = \frac{\partial f}{\partial x}(x_0, y_0)$$

$$\beta = \frac{\partial f}{\partial y}(x_0, y_0)$$

という記号で表わします。∂ は偏微分記号と呼ばれるもので、「デル」と読みます。さらに、上記の式において、改めて、(x_0, y_0) を変数と見なすと、2種類の新しい関数

$$z = \frac{\partial f}{\partial x}(x, y)$$

$$z = \frac{\partial f}{\partial y}(x, y)$$

が得られることになります。これらの関数を $f(x, y)$ の偏導関数と呼びます ▶ 定義18 。

なお、α, β を前述の偏微分係数とするとき、1次関数による近似式

$$z = f(x_0, y_0) + \alpha(x - x_0) + \beta(y - y_0) \tag{6-6}$$

は、図形的には (x, y, z) 空間上の平面を表わしており、$z = f(x, y)$ が描く曲面に対して、点 (x_0, y_0) における接平面になっていると解釈ができます。たとえば、

$$z = f(x, y) = \frac{1}{2}\left(x^2 + y^2\right)$$

という関数について、偏導関数は次式で与えられます。

$$\frac{\partial f}{\partial x}(x, y) = x$$
$$\frac{\partial f}{\partial y}(x, y) = y$$

そこで、特に点$(-1, -1)$における偏微分係数を計算すると、その値はどちらも-1になり、$(-1, -1)$における接平面の方程式は、

$$z = f(-1, -1) - \{x - (-1)\} - \{y - (-1)\} = -1 - x - y$$

と決まります。実際にこれらのグラフを描くと、図6.2のようになります。

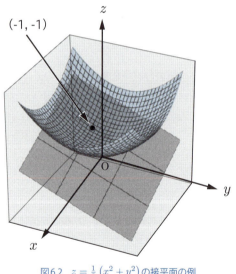

図6.2　$z = \frac{1}{2}\left(x^2 + y^2\right)$の接平面の例

また、(6-6)で決まる接平面の方程式において、

$$dz = z - f(x_0, y_0)$$
$$dx = x - x_0$$
$$dy = y - y_0$$

で新しい座標を導入すると、(6-6) は、

$$dz = \alpha dx + \beta dy$$

と表わすことができます。あるいは、偏導関数の記号を用いて、

$$df(x,y) = \frac{\partial f}{\partial x}(x,y)\, dx + \frac{\partial f}{\partial y}(x,y)\, dy$$

と表記し、これを関数 $f(x,y)$ の全微分と呼ぶこともあります。

ここで、関数 $f(x,y)$ が (x_0, y_0) で全微分可能であることと、偏微分係数が計算できることは同値ではない点を再確認しておきます。ここまでの議論でわかったのは、$f(x,y)$ が点 (x_0, y_0) で全微分可能であれば、(6-2)、(6-3) を満たす係数 α, β は、(6-4)、(6-5) によって計算できるということです ▶定理50 。ある関数 $f(x,y)$ について (6-4)、(6-5) の極限が存在して、形式的に偏微分係数 α, β が求められたとしても、必ずしも $f(x,y)$ が (x_0, y_0) で全微分可能、すなわち、(6-2)、(6-3) が成立するわけではありません。少し作為的な例ですが、次の関数を考えてみます。

$$f(x,y) = \sqrt{|xy|}$$

この関数をグラフに表わすと図6.3のようになっており、$x=0$ もしくは $y=0$ の場合、すなわち、x 軸と y 軸の上では、常に $f(x,y)=0$ が成り立ちます。したがって、(6-4)、(6-5) の定義に従って、原点 $(0,0)$ における偏微分係数を計算すると、$\alpha=0, \beta=0$ となります。仮にこの関数 $f(x,y)$ が原点で全微分可能であるとすると、(6-2) より、

$$f(x,y) = f(0,0) + 0 \times (x-0) + 0 \times (y-0) + g(x,y)$$

すなわち

$$g(x,y) = f(x,y) = \sqrt{|xy|}$$

として、(6-3)が成り立つはずです。しかしながら、今の場合、この条件は満たされていません。たとえば、$y = t, x = t\,(t \geq 0)$ という線分上の点を考えると、

$$\frac{g(x,y)}{\sqrt{(x-0)^2 + (y-0)^2}} = \frac{\sqrt{|t^2|}}{\sqrt{2t^2}} = \frac{1}{\sqrt{2}}$$

となるので、これは、$t \to +0$ で0に収束することはありません。つまり、関数 $f(x,y)$ は、原点において、全微分可能ではありません。

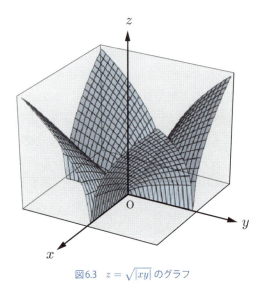

図6.3　$z = \sqrt{|xy|}$ のグラフ

もう少しわかりやすい例としては、次の関数が考えられます。

$$f(x,y) = \begin{cases} 1 & (x = y,\ (x,y) \neq (0,0)) \\ 0 & (その他の場合) \end{cases}$$

これもまた、x軸とy軸の上では、常に $f(x,y) = 0$ が成り立つので、原点 $(0,0)$ における偏微分係数は $\alpha = 0,\ \beta = 0$ になります。しかしながら、$y = x$ の方向について考えると、これは原点で不連続になっているため、この方向から近づいた場合、原点における微分係数は無限大に発散してしまいます。次項では、このようなことが起こらず、関数 $f(x,y)$ が全微分可能になるための十分条件について考えていきます。なお、

これ以降、関数 $f(x,y)$ が点 (x_0, y_0) で全微分可能であるかどうかに関わらず、(6-4)、(6-5) の極限が存在して、形式的に偏微分係数 α, β が求められる場合、関数 $f(x,y)$ は点 (x_0, y_0) で偏微分可能であると言います。特に、(6-4) と (6-5) の極限を個別に考える場合は、x について偏微分可能、もしくは、y について偏微分可能という言い方をします。

ちなみに、先ほどの例のように、点 (x_0, y_0) を通る線分を考えて、この線分上で (x_0, y_0) に近づく際の微分係数を方向微分係数と呼びます。一般に、点 (x_0, y_0) から出発して、x 軸とのなす角が θ の方向に伸びる線分は、

$$x = x_0 + t\cos\theta,\ y = y_0 + t\sin\theta\ (t \geq 0) \tag{6-7}$$

という形で表わすことができます。このとき、点 (x, y) と点 (x_0, y_0) の距離は、

$$\sqrt{(x-x_0)^2 + (y-y_0)^2} = \sqrt{t^2(\cos^2\theta + \sin^2\theta)} = t$$

となるので、(x, y, z) 空間において、点 $(x_0, y_0, f(x_0, y_0))$ と点 $(x, y, f(x, y))$ を結ぶ直線の傾きは、

$$\frac{f(x_0 + t\cos\theta, y_0 + t\sin\theta) - f(x_0, y_0)}{t} \tag{6-8}$$

で与えられます。この $t \to +0$ の極限における値が方向微分係数 l になります。

関数 $f(x,y)$ が (x_0, y_0) で全微分可能な場合、方向微分係数は次のように計算できます。まず、全微分可能であるという条件から、

$$f(x,y) = f(x_0, y_0) + \alpha(x-x_0) + \beta(y-y_0) + g(x,y)$$
$$\alpha = \frac{\partial f}{\partial x}(x_0, y_0)$$
$$\beta = \frac{\partial f}{\partial y}(x_0, y_0)$$

として、

$$\lim_{(x,y)\to(x_0,y_0)} \frac{g(x,y)}{\sqrt{(x-x_0)^2+(y-y_0)^2}} = 0$$

が成り立ちます。上記の極限は、(x_0, y_0) に近づく方向に依存しないので、特に (6-7) の場合を考えると、

$$\lim_{t\to+0} \frac{g(x,y)}{t} = 0 \tag{6-9}$$

が成り立ちます。また、このとき、

$$\begin{aligned} g(x,y) &= \{f(x,y) - f(x_0,y_0)\} - \{\alpha(x-x_0) + \beta(y-y_0)\} \\ &= \{f(x_0+t\cos\theta, y_0+t\sin\theta) - f(x_0,y_0)\} - \{\alpha t\cos\theta + \beta t\sin\theta\} \end{aligned}$$

が成り立ち、右辺の第1項は (6-8) の分子に一致します。これを (6-8) に代入して整理すると、(6-9) を用いて、

$$\lim_{t\to+0} \frac{f(x_0+t\cos\theta, y_0+t\sin\theta) - f(x_0,y_0)}{t} = \alpha\cos\theta + \beta\sin\theta$$

が得られます。これは、先に説明した方向微分係数の定義に他なりません。したがって、方向微分係数は、

$$\begin{aligned} l &= \alpha\cos\theta + \beta\sin\theta \\ &= \frac{\partial f}{\partial x}(x_0,y_0) \times \cos\theta + \frac{\partial f}{\partial y}(x_0,y_0) \times \sin\theta \end{aligned} \tag{6-10}$$

と決まります。この結果からわかるように、点 (x_0, y_0) で全微分可能であれば、偏微分係数によって、あらゆる方向から点 (x_0, y_0) に近づく際の方向微分係数が決まることになります。

　それでは、この結果を用いて、方向微分係数が最大になる方向を求めるとどのようになるでしょうか？ $l = \alpha\cos\theta + \beta\sin\theta$ は、2つのベクトル (α, β) と $(\cos\theta, \sin\theta)$ の内積の形をしていますので、$(\cos\theta, \sin\theta)$ が (α, β) と平行になる場合に最大値 $\sqrt{\alpha^2 + \beta^2}$ を取ります。すなわち、偏微分係数を並べてできるベクトル (α, β) は、方向微分係数が最大となる方向を示しています。一般に、このベクトルを勾配ベクトルと

呼び、

$$\nabla f(x_0, y_0) = \left(\frac{\partial f}{\partial x}(x_0, y_0), \frac{\partial f}{\partial y}(x_0, y_0)\right) \quad \text{(6-11)}$$

という記号で表わします[※1] ▶定理52 。直感的に言うと、勾配ベクトルは、関数 $f(x, y)$ の値が最も急激に増加する方向を示しており、勾配ベクトルの大きさがその方向の傾きに対応することになります。

6.1.2 全微分可能条件

2変数関数 $f(x, y)$ が全微分可能になる十分条件として、偏導関数の連続性があります。一般に、連結開集合 Ω 上の各点で $f(x, y)$ が偏微分可能であり、偏導関数 $\frac{\partial f}{\partial x}(x, y)$, $\frac{\partial f}{\partial y}(x, y)$ がどちらも連続関数になる場合、$f(x, y)$ は連続微分可能、もしくは、C^1-級であると言います。また、Ω で連続微分可能な関数を集めた集合を $C^1(\Omega)$ と表わします。そして、$C^1(\Omega)$ に属する関数は、すべて Ω の各点で全微分可能となります。具体的な証明は、次のようになります。

ここでは、(x_0, y_0) を Ω に属する点の1つとして、以下の議論における (x, y) は、すべて、Ω の範囲内で考えるものとします。また、$f(x, y)$ が点 (x_0, y_0) で全微分可能であるということは、

$$f(x, y) = f(x_0, y_0) + \frac{\partial f}{\partial x}(x_0, y_0)(x - x_0) + \frac{\partial f}{\partial y}(x_0, y_0)(y - y_0) + g(x, y) \quad \text{(6-12)}$$

で、関数 $g(x, y)$ を定義したときに、

$$\lim_{(x,y) \to (x_0, y_0)} \frac{g(x, y)}{\sqrt{(x - x_0)^2 + (y - y_0)^2}} = 0 \quad \text{(6-13)}$$

が成り立つということでした。これが Ω に属する任意の点 (x_0, y_0) について成り立つことを示します。

はじめに、$f(x, y)$ が x について偏微分可能であることから、$y = y_0$ を固定して、

※1 記号 ∇ はナブラと読みます。

$$f(x, y_0) = f(x_0, y_0) + \frac{\partial f}{\partial x}(x_0, y_0)(x - x_0) + h(x) \qquad (6\text{-}14)$$

$$\lim_{x \to x_0} \frac{h(x)}{x - x_0} = 0 \qquad (6\text{-}15)$$

が成り立ちます。同様に、$f(x, y)$ が y について偏微分可能であることから、x を任意に固定して、$\varphi(y) = f(x, y)$ を y についての1変数関数と見なすと、これは y について微分可能で $\varphi'(y) = \dfrac{\partial f}{\partial y}(x, y)$ となります。x を固定して考えれば、$\varphi(y)$ の導関数の計算式は、偏導関数 $\dfrac{\partial f}{\partial y}(x, y)$ の計算式に一致する点に注意してください。また、導関数 $\varphi'(y)$ が存在することから、$\varphi(y)$ は同じ範囲において連続になります[※2]。したがって、平均値の定理(「3.3 主要な定理のまとめ」の ▶定理23)により、

$$\varphi(y) - \varphi(y_0) = \varphi'(c)(y - y_0)$$

を満たす c が y_0 と y の間に存在します。これを元の $f(x, y)$ で書き直して、

$$f(x, y) = f(x, y_0) + \frac{\partial f}{\partial y}(x, c)(y - y_0)$$

とした上で、右辺第1項に (6-14) を代入すると次が得られます。

$$f(x, y) = f(x_0, y_0) + \frac{\partial f}{\partial x}(x_0, y_0)(x - x_0) + h(x) + \frac{\partial f}{\partial y}(x, c)(y - y_0) \qquad (6\text{-}16)$$

(6-12) と (6-16) を比較すると、

$$g(x, y) = h(x) + \frac{\partial f}{\partial y}(x, c)(y - y_0) - \frac{\partial f}{\partial y}(x_0, y_0)(y - y_0)$$

が得られるので、これより、

※2 「3.4 演習問題」の問4を参照。

$$\frac{g(x,y)}{\sqrt{(x-x_0)^2+(y-y_0)^2}} = \frac{x-x_0}{\sqrt{(x-x_0)^2+(y-y_0)^2}}\frac{h(x)}{x-x_0}$$
$$+ \frac{y-y_0}{\sqrt{(x-x_0)^2+(y-y_0)^2}}\left(\frac{\partial f}{\partial y}(x,c) - \frac{\partial f}{\partial y}(x_0,y_0)\right) \quad (6\text{-}17)$$

という関係が成り立ちます。

ここで、三平方の定理（図6.4）より成り立つ、

$$|x-x_0| \leq \sqrt{(x-x_0)^2+(y-y_0)^2},\ |y-y_0| \leq \sqrt{(x-x_0)^2+(y-y_0)^2}$$

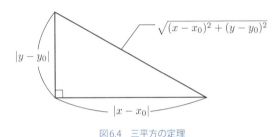

図6.4　三平方の定理

つまり、

$$\left|\frac{x-x_0}{\sqrt{(x-x_0)^2+(y-y_0)^2}}\right| \leq 1,\ \left|\frac{y-y_0}{\sqrt{(x-x_0)^2+(y-y_0)^2}}\right| \leq 1$$

という関係を考えると、(6-17)の右辺にある上記（絶対値記号の内部）の項は、$(x,y) \to (x_0,y_0)$の極限において有限の値にとどまり、(6-15)の条件から、(6-17)の右辺第1項は、$(x,y) \to (x_0,y_0)$の極限で0に収束します。また、cはy_0とyの間にあることから、$y \to y_0$の極限で$c \to y_0$となり、

$$\lim_{y\to y_0}\frac{\partial f}{\partial y}(x,c) = \frac{\partial f}{\partial y}(x,y_0)$$

が成り立ちます。ここでは、$\frac{\partial f}{\partial y}(x,y)$が連続関数であるという条件を使用しています。

したがって、(6-17)の右辺第2項も$(x,y) \to (x_0, y_0)$の極限で0に収束します。これにより、(6-13)が成り立つことが示されました。

以上により、C^1-級の関数は全微分可能であることがわかりましたが、上記の証明の内容をよく見ると、偏導関数が連続であるという条件は、$\dfrac{\partial f}{\partial y}(x,y)$についてのみ使用しています。つまり、より厳密には、$f(x,y)$について、2つの偏導関数のどちらか一方が連続であれば、$f(x,y)$は全微分可能であるということになります▶定理51。

ちなみに、先に、原点で全微分可能ではない関数として、$f(x,y) = \sqrt{|xy|}$という例をあげました。この関数は、上述の全微分可能となる条件は満たしていないはずですが、実際にそうなっているでしょうか？ まず、$y=0$においては、$f(x,0)=0$となるので、$\dfrac{\partial f}{\partial x}(0,0)=0$が成り立ちます。しかしながら、$y \ne 0$の場合は、たとえば、$x>0$として、

$$\frac{\partial f}{\partial x}(x,y) = \sqrt{|y|}\left(x^{\frac{1}{2}}\right)' = \frac{1}{2}\sqrt{|y|}x^{-\frac{1}{2}} = \frac{\sqrt{|y|}}{2\sqrt{x}}$$

となることから、$(0,y)$における偏導関数$\dfrac{\partial f}{\partial x}(x,y)$は無限大に発散します。このため、$\dfrac{\partial f}{\partial x}(x,y)$は原点で連続にはなりません。$\dfrac{\partial f}{\partial y}(x,y)$についても同様ですので、確かに、先に示した条件を満たしていないことがわかります。一方、$f(x,y) = xy$という関数を考えると、これは、

$$\frac{\partial f}{\partial x}(x,y) = y, \quad \frac{\partial f}{\partial y}(x,y) = x$$

となり、どちらの偏導関数も$\mathbf{R}^2$全体で連続関数になります。したがって、これは、$\mathbf{R}^2$全体で全微分可能になります。

6.1.3 高階偏導関数

関数$f(x,y)$の偏導関数$\dfrac{\partial f}{\partial x}(x,y), \dfrac{\partial f}{\partial y}(x,y)$が、領域$\Omega$の各点で再び全微分可能であるとき、これらの偏導関数として、次の4種類の関数が得られることになります。

$$\frac{\partial^2 f}{\partial x^2} = \frac{\partial}{\partial x}\left(\frac{\partial f}{\partial x}\right), \ \frac{\partial^2 f}{\partial y \partial x} = \frac{\partial}{\partial y}\left(\frac{\partial f}{\partial x}\right),$$

$$\frac{\partial^2 f}{\partial x \partial y} = \frac{\partial}{\partial x}\left(\frac{\partial f}{\partial y}\right), \ \frac{\partial^2 f}{\partial y^2} = \frac{\partial}{\partial y}\left(\frac{\partial f}{\partial y}\right),$$

これらを2階の偏導関数と呼びます ▶定義20 。たとえば、$f(x,y) = \sin(2x+3y)$ の場合、2階の偏導関数は次のように計算されます。

$$\frac{\partial^2 f}{\partial x^2} = \frac{\partial}{\partial x}\{2\cos(2x+3y)\} = -4\sin(2x+3y)$$

$$\frac{\partial^2 f}{\partial y \partial x} = \frac{\partial}{\partial y}\{2\cos(2x+3y)\} = -6\sin(2x+3y)$$

$$\frac{\partial^2 f}{\partial x \partial y} = \frac{\partial}{\partial x}\{3\cos(2x+3y)\} = -6\sin(2x+3y)$$

$$\frac{\partial^2 f}{\partial y^2} = \frac{\partial}{\partial y}\{3\cos(2x+3y)\} = -9\sin(2x+3y)$$

この結果を見ると、$\frac{\partial^2 f}{\partial y \partial x} = \frac{\partial^2 f}{\partial x \partial y}$ という関係が成り立っていることがわかりますが、これは常に成り立つのでしょうか？ これが成立する十分条件の1つに、$f(x,y)$ が2回連続微分可能であるという条件があります。これは、2階の偏導関数がすべて、領域 Ω 上の連続関数であるという意味で、C^2-級の関数とも言います ▶定理53 。C^2-級の関数 $f(x,y)$ について、領域 Ω の各点において偏微分の順序が交換可能であることは、次のように証明できます。

まず、少し天下り的ですが、

$$g(x,y) = \{f(x,y) - f(x_0,y)\} - \{f(x,y_0) - f(x_0,y_0)\}$$

という関数を考えます。ここで、x と x_0 を固定して、$\varphi(y) = f(x,y) - f(x_0,y)$ という関数を考えると、$g(x,y) = \varphi(y) - \varphi(y_0)$ という関係が成り立ちます。そこで、関数 $\varphi(y)$ について平均値の定理を適用すると、

$$g(x,y) = \varphi(y) - \varphi(y_0) = \varphi'(c_1)(y - y_0) \tag{6-18}$$

となる c_1 が y と y_0 の間に存在します。ここで、$\varphi'(y)$ を計算する際は、x を固定して

いるため、

$$\varphi'(y) = \frac{\partial f}{\partial y}(x, y) - \frac{\partial f}{\partial y}(x_0, y)$$

となります。これを(6-18)に代入すると、次が得られます。

$$g(x, y) = \left\{ \frac{\partial f}{\partial y}(x, c_1) - \frac{\partial f}{\partial y}(x_0, c_1) \right\} (y - y_0) \tag{6-19}$$

次に、上式に含まれる$\frac{\partial f}{\partial y}(x, c_1)$を$x$の関数と見なして、平均値の定理を適用すると、

$$\frac{\partial f}{\partial y}(x, c_1) - \frac{\partial f}{\partial y}(x_0, c_1) = \frac{\partial^2 f}{\partial x \partial y}(c_2, c_1)(x - x_0)$$

を満たすc_2がxとx_0の間に存在します。これを(6-19)に代入して、最終的に、

$$g(x, y) = \frac{\partial^2 f}{\partial x \partial y}(c_2, c_1)(x - x_0)(y - y_0)$$

が得られます。

一方、$g(x, y)$は、項の順序を入れ替えて、

$$g(x, y) = \{f(x, y) - f(x, y_0)\} - \{f(x_0, y) - f(x_0, y_0)\}$$

と書くこともできます。そこで、先ほどと同様にして、はじめにxについての平均値の定理を適用して、その後でyについての平均値の定理を適用すると、次が得られます。

$$g(x, y) = \frac{\partial^2 f}{\partial y \partial x}(c_3, c_4)(x - x_0)(y - y_0)$$

ここで、c_3とc_4は、それぞれ、xとx_0、および、yとy_0の間に存在する値です。これらより、結局、

$$\frac{\partial^2 f}{\partial x \partial y}(c_2, c_1) = \frac{\partial^2 f}{\partial y \partial x}(c_3, c_4)$$

という関係が得られます。今、$f(x,y)$ は C^2-級という前提なので、$\dfrac{\partial^2 f}{\partial x \partial y}$ と $\dfrac{\partial^2 f}{\partial y \partial x}$ はどちらも連続関数です。そこで、$(x,y) \to (x_0, y_0)$ の極限を取ると、$c_2, c_3 \to x_0$、および、$c_1, c_4 \to y_0$ となり、

$$\frac{\partial^2 f}{\partial x \partial y}(x_0, y_0) = \frac{\partial^2 f}{\partial y \partial x}(x_0, y_0)$$

が得られます。

なお、C^2-級の関数において、2階の偏導関数がすべて連続であるということは、1階の偏導関数は、すべて全微分可能であるということにもなります。3階以上の偏導関数についても同様に定義されて、一般に、m 階までの偏導関数がすべて連続関数になるものを *m 回連続微分可能*、もしくは、*C^m-級* の関数と言います。先ほどと同じ議論を繰り返し適用することで、C^m-級の関数では、m 階までのすべての偏導関数において、偏微分の順序を任意に入れ替えられることがわかります。また、C^m-級の関数では、$m-1$ 階までの偏導関数は、すべて全微分可能になります。

6.1.4 多変数関数のテイラーの公式

「5.1.3 テイラーの公式」では、関数 $f(x)$ の値を $x = x_0$ の周りの多項式展開で近似するという考え方を説明しました。これと同じことは、多変数関数にも適用が可能です。たとえば、領域 Ω で定義された2変数関数 $z = f(x,y)$ において、2点 (x_0, y_0) と (x_1, y_1) を定めて、

$$\varphi(t) = f(x_0 + t(x_1 - x_0), y_0 + t(y_1 - y_0)) \ (0 \le t \le 1) \qquad (6\text{-}20)$$

という関数を考えます。これは、(x_0, y_0) と (x_1, y_1) を結ぶ線分上での $f(x,y)$ の値を表わす関数となります。ここでは、線分上の点は、すべて Ω に含まれるものとします。これが $0 \le t \le 1$ で C^n-級の関数であると仮定して、$t = 0$ におけるテイラーの公式 (5-11)、(5-12) を適用すると、

$$\varphi(t) = \sum_{k=0}^{n-1} \frac{\varphi^{(k)}(0)}{k!} t^k + R(t) \tag{6-21}$$

$$R(t) = \frac{\varphi^{(n)}(\xi)}{n!} t^n \tag{6-22}$$

を満たす $0 < \xi < t$ が存在することになります。(6-21) の右辺では、$\varphi(0)$ は、$k=0$ の項に含めてあります。

そして、$f(x,y)$ が領域 Ω で C^n 級である場合、実際に $\varphi(t)$ は C^n 級になります。これは、実際に微分係数を計算することで確認ができます。まず、$t=0$ における微分係数 $\varphi'(0)$ については、(6-20) より、

$$\varphi'(0) = \lim_{t \to 0} \frac{f(x_0 + t(x_1 - x_0), y_0 + t(y_1 - y_0)) - f(x_0, y_0)}{t}$$

で計算されますが、上記の極限を取る対象の式は、「6.1.1 全微分と偏微分」で方向微分係数を計算したときの (6-8) と同じ形をしています。従って、(6-8) の $(\cos\theta, \sin\theta)$ を $(x_1 - x_0, y_1 - y_0)$ に置き換えて同じ議論を行なうと、(6-10) に対応する関係として、

$$\varphi'(0) = \frac{\partial f}{\partial x}(x_0, y_0)(x_1 - x_0) + \frac{\partial f}{\partial y}(x_0, y_0)(y_1 - y_0)$$

という結果が得られます。あるいは、変数 t を t_0 だけずらして、

$$\tilde{\varphi}(t) = \varphi(t + t_0) = f(x_0 + t_0(x_1 - x_0) + t(x_1 - x_0), y_0 + t_0(y_1 - y_0) + t(y_1 - y_0))$$

という関数を考えて、これに同じ議論を適用すると、

$$\begin{aligned}
\tilde{\varphi}'(0) = \varphi'(t_0) &= \frac{\partial f}{\partial x}(x_0 + t_0(x_1 - x_0), y_0 + t_0(y_1 - y_0))(x_1 - x_0) \\
&\quad + \frac{\partial f}{\partial y}(x_0 + t_0(x_1 - x_0), y_0 + t_0(y_1 - y_0))(y_1 - y_0) \\
&= \left\{ (x_1 - x_0)\frac{\partial}{\partial x} + (y_1 - y_0)\frac{\partial}{\partial y} \right\} f(x_0 + t_0(x_1 - x_0), y_0 + t_0(y_1 - y_0))
\end{aligned} \tag{6-23}$$

という関係が得られます。この最後の行は、直前の行を見やすくした表記法と考えてく

ださい。最後に、(6-23) の t_0 を一般の t に置き換えると、$\varphi(t)$ の導関数は次で与えられることがわかります。

$$\varphi'(t) = \left\{(x_1 - x_0)\frac{\partial}{\partial x} + (y_1 - y_0)\frac{\partial}{\partial y}\right\} f(x_0 + t(x_1 - x_0), y_0 + t(y_1 - y_0))$$

ここで、新たな2変数関数を

$$g(x, y) = \left\{(x_1 - x_0)\frac{\partial}{\partial x} + (y_1 - y_0)\frac{\partial}{\partial y}\right\} f(x, y)$$

で定義すると、先ほどの導関数は、

$$\varphi'(t) = g(x_0 + t(x_1 - x_0), y_0 + t(y_1 - y_0)) \ (0 \leq t \leq 1)$$

と表わすことができます。$f(x,y)$ が C^n-級であることから、$g(x,y)$ は C^{n-1}-級であり、これまでの議論の $f(x,y)$ を $g(x,y)$ に置き換えることができて、これより、$\varphi''(t)$ が次のように計算されます。

$$\begin{aligned}\varphi''(t) &= \left\{(x_1 - x_0)\frac{\partial}{\partial x} + (y_1 - y_0)\frac{\partial}{\partial y}\right\} g(x_0 + t(x_1 - x_0), y_0 + t(y_1 - y_0)) \\ &= \left\{(x_1 - x_0)\frac{\partial}{\partial x} + (y_1 - y_0)\frac{\partial}{\partial y}\right\}^2 f(x_0 + t(x_1 - x_0), y_0 + t(y_1 - y_0))\end{aligned}$$

ここでも最後の行は、直前の行を見やすく表記したものと理解してください。同じ議論を繰り返すことで、一般に、$k = 1, 2, \cdots, n$ に対して、

$$\varphi^{(k)}(t) = \left\{(x_1 - x_0)\frac{\partial}{\partial x} + (y_1 - y_0)\frac{\partial}{\partial y}\right\}^k f(x_0 + t(x_1 - x_0), y_0 + t(y_1 - y_0)) \quad (6\text{-}24)$$

が成り立つことになります。この最後の表式は、関数 $f(x,y)$ に対して、$(x_1 - x_0)\dfrac{\partial}{\partial x} + (y_1 - y_0)\dfrac{\partial}{\partial y}$ という微分演算を k 回繰り返して得られた関数に対して、最後に、引数 (x,y) に $(x_0 + t(x_1 - x_0), y_0 + t(y_1 - y_0))$ を代入するものと解釈してください。

(6-24) で $t = 0$ としたものを (6-21) に代入すると、結局、

$$f(x_0 + t(x_1 - x_0), y_0 + t(y_1 - y_0)) = \sum_{k=0}^{n-1} \frac{t^k}{k!} \left\{ (x_1 - x_0)\frac{\partial}{\partial x} + (y_1 - y_0)\frac{\partial}{\partial y} \right\}^k f(x_0, y_0) + R(t)$$

が得られますが、ここでさらに、$t = 1$ とします。

$$f(x_1, y_1) = \sum_{k=0}^{n-1} \frac{1}{k!} \left\{ (x_1 - x_0)\frac{\partial}{\partial x} + (y_1 - y_0)\frac{\partial}{\partial y} \right\}^k f(x_0, y_0) + R(x_1, y_1) \quad \text{(6-25)}$$

最後の剰余項 $R(x_1, y_1)$ は、先ほどの $R(t)$ で $t = 1$ としたもので、(6-22) と (6-24) より、

$$R(x_1, y_1) = \frac{1}{n!} \left\{ (x_1 - x_0)\frac{\partial}{\partial x} + (y_1 - y_0)\frac{\partial}{\partial y} \right\}^n f(x_0 + \xi(x_1 - x_0), y_0 + \xi(y_1 - y_0)) \quad \text{(6-26)}$$

で与えられます。(6-25) は、ちょうど、$f(x_1, y_1)$ の値を (x_0, y_0) の周りの多項式で表現するものになっており、これが、2 変数関数に対するテイラーの公式となります。

なお、(6-25) において、(x_1, y_1) を一般の (x, y) に置き換えて

$$f(x, y) = \sum_{k=0}^{n-1} \frac{1}{k!} \left\{ (x - x_0)\frac{\partial}{\partial x} + (y - y_0)\frac{\partial}{\partial y} \right\}^k f(x_0, y_0) + R(x, y) \quad \text{(6-27)}$$

と表記することがありますが、この場合は、偏微分を計算する際に注意が必要です。(6-27) に含まれる偏微分計算は、あくまで関数 $f(x, y)$ に由来する変数に対して行なうもので、多項式を表わす $x - x_0, y - y_0$ に含まれる文字に対して行なう必要はありません。偏微分の順序が自由に交換できることを考えると、$\left\{ (x - x_0)\frac{\partial}{\partial x} + (y - y_0)\frac{\partial}{\partial y} \right\}^k$ を形式的に 2 項展開して、

$$\left\{ (x - x_0)\frac{\partial}{\partial x} + (y - y_0)\frac{\partial}{\partial y} \right\}^k = \sum_{i=0}^{k} {}_kC_i (x - x_0)^i (y - y_0)^{k-i} \frac{\partial^k}{\partial x^i \partial y^{k-i}} \quad \text{(6-28)}$$

と書き直してから計算を行なっても同じ結果が得られます ▶定理54 。$k = 2, 3$ などの簡単な場合で試すと、確かに一致することが確認できるでしょう。そこで、この後は (6-28) を用いて計算を行ないます。

最後に、具体例として、

$$f(x,y) = e^y \sin x$$

を原点の周りに3次の項まで展開してみましょう。まず、3階までの偏導関数をすべて計算すると、次のようになります。

$$\frac{\partial f}{\partial x}(x,y) = e^y \cos x, \ \frac{\partial f}{\partial y}(x,y) = e^y \sin x$$

$$\frac{\partial^2 f}{\partial x^2}(x,y) = -e^y \sin x, \ \frac{\partial^2 f}{\partial x \partial y}(x,y) = e^y \cos x, \ \frac{\partial^2 f}{\partial y^2}(x,y) = e^y \sin x$$

$$\frac{\partial^3 f}{\partial x^3}(x,y) = -e^y \cos x, \ \frac{\partial^3 f}{\partial x^2 \partial y}(x,y) = -e^y \sin x,$$

$$\frac{\partial^3 f}{\partial x \partial y^2}(x,y) = e^y \cos x, \ \frac{\partial^3 f}{\partial y^3}(x,y) = e^y \sin x$$

したがって、原点における偏微分係数は、次になります。

$$\frac{\partial f}{\partial x}(0,0) = 1, \ \frac{\partial f}{\partial y}(0,0) = 0$$

$$\frac{\partial^2 f}{\partial x^2}(0,0) = 0, \ \frac{\partial^2 f}{\partial x \partial y}(0,0) = 1, \ \frac{\partial^2 f}{\partial y^2}(0,0) = 0$$

$$\frac{\partial^3 f}{\partial x^3}(0,0) = -1, \ \frac{\partial^3 f}{\partial x^2 \partial y}(0,0) = 0, \ \frac{\partial^3 f}{\partial x \partial y^2}(0,0) = 1, \ \frac{\partial^3 f}{\partial y^3}(0,0) = 0$$

一方、先ほど説明した2項展開の手法を用いると、テイラーの公式を3次まで展開したものは次で与えられます。

$$\begin{aligned}f(x,y) \simeq{}& f(0,0) + x\frac{\partial f}{\partial x}(0,0) + y\frac{\partial f}{\partial y}(0,0) \\&+ \frac{1}{2}\left\{x^2\frac{\partial^2 f}{\partial x^2}(0,0) + 2xy\frac{\partial^2 f}{\partial x \partial y}(0,0) + y^2\frac{\partial^2 f}{\partial y^2}(0,0)\right\} \\&+ \frac{1}{3!}\left\{x^3\frac{\partial^3 f}{\partial x^3}(0,0) + 3x^2 y\frac{\partial^3 f}{\partial x^2 \partial y}(0,0) + 3xy^2\frac{\partial^3 f}{\partial x \partial y^2}(0,0) + y^3\frac{\partial^3 f}{\partial y^3}(0,0)\right\}\end{aligned}$$

これに、先ほど計算した偏微分係数を代入すると、次の結果が得られます。

$$f(x,y) \simeq x + xy - \frac{1}{6}x^3 + \frac{1}{2}xy^2$$

図6.5は、元の関数と上記の近似結果をそれぞれグラフに描いたものになります。グラフの中央部分が原点になっており、原点から離れるに従って近似の精度は下がる形になります。

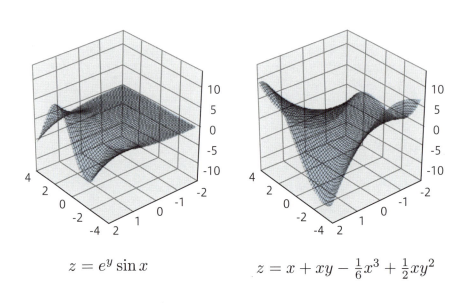

$z = e^y \sin x$ 　　　　　$z = x + xy - \frac{1}{6}x^3 + \frac{1}{2}xy^2$

図6.5　2変数関数における多項式近似の例

6.2 写像の微分

6.2.1 平面から平面への写像

　前節で考えた2変数関数は、写像として捉えるならば、$\mathbf{R}^2 \longrightarrow \mathbf{R}$、すなわち、$(x, y)$平面上の点を1つの実数に写すものと考えることができます。それでは、これを拡張して、$\mathbf{R}^2 \longrightarrow \mathbf{R}^2$、すなわち、平面上の点を別の平面上の点に写すような写像を作ることはできるでしょうか？　これは、$\mathbf{R}^2 \longrightarrow \mathbf{R}$に相当する2変数関数を2つ用意することで実現できます。

　まず、記号をわかりやすくするために、写像で写す元になる平面の座標を(x_1, x_2)、写す先の平面の座標を(y_1, y_2)とします。そして、2つの関数

$$y_1 = f_1(x_1, x_2) \qquad (6\text{-}29)$$
$$y_2 = f_2(x_1, x_2) \qquad (6\text{-}30)$$

を用意すれば、これで、$\mathbf{R}^2 \longrightarrow \mathbf{R}^2$に相当する写像ができたことになります。厳密には、写像の定義域と値域が$\mathbf{R}^2$全体にはならない場合もありますが、ここでは、記号の意味をゆるやかに解釈して、そのような場合も含まれるものとしてください。

　また、これは、ベクトル記号を用いて表記することもできます。まず、写像で移される前後の座標を

$$\mathbf{x} = \begin{pmatrix} x_1 \\ x_2 \end{pmatrix}, \mathbf{y} = \begin{pmatrix} y_1 \\ y_2 \end{pmatrix}$$

と表わします[※3]。そして、(6-29)、(6-30)の関係をまとめて、

$$\mathbf{y} = \mathbf{f}(\mathbf{x})$$

と表わします。この$\mathbf{f}$は何か特別な存在というわけではなく、あくまで(6-29)、(6-30)を簡略化して表記したものと考えてかまいません。本節では、一般に、このような$\mathbf{f}$を

[※3] この後で行列を用いた計算を行なうために、ここでは、縦に値を並べた縦ベクトル表記を使用しています。

写像と呼ぶことにします。

(6-29)、(6-30)がどちらも1次関数の場合は、もう少し具体的に書き直すことが可能になります。たとえば、

$$y_1 = a_{11}x_1 + a_{12}x_2 + b_1$$
$$y_2 = a_{21}x_1 + a_{22}x_2 + b_2$$

という場合を考えます。この場合、係数を並べた行列 $\mathbf{M}$ と定数項を並べたベクトル $\mathbf{b}$ を

$$\mathbf{M} = \begin{pmatrix} a_{11} & a_{12} \\ a_{21} & a_{22} \end{pmatrix}, \quad \mathbf{b} = \begin{pmatrix} b_1 \\ b_2 \end{pmatrix}$$

と置いて、

$$\mathbf{y} = \mathbf{M}\mathbf{x} + \mathbf{b}$$

という関係が成り立ちます。言い換えると、先ほどの $\mathbf{f}$ は、

$$\mathbf{f}(\mathbf{x}) = \mathbf{M}\mathbf{x} + \mathbf{b} \tag{6-31}$$

と書き表わすことが可能です。

(6-31)の写像は、一般に、アフィン変換と呼ばれるもので、図6.6に示す、拡大・縮小、剪断、回転、平行移動を組み合わせた変換になります。この図では、(x_1, x_2) 平面上の正方形領域を(6-31)で (y_1, y_2) 平面に写像したときに、行き先の図形がどのようになるかを示しています。たとえば、

$$\mathbf{M} = \begin{pmatrix} 1 & 0 \\ 0 & 1 \end{pmatrix}, \quad \mathbf{b} = \begin{pmatrix} a \\ b \end{pmatrix}$$

とすれば、x_1 軸方向と x_2 軸方向に、それぞれ、a と b だけ平行移動する写像になります。あるいは、

$$\mathbf{M} = \begin{pmatrix} p & 0 \\ 0 & q \end{pmatrix}, \quad \mathbf{b} = \begin{pmatrix} 0 \\ 0 \end{pmatrix}$$

とすると、x_1 軸方向と x_2 軸方向に、それぞれ、p 倍と q 倍に拡大する写像になります。また、原点を中心に角 θ だけ回転する写像は、

$$\mathbf{M} = \begin{pmatrix} \cos\theta & -\sin\theta \\ \sin\theta & \cos\theta \end{pmatrix}, \ \mathbf{b} = \begin{pmatrix} 0 \\ 0 \end{pmatrix}$$

で与えられます。最後の回転の例は、点 $(1, 0)$ と点 $(0, 1)$ の行き先を計算すると、それぞれ、$(\cos\theta, \sin\theta)$ と $(-\sin\theta, \cos\theta)$ となることから、図6.7のように理解することができるでしょう。

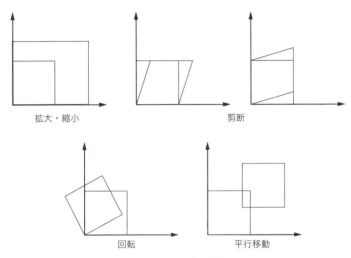

図6.6 アフィン変換の基本要素

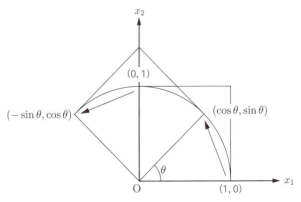

図6.7 アフィン変換による図形の回転

6.2.2 アフィン変換による写像の近似

前項の(6-29)、(6-30)において、$f_1(x_1, x_2)$と$f_2(x_1, x_2)$は、どちらも点(x_{10}, x_{20})で全微分可能だとします。このとき、全微分可能であることの定義(6-12)、(6-13)から、次の関係が成り立ちます。

$$f_1(x_1, x_2) = f_1(x_{10}, x_{20}) + \frac{\partial f_1}{\partial x_1}(x_{10}, x_{20})(x_1 - x_{10})$$
$$+ \frac{\partial f_1}{\partial x_2}(x_{10}, x_{20})(x_2 - x_{20}) + g_1(x_1, x_2)$$

$$f_2(x_1, x_2) = f_2(x_{10}, x_{20}) + \frac{\partial f_2}{\partial x_1}(x_{10}, x_{20})(x_1 - x_{10})$$
$$+ \frac{\partial f_2}{\partial x_2}(x_{10}, x_{20})(x_2 - x_{20}) + g_2(x_1, x_2)$$

$$\lim_{(x_1,x_2)\to(x_{10},x_{20})} \frac{g_1(x_1,x_2)}{\sqrt{(x_1-x_{10})^2+(x_2-x_{20})^2}} = 0$$

$$\lim_{(x_1,x_2)\to(x_{10},x_{20})} \frac{g_2(x_1,x_2)}{\sqrt{(x_1-x_{10})^2+(x_2-x_{20})^2}} = 0$$

一見すると複雑な式に見えますが、これらは、行列、および、ベクトルを用いると、次のように簡潔にまとめることができます。

$$\mathbf{f}(\mathbf{x}) = \mathbf{f}(\mathbf{x}_0) + \mathbf{M}(\mathbf{x} - \mathbf{x}_0) + \mathbf{g}(\mathbf{x}) \quad (6\text{-}32)$$

$$\lim_{\mathbf{x}\to\mathbf{x}_0} \frac{\mathbf{g}(\mathbf{x})}{|\mathbf{x} - \mathbf{x}_0|} = \mathbf{0} \quad (6\text{-}33)$$

ここでは、次のように記号を定義しています。$\mathbf{0}$はすべての成分が0のベクトルを表わします。

$$\mathbf{M} = \begin{pmatrix} \frac{\partial f_1}{\partial x_1}(x_{10}, x_{20}) & \frac{\partial f_1}{\partial x_2}(x_{10}, x_{20}) \\ \frac{\partial f_2}{\partial x_1}(x_{10}, x_{20}) & \frac{\partial f_2}{\partial x_2}(x_{10}, x_{20}) \end{pmatrix}, \ \mathbf{x} = \begin{pmatrix} x_1 \\ x_2 \end{pmatrix}, \ \mathbf{x}_0 = \begin{pmatrix} x_{10} \\ x_{20} \end{pmatrix}$$

$$\mathbf{f}(\mathbf{x}) = \begin{pmatrix} f_1(x_1, x_2) \\ f_2(x_1, x_2) \end{pmatrix}, \ \mathbf{f}(\mathbf{x}_0) = \begin{pmatrix} f_1(x_{10}, x_{20}) \\ f_2(x_{10}, x_{20}) \end{pmatrix}, \ \mathbf{g}(\mathbf{x}) = \begin{pmatrix} g_1(x_1, x_2) \\ g_2(x_1, x_2) \end{pmatrix}$$

(6-32)、(6-33)が成り立つことを持って、写像 $\mathbf{f}(\mathbf{x})$ は、点 $\mathbf{x}_0$ で微分可能であると定義します。また、偏微分係数を並べた行列 $\mathbf{M}$ は、特に、

$$\mathbf{M} = \frac{\partial \mathbf{f}}{\partial \mathbf{x}}(\mathbf{x}_0)$$

と表わして、写像 $\mathbf{f}(\mathbf{x})$ の点 $\mathbf{x}_0$ におけるヤコビ行列と呼びます▶定義21。

(6-32)を前項の(6-31)と比較するとわかるように、写像の微分というのは、$\mathbf{f}(\mathbf{x})$ の値を点 $\mathbf{x}_0$ の周りのアフィン変換で、

$$\mathbf{f}(\mathbf{x}) \simeq \mathbf{f}(\mathbf{x}_0) + \mathbf{M}(\mathbf{x} - \mathbf{x}_0)$$

のように近似するものと考えることができます。(6-33)が成り立つという意味で、最良の近似を与える係数 $\mathbf{M}$ が、先に示したヤコビ行列で与えられるというわけです。

ここで、写像の微分の応用例として、ニュートン法の拡張を考えてみます。まず、基本となる形のニュートン法は、実数上で微分可能な1変数関数 $y = f(x)$ について、$f(x) = 0$ となる x を数値計算で求める手法です。はじめに、任意の点 $x = x_0$ を決めて、関数 $f(x)$ を点 x_0 の周りで1次近似すると、

$$f(x) \simeq \tilde{f}(x) = f(x_0) + f'(x_0)(x - x_0)$$

が得られます。これは、$x = x_0$ における接線にあたります。ここで、$f'(x_0) \neq 0$ と仮定して、$f(x) = 0$ の代わりに、$\tilde{f}(x) = 0$ の解を求めると、

$$x = x_0 - \frac{f(x_0)}{f'(x_0)}$$

が得られます。ここで得られた x を先ほどの x_0 として、同じ手続きを繰り返すと、次の漸化式で決まる無限数列 $\{x_n\}_{n=0}^{\infty}$ が得られます。

$$x_{n+1} = x_n - \frac{f(x_n)}{f'(x_n)}$$

関数 $f(x)$ が性質のよい関数であれば、図6.8から理解できるように、この数列は

$f(x) = 0$ の解に収束します[※4]。したがって、十分に大きなnについてx_nを計算すれば、それが、$f(x) = 0$の近似解になるというわけです。

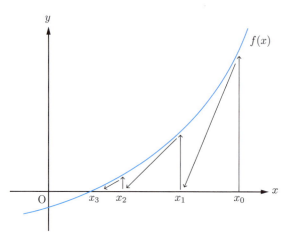

図6.8　ニュートン法の原理

簡単な例として、$f(x) = x^2 - 2$の場合を考えると、$f'(x) = 2x$ですので、無限数列$\{x_n\}_{n=0}^{\infty}$の漸化式は、次になります。

$$x_{n+1} = x_n - \frac{x_n^2 - 2}{2x_n}$$

この場合、$f(x) = 0$の解は、$x = \pm\sqrt{2}$になりますが、たとえば、$x_0 = 9.0$として数値計算を行なうと、次のように、$x = \sqrt{2}$に値が近づいていくことがわかります。

$$x_1 = 4.61111111111$$
$$x_2 = 2.52242302544$$
$$x_3 = 1.65765572129$$
$$x_4 = 1.4320894349$$
$$x_5 = 1.41432512902$$
$$x_6 = 1.41421356677$$
$$\vdots$$

[※4] これが解に収束するための厳密な条件については、ここでは議論しないことにします。

同様に、$x_0 = -9.0$ とすると、$x = -\sqrt{2}$ に値が近づいていきます。

それでは、この手法を $\mathbf{R}^2 \longrightarrow \mathbf{R}^2$ の写像 $\mathbf{y} = \mathbf{f}(\mathbf{x})$ に適用するとどうなるでしょうか？ まず、任意の点 $\mathbf{x}_0$ を決めて、$\mathbf{f}(\mathbf{x})$ を点 $\mathbf{x}_0$ の周りのアフィン変換で近似すると、

$$\mathbf{f}(\mathbf{x}) \simeq \tilde{\mathbf{f}}(\mathbf{x}) = \mathbf{f}(\mathbf{x}_0) + \frac{\partial \mathbf{f}}{\partial \mathbf{x}}(\mathbf{x}_0)(\mathbf{x} - \mathbf{x}_0)$$

が得られます。そして、ヤコビ行列 $\dfrac{\partial \mathbf{f}}{\partial \mathbf{x}}(\mathbf{x}_0)$ の逆行列が存在することを仮定すると、$\tilde{\mathbf{f}}(\mathbf{x}) = 0$ の解は次のように決まります。

$$\mathbf{x} = \mathbf{x}_0 - \left\{\frac{\partial \mathbf{f}}{\partial \mathbf{x}}(\mathbf{x}_0)\right\}^{-1} \mathbf{f}(\mathbf{x}_0) \tag{6-34}$$

これから決まる $\mathbf{x}$ を改めて $\mathbf{x}_0$ として同様の計算を繰り返すことで、$\mathbf{f}(\mathbf{x}) = 0$ の解を近似的に求められることになります[※5]。

この手法は、2変数関数の最小値問題を解く際に利用できます。たとえば、2変数関数 $h(x_1, x_2) = x_1^2 + x_2^2 + x_1 x_2 + x_1 + x_2$ を考えて、これが最小値を取る点 (x_1, x_2) を求めるという問題を考えます。まず、この関数の勾配ベクトルを計算すると、次のようになります。

$$\nabla h(x_1, x_2) = \begin{pmatrix} \dfrac{\partial h}{\partial x_1} \\ \dfrac{\partial h}{\partial x_2} \end{pmatrix} = \begin{pmatrix} 2x_1 + x_2 + 1 \\ x_1 + 2x_2 + 1 \end{pmatrix}$$

「6.1.1　全微分と偏微分」の(6-11)で見たように、勾配ベクトルは、関数 $h(x_1, x_2)$ が最も急激に増加する方向を表わしており、その方向の傾き（方向微分係数）が勾配ベクトルの大きさで与えられました。$h(x_1, x_2)$ が最小値を取る部分では、あらゆる方向についての方向微分係数が 0 になることから、勾配ベクトルも $\mathbf{0}$ になります[※6]。厳密には、最小値を取る点で関数 $h(x_1, x_2)$ が全微分可能である必要がありますが、この例

※5　ニュートン法と同様に、ここでは、これが成り立つための厳密な条件は議論しません。
※6　この点に関する厳密な説明は、「6.3.2　2変数関数の極値問題」で行ないます。

では、$h(x_1, x_2)$ は任意の点で全微分可能なので、この条件は満たされています。つまり、$\mathbf{f}(\mathbf{x}) = \nabla h(\mathbf{x})$ と見なして、$\mathbf{f}(\mathbf{x}) = \mathbf{0}$ となる $\mathbf{x}$ を求めれば、それが $h(x_1, x_2)$ の最小値を与える点ということになります。ただし、一般には、最小値の他にも勾配ベクトルが0になる点（最大値など）は存在するので、これはあくまでも必要条件であって、十分条件というわけではありません[※7]。

特にこの例では、$\mathbf{f}(\mathbf{x}) = \nabla h(\mathbf{x})$ 自身がアフィン変換になっており、

$$\mathbf{M} = \begin{pmatrix} 2 & 1 \\ 1 & 2 \end{pmatrix},\ \mathbf{b} = \begin{pmatrix} 1 \\ 1 \end{pmatrix}$$

とすると、任意の $\mathbf{x}_0$ に対して、

$$\mathbf{f}(\mathbf{x}) = \mathbf{M}\mathbf{x} + \mathbf{b} = \mathbf{M}(\mathbf{x} - \mathbf{x}_0) + (\mathbf{M}\mathbf{x}_0 + \mathbf{b})$$

すなわち、

$$\mathbf{f}(\mathbf{x}) = \mathbf{M}(\mathbf{x} - \mathbf{x}_0) + \mathbf{f}(\mathbf{x}_0) \tag{6-35}$$

と表記できます。そして、$\mathbf{f}(\mathbf{x}) = \mathbf{0}$ を (6-35) に代入して変形すると、

$$\mathbf{x} = \mathbf{x}_0 - \mathbf{M}^{-1}\mathbf{f}(\mathbf{x}_0)$$

が得られますが、これは、(6-34) と同一の式になっています。つまり、今の場合は、(6-34) を繰り返し適用する必要はなく、一度適用するだけで、厳密解が得られることになります。一度、$\mathbf{f}(\mathbf{x}_0) = \mathbf{0}$ を達成すれば、(6-34) を適用しても $\mathbf{x}$ の値は変化しない点に注意してください。より一般的な関数 $h(x_1, x_2)$ の場合は、ニュートン法と同様に、(6-34) を繰り返し適用することで、勾配ベクトルが0になる点を発見することが可能になります。

※7 この例における $h(x_1, x_2)$ は下に凸な関数なので、勾配ベクトルが $\mathbf{0}$ になる点は極小値を取る点に限定されます。

6.3 極値問題

6.3.1　1変数関数の極値問題

　前節では、勾配ベクトルが0になる点を計算する手法を紹介しましたが、一般に、勾配ベクトルが0になる点は、極大点、極小点、もしくは、そのどちらでもない点に分類できます。本節では、2変数関数に対して、ある点が極大点、もしくは、極小点であることを判別する手法を説明します。ここでは、その準備として、1変数関数の極値問題を整理しておきます。

　1変数関数$y=f(x)$の極大点、および、極小点というのは、図6.9のように、ある点x_0の近傍、すなわち、x_0を含む十分に小さな開区間を考えたときに、その開区間内で、点x_0において$f(x)$が最大、もしくは、最小となる点のことを言います。関数全体の値を見たときに最大・最小である必要はなく、周りの微小区間において、最大・最小であることが条件となります。また、極大点、および、極小点における$f(x)$の値を極大値、および、極小値と呼びます。関数の定義域全体では、一般に、複数の極大点、極小点が存在する可能性があります。また、ここでは、極大点、極小点を考える際は、定義域の端点は除外して考えることにします。

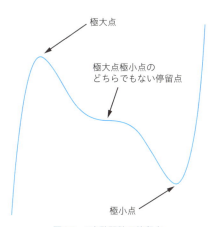

図6.9　1変数関数の停留点

　まず、有名な事実として、関数$y=f(x)$の極大点、もしくは、極小点をx_0とするとき、点x_0で$f(x)$が微分可能であれば、$f'(x_0)=0$が成り立ちます。これは、ロル

の定理を証明する際に用いた議論を使って、証明できます。たとえば、$x = x_0$ で極大値を取ると仮定すると、x_0 の近傍の点 x に対して、$f(x_0) - f(x) \geq 0$ となるので、$x \to x_0 + 0$ の極限を考えると、$x_0 < x$ より、

$$\lim_{x \to x_0 + 0} \frac{f(x_0) - f(x)}{x_0 - x} \leq 0$$

となります。同じく、$x \to x_0 - 0$ の極限を考えると、$x_0 > x$ より、

$$\lim_{x \to x_0 - 0} \frac{f(x_0) - f(x)}{x_0 - x} \geq 0$$

となります。$f(x)$ は $x = x_0$ で微分可能なので、上記の2つの極限は一致する必要があり、従って、

$$f'(x_0) = \lim_{x \to x_0} \frac{f(x_0) - f(x)}{x_0 - x} = 0$$

が得られます。極小値の場合についても、同様の議論が成り立ちます。ただし、先ほどの図6.9に示したように、$f'(x_0) = 0$ であっても、極大点、もしくは、極小点のどちらでもない場合もあります。一般に、$f'(x_0) = 0$ を満たす点 x_0 を停留点と呼びますが、停留点には、極大点、極小点、そして、そのどちらでもない点が存在することになります。

定義域の端点以外の場所で $f'(x_0) = 0$ が成り立った場合に、この点が極大点、もしくは、極小点のどちらであるかを判別するのに、高階微分係数を利用することができます。話を簡単にするために、$f(x)$ が x_0 の近傍で無限回微分可能であるとすると、テイラーの公式より、

$$f(x) = f(x_0) + f'(x_0)(x - x_0) + \frac{1}{2}f''(x_0)(x - x_0)^2 + R(x) \quad \text{(6-36)}$$

$$\lim_{x \to x_0} \frac{R(x)}{(x - x_0)^2} = 0 \quad \text{(6-37)}$$

が成り立ちます。$f''(x_0) \neq 0$ と仮定して、$f'(x_0) = 0$ を用いて (6-36) を整理すると、次が得られます。

$$f(x) - f(x_0) = \frac{1}{2}f''(x_0)(x-x_0)^2 \left\{ 1 + \frac{2}{f''(x_0)} \frac{R(x)}{(x-x_0)^2} \right\}$$

ここで、(6-37) より、x が十分 x_0 に近ければ、最後の中括弧内の第2項は十分に小さくなり、その結果、中括弧内の項は全体として正の値になります。したがって、$f''(x_0) > 0$ であれば、$f(x) > f(x_0)$ が成り立ち、x_0 は極小点とわかります。逆に、$f''(x_0) < 0$ であれば、x_0 は極大点になります ▶定理55 。

$f''(x_0) = 0$ の場合、上記の式だけでは判断が付きませんが、その際は、さらに高次の項まで（$f^{(n)}(x_0)$ が 0 でない最初の項まで）テイラーの公式を書き下せば、同様の議論が可能です。たとえば、$f'(x_0) = 0$, $f''(x_0) = 0$ で、$f^{(3)}(x_0) \neq 0$ の場合は、

$$f(x) = f(x_0) + \frac{1}{3!}f^{(3)}(x_0)(x-x_0)^3 + R(x)$$
$$\lim_{x \to x_0} \frac{R(x)}{(x-x_0)^3} = 0$$

となり、これより、

$$f(x) - f(x_0) = \frac{1}{3!}f^{(3)}(x_0)(x-x_0)^3 \left\{ 1 + \frac{3!}{f^{(3)}(x_0)} \frac{R(x)}{(x-x_0)^3} \right\}$$

が得られます。この場合、x_0 の近傍で、最後の中括弧内の項は正になりますが、その一方で、$(x-x_0)^3$ は、x_0 の両側で、正と負の値の両方を取ります。したがって、x_0 の両側で $f(x)$ と $f(x_0)$ の大小関係は反転することになり、点 x_0 は、極大点と極小点のどちらでもないことになります。

一般には、$m-1$ 階までのすべての微分係数が点 x_0 で 0 になり、m 階の微分係数が点 x_0 で 0 以外の値を取るとした場合、m が偶数であれば、$f^{(m)}(x_0) > 0$ ならば極小点、$f^{(m)}(x_0) < 0$ ならば極大点になります。m が奇数であれば、極大点と極小点のどちらでもありません。

6.3.2 2変数関数の極値問題

2変数関数 $z = f(x, y)$ における極大点、極小点は、1変数関数と同様に定義されます。点 (x_0, y_0) の近傍、すなわち、(x_0, y_0) を含む開集合において、点 (x_0, y_0) で

$f(x,y)$ が最大、もしくは、最小となるとき、これを極大点、および、極小点と呼びます。図に示すと、図6.10のような点に対応します。

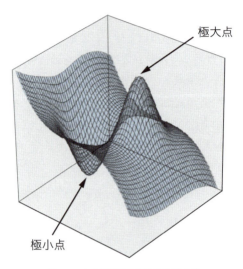

図6.10　2変数関数の極大点と極小点

そして、点 (x_0, y_0) が $f(x, y)$ の極大点、もしくは、極小点とするとき、この点で $f(x, y)$ が全微分可能であれば、この点における勾配ベクトルは $\mathbf{0}$ になります。

$$\nabla f(x_0, y_0) = \begin{pmatrix} \dfrac{\partial f}{\partial x}(x_0, y_0) \\ \dfrac{\partial f}{\partial y}(x_0, y_0) \end{pmatrix} = \mathbf{0} \qquad (6\text{-}38)$$

この事実は、全微分可能であることの定義

$$f(x, y) = f(x_0, y_0) + \frac{\partial f}{\partial x}(x_0, y_0)(x - x_0) + \frac{\partial f}{\partial y}(x_0, y_0)(y - y_0) + g(x, y) \qquad (6\text{-}39)$$

$$\lim_{(x,y)\to(x_0,y_0)} \frac{g(x, y)}{\sqrt{(x - x_0)^2 + (y - y_0)^2}} = 0 \qquad (6\text{-}40)$$

から確認できます。たとえば、$\dfrac{\partial f}{\partial x}(x_0, y_0) \neq 0$ だとした場合、$y = y_0$ と置いた上で、

(6-39) を次のように変形します。

$$f(x, y_0) - f(x_0, y_0) = \frac{\partial f}{\partial x}(x_0, y_0)(x - x_0)\left\{1 + \frac{1}{\frac{\partial f}{\partial x}(x_0, y_0)}\frac{g(x, y_0)}{x - x_0}\right\}$$

このとき、x を x_0 に近づけると、最後の中括弧内の項は正になります。なぜなら、(6-40) において、$y = y_0$ とした場合を考えると、

$$\lim_{x \to x_0} \frac{g(x, y_0)}{|x - x_0|} = 0$$

となるので、中括弧内の第2項はいくらでも0に近くなるからです。一方、中括弧の前にある部分は、x_0 の両側で正負が反転するので、結局、x_0 の両側で $f(x, y_0)$ と $f(x_0, y_0)$ の大小関係は反転することになります。つまり、点 (x_0, y_0) は、極大点と極小点のどちらでもありません。逆に言うと、点 (x_0, y_0) が極大点、もしくは、極小点であれば、$\frac{\partial f}{\partial x}(x_0, y_0) = 0$ でなければなりません。同様に、$\frac{\partial f}{\partial y}(x_0, y_0) = 0$ も言えるので、(6-38) が成り立ちます。

次に、(6-38) を満たす点が見つかった際に、それが極大点、もしくは、極小点のどちらかであることを確かめるために、2階の偏微分係数を用いることができます。結論から先に言うと、2階の偏微分係数を並べた行列

$$\mathbf{H} = \begin{pmatrix} \frac{\partial^2 f}{\partial x^2}(x_0, y_0) & \frac{\partial^2 f}{\partial x \partial y}(x_0, y_0) \\ \frac{\partial^2 f}{\partial x \partial y}(x_0, y_0) & \frac{\partial^2 f}{\partial y^2}(x_0, y_0) \end{pmatrix}$$

をヘッセ行列と呼び、これが正定値行列であれば、点 (x_0, y_0) は極小点、負定値行列であれば、点 (x_0, y_0) は極大点とわかります。ここでは、簡単のために、$f(x, y)$ は点 (x_0, y_0) の近傍で無限回微分可能であり、偏微分の計算順序は気にしなくてもよいものとしています。また、正定値行列というのは、ベクトル $\mathbf{x} = (x, y)$ に対して、

$$H(\mathbf{x}) = x^2 \frac{\partial^2 f}{\partial x^2}(x_0, y_0) + 2xy \frac{\partial^2 f}{\partial x \partial y}(x_0, y_0) + y^2 \frac{\partial^2 f}{\partial y^2}(x_0, y_0)$$

と定義した際に、任意の $\mathbf{x} \neq \mathbf{0}$ に対して、$H(\mathbf{x}) > 0$ が成り立つことを言います。同様に、負定値行列は、$H(\mathbf{x}) < 0$ が成り立つことを言います。上記の $H(\mathbf{x})$ をヘッセ行列を用いた 2次形式 と呼びます ▶定義22 。

$H(\mathbf{x})$ の定義が複雑に見えるかもしれませんが、この形は、テイラーの公式から自然に現われます。$f(x, y)$ は点 (x_0, y_0) の近傍で無限回微分可能であるという前提から、テイラーの公式 (6-27)、(6-28) で $n = 3$ の場合を考えて、次が成り立ちます。

$$f(x, y) = \sum_{k=0}^{2} \frac{1}{k!} \left\{ (x - x_0) \frac{\partial}{\partial x} + (y - y_0) \frac{\partial}{\partial y} \right\}^k f(x_0, y_0) + R(x, y)$$
$$= f(x_0, y_0) + (x - x_0) \frac{\partial f}{\partial x}(x_0, y_0) + (y - y_0) \frac{\partial f}{\partial y}(x_0, y_0)$$
$$+ \frac{1}{2} \left\{ (x - x_0)^2 \frac{\partial^2 f}{\partial x^2}(x_0, y_0) + 2(x - x_0)(y - y_0) \frac{\partial^2 f}{\partial x \partial y}(x_0, y_0) + (y - y_0)^2 \frac{\partial^2 f}{\partial y^2}(x_0, y_0) \right\}$$
$$+ R(x, y)$$

上式に $\frac{\partial f}{\partial x}(x_0, y_0) = 0$, $\frac{\partial f}{\partial y}(x_0, y_0) = 0$ を代入して整理すると、次の関係が得られます。

$$f(x, y) - f(x_0, y_0) = \frac{1}{2} H(\mathbf{x} - \mathbf{x}_0) + R(x, y) \tag{6-41}$$

ここで、2次形式に含まれるベクトルは、$\mathbf{x} - \mathbf{x}_0 = (x - x_0, y - y_0)$ になります。

(6-41) において、仮に、剰余項 $R(x, y)$ がなかったとすれば、先ほどの主張が成り立つことは明らかです。ヘッセ行列が正定値行列であれば、任意の $(x, y) \neq (x_0, y_0)$ について、$f(x, y) > f(x_0, y_0)$ となるので、点 (x_0, y_0) は極小点と言えます。負定値行列の場合は、同様にして、極大点と言えます。

一方、剰余項を含めて議論をするには、少し準備が必要となります。まず、ヘッセ行列に限らず、一般の対称行列

$$\mathbf{A} = \begin{pmatrix} A_{11} & A_{12} \\ A_{21} & A_{22} \end{pmatrix} \ (A_{12} = A_{21})$$

に対して、$\mathbf{A}$ が正定値行列である場合、ある定数 $c > 0$ が存在して、任意の $\mathbf{x}$ に対して、

$$A(\mathbf{x}) \geq c|\mathbf{x}|^2 \qquad (6\text{-}42)$$

が成り立つことを示します。ここに、$A(\mathbf{x})$は次式で定義される2次形式です。

$$A(\mathbf{x}) = A_{11}x_1^2 + 2A_{12}x_1x_2 + A_{22}x_2^2$$

$\mathbf{x} = \mathbf{0}$の場合は、両辺ともに0で明らかなので、ここでは、$\mathbf{x} \neq \mathbf{0}$の場合を考えます。まず、単位円上のベクトルの集合$\{\mathbf{x} \mid |\mathbf{x}| = 1\}$を考えて、この集合上での$A(\mathbf{x})$の値を考えると、「3.3 主要な定理のまとめ」の ▶定理21 に示した、最大値・最小値の定理より、最小値cが存在します。最大値・最小値の定理では、閉区間上の連続関数という条件がありましたが、今の場合、$\mathbf{x} = (\cos\theta, \sin\theta)$と置くと、$A(\mathbf{x})$は変数$\theta$についての連続関数となります。また、$\theta$の範囲を閉区間$0 \leq \theta \leq 2\pi$に制限して考えれば、この範囲内に最大値と最小値が存在することが示されます。したがって、

$$|\mathbf{x}| = 1 \Rightarrow A(\mathbf{x}) \geq c$$

が成り立ちます。$\mathbf{A}$が正定値行列であることから、この最小値は、正の値$c > 0$になります。次に、単位円上に存在しない一般の$\mathbf{x} \neq \mathbf{0}$に対しては、大きさを1にした$\overline{\mathbf{x}} = \dfrac{\mathbf{x}}{|\mathbf{x}|}$に先ほどの結果を適用すると、

$$A(\overline{\mathbf{x}}) \geq c \qquad (6\text{-}43)$$

が成り立ちます。一方、2次形式$A(\mathbf{x})$の定義を考えると、$\mathbf{x} = (x_1, x_2)$として、$\overline{\mathbf{x}} = \left(\dfrac{x_1}{|\mathbf{x}|}, \dfrac{x_2}{|\mathbf{x}|}\right)$より、

$$A(\overline{\mathbf{x}}) = \frac{x_1^2}{|\mathbf{x}|^2}A_{11} + 2\frac{x_1 x_2}{|\mathbf{x}|^2}A_{12} + \frac{x_2^2}{|\mathbf{x}|^2}A_{22} = \frac{1}{|\mathbf{x}|^2}A(\mathbf{x}) \qquad (6\text{-}44)$$

となり、(6-44)を(6-43)に代入することで、(6-42)が得られます。

続いて、$(x, y) \neq (x_0, y_0)$の場合を考えて、(6-41)を次のように変形します。

$$f(x, y) - f(x_0, y_0) = \frac{1}{2}H(\mathbf{x} - \mathbf{x}_0)\left\{1 + \frac{2R(x, y)}{H(\mathbf{x} - \mathbf{x}_0)}\right\} \qquad (6\text{-}45)$$

ここで、(x, y) が (x_0, y_0) に十分に近いとき、すなわち、$|\mathbf{x} - \mathbf{x}_0|$ が十分に小さいときに、$\dfrac{2R(x, y)}{H(\mathbf{x} - \mathbf{x}_0)}$ が十分に小さくなれば、上式の中括弧内の項は正になり、$R(x, y)$ が存在しないと仮定した場合と同じ議論が成立します。つまり、ヘッセ行列が正定値行列、もしくは、負定値行列であれば、$f(x, y) > f(x_0, y_0)$、もしくは、$f(x, y) < f(x_0, y_0)$ が成り立ちます。

中括弧内の第2項が十分に小さくなることは、次のように示すことができます。まず、(6-42) を用いると、次が成り立ちます。

$$\frac{2R(x, y)}{H(\mathbf{x} - \mathbf{x}_0)} \leq \frac{2}{c} \frac{R(x, y)}{|\mathbf{x} - \mathbf{x}_0|^2} \tag{6-46}$$

次に、剰余項 $R(x, y)$ は、(6-26)、(6-28) より、$x' = x_0 + \xi(x - x_0)$, $y' = y_0 + \xi(y - y_0)$ として、

$$R(x, y) = \frac{1}{3!} \left\{ (x - x_0)^3 \frac{\partial^3}{\partial x^3} f(x', y') + 3(x - x_0)^2 (y - y_0) \frac{\partial^3}{\partial x^2 \partial y} f(x', y') \right. \\ \left. + 3(x - x_0)(y - y_0)^2 \frac{\partial^3}{\partial x \partial y^2} f(x', y') + (y - y_0)^3 \frac{\partial^3}{\partial y^3} f(x', y') \right\} \tag{6-47}$$

で与えられます。したがって、(6-46) より、

$$\frac{2R(x, y)}{H(\mathbf{x} - \mathbf{x}_0)} \leq \frac{2}{3!c} \left\{ \frac{(x - x_0)^3}{|\mathbf{x} - \mathbf{x}_0|^2} \frac{\partial^3}{\partial x^3} f(x', y') + 3 \frac{(x - x_0)^2 (y - y_0)}{|\mathbf{x} - \mathbf{x}_0|^2} \frac{\partial^3}{\partial x^2 \partial y} f(x', y') \right. \\ \left. + 3 \frac{(x - x_0)(y - y_0)^2}{|\mathbf{x} - \mathbf{x}_0|^2} \frac{\partial^3}{\partial x \partial y^2} f(x', y') + \frac{(y - y_0)^3}{|\mathbf{x} - \mathbf{x}_0|^2} \frac{\partial^3}{\partial y^3} f(x', y') \right\}$$

となります。ここで、上式の中括弧内の4つの項は、すべて、$(x, y) \to (x_0, y_0)$ の極限で0になることが示せます。まず、$(x, y) \to (x_0, y_0)$ のとき、$(x', y') \to (x_0, y_0)$ となりますが、$f(x, y)$ が無限回微分可能であるという前提から、偏微分係数の部分は、すべて (x_0, y_0) における値に収束します。その前の係数部分については、たとえば、第1項については、

$$\left| \frac{(x - x_0)^3}{|\mathbf{x} - \mathbf{x}_0|^2} \right| = \left| \frac{(x - x_0)^3}{(x - x_0)^2 + (y - y_0)^2} \right| < \left| \frac{(x - x_0)^3}{(x - x_0)^2} \right| = |x - x_0|$$

より、確かに0に収束します。第2項については、

$$\left|\frac{(x-x_0)^2(y-y_0)}{|\mathbf{x}-\mathbf{x}_0|^2}\right| = \left|\frac{(x-x_0)^2(y-y_0)}{(x-x_0)^2+(y-y_0)^2}\right| = \left|\frac{y-y_0}{1+\left(\frac{y-y_0}{x-x_0}\right)^2}\right| < |y-y_0|$$

より、やはり0に収束します。第3項と第4項についても同様です。以上により、(x,y) が (x_0, y_0) に十分に近いとき、(6-45) の中括弧内の項は確かに正になることが示されました。

なお、ヘッセ行列が正定値行列と負定値行列のどちらでもない場合、これだけでは、極大点、極小点、もしくは、そのどちらでもないという明確な判断はできません。たとえば、次の2種類の2変数関数を考えます。

$$f_1(x,y) = x^2 + y^4$$
$$f_2(x,y) = x^2 - y^3$$

これらについて、原点 $(0,0)$ におけるヘッセ行列を計算すると、どちらも同じ、

$$\mathbf{H} = \begin{pmatrix} 2 & 0 \\ 0 & 0 \end{pmatrix}$$

となります。これは、ベクトル $\mathbf{x} = (0,1)$ に対して、$H(\mathbf{x}) = 0$ となるので、正定値行列、負定値行列、どちらの条件も満たさず、これだけでは、判断ができません。実際のところはどうなっているかと言うと、$f_1(x,y)$ の値は負になることはなく、明らかに原点で最小値0を取るので、原点は極小点ということになります。一方、$f_2(x,y)$ は、$x=0$ として、原点から y 軸方向に移動する場合を考えると、正の方向では値が減少して、負の方向では値が増加します。つまり、原点は、極大点と極小点のどちらでもありません。この関数をグラフに表わすと、図6.11のような形になります。

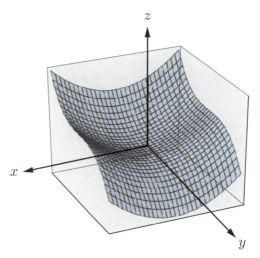

図6.11 $f(x,y) = x^2 - y^3$ のグラフ

その一方で、2つのベクトル $\mathbf{v} = (v_1, v_2)$, $\mathbf{w} = (w_1, w_2)$ が存在して、$H(\mathbf{v}) > 0$, $H(\mathbf{w}) < 0$ が成り立つ場合があれば、このときは、(x_0, y_0) は極大点と極小点のどちらもないことが確実に言えます▶定理56 。これは、$\mathbf{x} = \mathbf{x}_0 + t\mathbf{v}$、もしくは、$\mathbf{x} = \mathbf{x}_0 + t\mathbf{w}$ として、$t \to 0$ の極限を取るとわかります。たとえば、$\mathbf{x} = \mathbf{x}_0 + t\mathbf{v}$ の場合を考えると、(6-47) より、剰余項は、

$$R(x,y) = \frac{t^3}{3!}\left\{v_1^3 \frac{\partial^3}{\partial x^3}f(x',y') + 3v_1^2 v_2 \frac{\partial^3}{\partial x^2 \partial y}f(x',y') \right.$$
$$\left. + 3v_1 v_2^2 \frac{\partial^3}{\partial x \partial y^2}f(x',y') + v_2^3 \frac{\partial^3}{\partial y^3}f(x',y')\right\}$$

となります。一方、ヘッセ行列による2次形式については、その定義より、

$$H(\mathbf{x} - \mathbf{x}_0) = H(t\mathbf{v}) = t^2 H(\mathbf{v})$$

が成り立つので、これらより、

$$\frac{2R(x,y)}{H(\mathbf{x}-\mathbf{x}_0)} = \frac{2t}{3!H(\mathbf{v})}\left\{v_1^3\frac{\partial^3}{\partial x^3}f(x',y') + 3v_1^2 v_2\frac{\partial^3}{\partial x^2 \partial y}f(x',y')\right.$$
$$\left.+3v_1 v_2^2\frac{\partial^3}{\partial x \partial y^2}f(x',y') + v_2^3\frac{\partial^3}{\partial y^3}f(x',y')\right\} \tag{6-48}$$

が得られます。ここで、$t \to 0$ の極限を考えると、偏微分係数の引数部分は、$(x', y') \to (x_0, y_0)$ となるので、先ほどと同様に、それぞれの偏微分係数は、(x_0, y_0) における値に収束します。一方、その他に t に依存する部分は、先頭の t しかありませんので、結局、$t \to 0$ で (6-48) は 0 に収束します。したがって、(6-45) に戻って考えると、t が十分に小さいときに、中括弧内の項は正になり、一方、その前の部分は、

$$\frac{1}{2}H(\mathbf{x}-\mathbf{x}_0) = \frac{1}{2}H(t\mathbf{v}) = \frac{t^2}{2}H(\mathbf{v}) > 0$$

が成り立ちます。つまり、点 (x_0, y_0) から、$\mathbf{x} = \mathbf{x}_0 + t\mathbf{v}$ という方向に移動すると、$f(x,y)$ の値は必ず増加します。一方で、同じ議論を $\mathbf{x} = \mathbf{x}_0 + t\mathbf{w}$ について行なうと、t が十分に小さいときに、(6-45) の中括弧内の項が正になる部分は同じですが、その前の部分については、

$$\frac{1}{2}H(\mathbf{x}-\mathbf{x}_0) = \frac{1}{2}H(t\mathbf{w}) = \frac{t^2}{2}H(\mathbf{w}) < 0$$

となります。つまり、点 (x_0, y_0) から、$\mathbf{x} = \mathbf{x}_0 + t\mathbf{w}$ という方向に移動すると、$f(x,y)$ の値は必ず減少します。したがって、点 (x_0, y_0) は、移動方向によって値が増える場合と減る場合があり、極大点と極小点のどちらでもないことがわかります。

このような例としては、

$$f(x,y) = x^2 - y^2$$

という関数が考えられます。この関数の原点におけるヘッセ行列は、

$$\mathbf{H} = \begin{pmatrix} 2 & 0 \\ 0 & -2 \end{pmatrix}$$

となるので、$\mathbf{v} = (1, 0)$, $\mathbf{w} = (0, 1)$として、前述の条件を満たします。この関数のグラフは図6.12のような形になり、確かに、$\mathbf{v}$方向（x軸方向）には値が増加して、$\mathbf{w}$方向（y軸方向）には値が減少することがわかります。

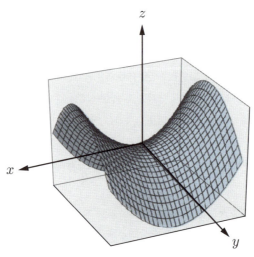

図6.12　$f(x,y) = x^2 - y^2$のグラフ

6.4 主要な定理のまとめ

ここでは、本章で示した主要な事実を定理、および、定義としてまとめておきます。

定義18 偏微分係数

2変数関数 $f(x,y)$ において、$y = y_0$ に固定して、$f(x, y_0)$ を x の1変数関数と見なした際の $x = x_0$ における微分係数

$$\alpha = \lim_{x \to x_0} \frac{f(x, y_0) - f(x_0, y_0)}{x - x_0}$$

を、

$$\alpha = \frac{\partial f}{\partial x}(x_0, y_0) \tag{6-49}$$

と表わす。同様に、$x = x_0$ に固定して、$f(x_0, y)$ を y の1変数関数と見なした際の $y = y_0$ における微分係数

$$\beta = \lim_{y \to y_0} \frac{f(x_0, y) - f(x_0, y_0)}{y - y_0}$$

を、

$$\beta = \frac{\partial f}{\partial y}(x_0, y_0) \tag{6-50}$$

と表わす。これらを $f(x,y)$ の点 (x_0, y_0) における偏微分係数と呼ぶ。また、偏微分係数における (x_0, y_0) を一般の (x, y) に置き換えて得られる関数を偏導関数と呼ぶ。

定義19 全微分

2変数関数 $f(x,y)$ について、定数 α, β が存在して次の条件を満たすとき、点 (x_0, y_0) で全微分可能であると言う。

$$f(x,y) = f(x_0, y_0) + \alpha(x - x_0) + \beta(y - y_0) + g(x,y) \qquad (6\text{-}51)$$

$$\lim_{(x,y) \to (x_0, y_0)} \frac{g(x,y)}{\sqrt{(x - x_0)^2 + (y - y_0)^2}} = 0$$

定理50 全微分と偏微分係数の関係

$f(x,y)$ が全微分可能であるとき、(6-51)に含まれる定数 α, β は偏微分係数(6-49)、(6-50)に一致する。

定理51 全微分可能となる条件

2変数関数 $f(x,y)$ の2つの偏導関数がどちらも存在して、どちらか一方が点 (x_0, y_0) で連続であれば、$f(x,y)$ は点 (x_0, y_0) で全微分可能である。

定理52 方向微分係数と勾配ベクトル

2変数関数 $f(x,y)$ において、点 (x_0, y_0) から $(\cos\theta, \sin\theta)$ 方向に向かう線分 $(x_0 + t\cos\theta, y_0 + t\sin\theta)$ $(t \geq 0)$ を考えたとき、

$$\lim_{t \to +0} \frac{f(x_0 + t\cos\theta, y_0 + t\sin\theta) - f(x_0, y_0)}{t} = \frac{\partial f}{\partial x}(x_0, y_0) \cos\theta + \frac{\partial f}{\partial y}(x_0, y_0) \sin\theta$$

が成り立つ。この値を点 (x_0, y_0) における方向微分係数と呼ぶ。

また、$f(x,y)$ の偏微分係数を成分とするベクトル

$$\nabla f(x_0, y_0) = \left(\frac{\partial f}{\partial x}(x_0, y_0),\ \frac{\partial f}{\partial y}(x_0, y_0) \right)$$

を勾配ベクトルと呼び、θ を変化させたときに方向微分係数が最大になるのは、$(\cos\theta, \sin\theta)$ が勾配ベクトルと同じ方向になるときである。

定義20 高階偏導関数

全微分可能な2変数関数 $f(x,y)$ の偏導関数 $\frac{\partial f}{\partial x}(x,y)$, $\frac{\partial f}{\partial y}(x,y)$ が再び全微分可能であるとき、これらの偏導関数として、次の4種類の関数が得られる。

$$\frac{\partial^2 f}{\partial x^2} = \frac{\partial}{\partial x}\left(\frac{\partial f}{\partial x}\right),\ \frac{\partial^2 f}{\partial y \partial x} = \frac{\partial}{\partial y}\left(\frac{\partial f}{\partial x}\right),$$

$$\frac{\partial^2 f}{\partial x \partial y} = \frac{\partial}{\partial x}\left(\frac{\partial f}{\partial y}\right),\ \frac{\partial^2 f}{\partial y^2} = \frac{\partial}{\partial y}\left(\frac{\partial f}{\partial y}\right)$$

これらを $f(x,y)$ の2階の偏導関数と呼ぶ。3階以上の偏導関数についても同様に定義される。

定理53 偏微分の順序交換

2変数関数 $f(x,y)$ の2階の偏導関数がすべて連続関数であるとき、$f(x,y)$ を C^2-級の関数と呼ぶ。C^2-級の関数では、異なる変数についての偏微分の順序は交換可能で、

$$\frac{\partial^2 f}{\partial y \partial x} = \frac{\partial^2 f}{\partial x \partial y}$$

が成り立つ。3階以上の偏導関数についても同様のことが言える。

定理54 2変数関数のテイラーの公式

$f(x,y)$ を無限回微分可能な関数とするとき、$n = 1, 2, \cdots$ について、次を満たす $0 < \xi < 1$ が存在する。(ξ の値は n および (x,y) に依存して変化する。)

$$f(x,y) = \sum_{k=0}^{n-1} \frac{1}{k!} \left\{ (x-x_0)\frac{\partial}{\partial x} + (y-y_0)\frac{\partial}{\partial y} \right\}^k f(x_0, y_0) + R(x,y)$$

$$R(x,y) = \frac{1}{n!} \left\{ (x-x_0)\frac{\partial}{\partial x} + (y-y_0)\frac{\partial}{\partial y} \right\}^n f(x_0 + \xi(x-x_0), y_0 + \xi(y-y_0))$$

上式に含まれる偏微分演算は、

$$\left\{ (x-x_0)\frac{\partial}{\partial x} + (y-y_0)\frac{\partial}{\partial y} \right\}^k = \sum_{i=0}^{k} {}_kC_i (x-x_0)^i (y-y_0)^{k-i} \frac{\partial^k}{\partial x^i \partial y^{k-i}}$$

と考える。

Chapter 6　多変数関数

定義21. 写像の微分

(x_1, x_2) を (y_1, y_2) に写す $\mathbf{R}^2 \longrightarrow \mathbf{R}^2$ の写像

$$y_1 = f_1(x_1, x_2)$$
$$y_2 = f_2(x_1, x_2)$$

において、次の関係が成り立つとき、この写像は点 (x_{10}, x_{20}) で微分可能であると言う。

$$\mathbf{f(x)} = \mathbf{f(x_0)} + \mathbf{M(x - x_0)} + \mathbf{g(x)}$$
$$\lim_{\mathbf{x} \to \mathbf{x_0}} \frac{\mathbf{g(x)}}{|\mathbf{x - x_0}|} = \mathbf{0}$$

ここでは、次のように記号を定義している。

$$\mathbf{M} = \begin{pmatrix} \dfrac{\partial f_1}{\partial x_1}(x_{10}, x_{20}) & \dfrac{\partial f_1}{\partial x_2}(x_{10}, x_{20}) \\ \dfrac{\partial f_2}{\partial x_1}(x_{10}, x_{20}) & \dfrac{\partial f_2}{\partial x_2}(x_{10}, x_{20}) \end{pmatrix}, \ \mathbf{x} = \begin{pmatrix} x_1 \\ x_2 \end{pmatrix}, \ \mathbf{x_0} = \begin{pmatrix} x_{10} \\ x_{20} \end{pmatrix}$$

$$\mathbf{f(x)} = \begin{pmatrix} f_1(x_1, x_2) \\ f_2(x_1, x_2) \end{pmatrix}, \ \mathbf{f(x_0)} = \begin{pmatrix} f_1(x_{10}, x_{20}) \\ f_2(x_{10}, x_{20}) \end{pmatrix}, \ \mathbf{g(x)} = \begin{pmatrix} g_1(x_1, x_2) \\ g_2(x_1, x_2) \end{pmatrix}$$

また、偏微分係数を並べた行列 $\mathbf{M}$ を、

$$\mathbf{M} = \frac{\partial \mathbf{f}}{\partial \mathbf{x}}(\mathbf{x_0})$$

と表わして、写像 $\mathbf{f(x)}$ の点 $\mathbf{x_0}$ におけるヤコビ行列と呼ぶ。

定理55. 1変数関数の極値問題

微分可能な関数 $f(x)$ において、$f(x)$ の極大点、および、極小点では、$f'(x) = 0$ が成立する。一般に、$f'(x) = 0$ が成立する点を $f(x)$ の停留点と呼ぶ。

$f(x)$ の停留点 x_0 において、$f''(x_0) > 0$ であれば、x_0 は極小点となる。$f''(x_0) < 0$ であれば、x_0 は極大点となる。

6.4 主要な定理のまとめ

定義22 ヘッセ行列

2変数関数 $f(x,y)$ は点 (x_0, y_0) の近傍で無限回微分可能とする。このとき、点 (x_0, y_0) における2階の偏微分係数を並べた行列

$$\mathbf{H} = \begin{pmatrix} \dfrac{\partial^2 f}{\partial x^2}(x_0, y_0) & \dfrac{\partial^2 f}{\partial x \partial y}(x_0, y_0) \\ \dfrac{\partial^2 f}{\partial x \partial y}(x_0, y_0) & \dfrac{\partial^2 f}{\partial y^2}(x_0, y_0) \end{pmatrix}$$

を点 (x_0, y_0) におけるヘッセ行列と呼ぶ。また、ベクトル $\mathbf{x} = (x, y)$ に対して、

$$H(\mathbf{x}) = x^2 \frac{\partial^2 f}{\partial x^2}(x_0, y_0) + 2xy \frac{\partial^2 f}{\partial x \partial y}(x_0, y_0) + y^2 \frac{\partial^2 f}{\partial y^2}(x_0, y_0)$$

をヘッセ行列を用いた2次形式と呼ぶ。

任意の $\mathbf{x} \neq \mathbf{0}$ に対して $H(\mathbf{x}) > 0$ となるとき、ヘッセ行列は正定値行列であると言う。あるいは、$H(\mathbf{x}) < 0$ となるとき、ヘッセ行列は負定値行列であると言う。

定理56 2変数関数の極値問題

2変数関数 $f(x,y)$ において、$\mathbf{x}_0 = (x_0, y_0)$ を $f(x,y)$ の極大点、もしくは、極小点とすると、$\nabla f(\mathbf{x}_0) = \mathbf{0}$ が成立する。一般に、$\nabla f(\mathbf{x}_0) = \mathbf{0}$ が成立する点を $f(x,y)$ の停留点と呼ぶ。

$f(x,y)$ の停留点 $\mathbf{x}_0$ において、ヘッセ行列が正定値行列であれば、$\mathbf{x}_0$ は極小点となる。負定値行列であれば、$\mathbf{x}_0$ は極大点となる。あるいは、$H(\mathbf{v}) > 0$、および、$H(\mathbf{w}) < 0$ となるベクトル $\mathbf{v}, \mathbf{w}$ が存在する場合は、$\mathbf{x}_0$ は、極大点と極小点のどちらでもない。

演習問題

問1 次の関数の偏導関数を求めよ。

(1) $f(x,y) = (1+xy)^2$
(2) $f(x,y) = \sqrt{x^2+y^2}$
(3) $f(x,y) = \exp\left\{\dfrac{1}{2}(x^2+y^2)\right\}$

問2 次の関数の点 $(a, b, f(a,b))$ における接平面の方程式を求めよ。

(1) $z = f(x,y) = xy$
(2) $z = f(x,y) = \dfrac{x^2}{a^2} + \dfrac{y^2}{b^2}$ $(a \neq 0,\ b \neq 0)$

問3 次の関数について、点 $(0,0)$ におけるテイラーの公式を2次まで展開した近似式を求めよ。

(1) $f(x,y) = e^{2xy}$
(2) $f(x,y) = \sin(x+y^2)$

問4 関数 $f(x,y) = 2x^3 + 3x^2 + xy^2 + \dfrac{1}{2}y^2 + 1$ のすべての停留点を求めよ。また、それぞれが極大点、極小点、極大でも極小でもない点のいずれであるかを判別せよ。

演習問題の解答

- A.1 第1章
- A.2 第2章
- A.3 第3章
- A.4 第4章
- A.5 第5章
- A.6 第6章

第1章

問1

Xが全体集合であることから、Xの任意の部分集合Pに対して、$P \cup P^C = X$, $P \cap X = P$であることに注意して、

$$A \cup (B \cap A^C) = (A \cup B) \cap (A \cup A^C) = (A \cup B) \cap X = A \cup B$$

最後の等号は、$A \cup B$をXの部分集合Pと見なして計算している。

問2

$$\begin{aligned}
x \in A \cup (B \cap A^C) &\Leftrightarrow x \in A \lor (x \in B \land x \in A^C) \\
&\Leftrightarrow x \in A \lor (x \in B \land \neg(x \in A)) \\
&\Leftrightarrow (x \in A \lor x \in B) \land (x \in A \lor \neg(x \in A)) \\
&\Leftrightarrow x \in A \lor x \in B \\
&\Leftrightarrow x \in A \cup B
\end{aligned}$$

問3

A_iの要素を$A_i = \{a_{i1}, a_{i2}, \cdots\}$として、これらを$i = 1, 2, \cdots$について並べたものを図A.1の順序で数えることにより、自然数全体の集合から全単射の写像が構成できる（図1.12で有理数全体の集合を数えたときと同様）。

図A.1　可算無限個の可算無限集合の要素を数える方法

問4

背理法で証明する。$a = \sup A$ として、$a > c$ であると仮定する。a は A の上界の最小値であるから、任意の $\epsilon > 0$ に対して、$x > a - \epsilon$ を満たす $x \in A$ が存在する。(さもなくば、$a - \epsilon$ も A の上界に属することになり、a が上界の最小値であることに矛盾する。) そこで、$\epsilon = \dfrac{a-c}{2}$ の場合を考えると、$a > c$ という仮定より、

$$a - \epsilon = a - \frac{a-c}{2} = \frac{a+c}{2} > c$$

が成り立つ（図A.2）。つまり、$x > a - \epsilon > c$ となる $x \in A$ が存在することになり、これは前提条件に矛盾する。したがって、最初の仮定 $a > c$ は誤りで、$a \leq c$ が成り立つ。

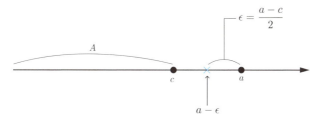

図A.2　上限付近の様子

問5

任意の $\epsilon > 0$ に対して、$N = \dfrac{1}{\epsilon}$ と置くと、$n > N$ に対して、

$$\left|\frac{1}{n}\right| < \left|\frac{1}{N}\right| = \epsilon$$

が成り立つ。これは、$\displaystyle\lim_{n \to \infty} \frac{1}{n} = 0$ を示している。

問6

$a = \dfrac{1}{1+h}$ とすると、$h = \dfrac{1-a}{a} > 0$ であり、

$$(1+h)^n = 1 + nh + \cdots > 1 + nh$$

が成り立つ（$\cdots$ の部分は、$(1+h)^n$ を2項展開したときの h の2次以上の項であるが、$h > 0$ より、すべての項が正の値になっている）。したがって、

$$0 < a^n = \dfrac{1}{(1+h)^n} < \dfrac{1}{1+nh}$$

が成り立つ。このとき、右辺の $\dfrac{1}{1+nh}$ については、任意の $\epsilon > 0$ に対して、ある $N > 0$ が存在して、

$$n > N \Rightarrow \left|\dfrac{1}{1+nh}\right| < \epsilon$$

が成立する。具体的には、$N \geq \dfrac{\frac{1}{\epsilon} - 1}{h}$ を満たす $N > 0$ を取ればよい。したがって、

$$n > N \Rightarrow |a^n| < \left|\dfrac{1}{1+nh}\right| < \epsilon$$

となり、これは、$\lim_{n \to \infty} a^n = 0$ を示している。

問7

$n \to \infty$ の極限について調べるので、m を $m > a$ を満たす自然数として、$n > m$ の場合に限定して考えてかまわない。このとき、次の関係が成り立つ。

$$n! = \underbrace{n(n-1)\cdots(m+1)}_{n-m\text{ 項}} \times m! > m^{n-m} \times m!$$

したがって、

$$0 < \frac{a^n}{n!} < \frac{a^n}{m^{n-m} \times m!} = c \left(\frac{a}{m}\right)^n \tag{A-1}$$

が得られる。ここで、

$$c = \frac{m^m}{m!}$$

と置いた。c は n に依存しない定数なので、$0 < \frac{a}{m} < 1$ に注意して、**問6** と同様の議論により、(A-1) の最後の項は $n \to \infty$ の極限で 0 に収束する。つまり、任意の $\epsilon > 0$ に対して、ある $N > 0$ が存在して、

$$n > N \Rightarrow \left| c \left(\frac{a}{m}\right)^n \right| < \epsilon$$

が成立する。したがって、

$$n > N \Rightarrow \left| \frac{a^n}{n!} \right| < \left| c \left(\frac{a}{m}\right)^n \right| < \epsilon$$

となり、これは、$\lim_{n \to \infty} \frac{a^n}{n!} = 0$ を示している。

問8

前提条件より、任意の $\epsilon > 0$ に対して、ある $N_1 > 0$ があり、$2n > N_1$ に対して、

$$|a_{2n} - a| < \epsilon$$

が成り立つ。同様に、ある $N_2 > 0$ があり、$2n - 1 > N_2$ に対して、

$$|a_{2n-1} - a| < \epsilon$$

が成り立つ。したがって、$N = \max(N_1, N_2)$ とすると、$n > N$ に対して、

$$|a_n - a| < \epsilon$$

が成り立つ※1。これは、$\{a_n\}$ の極限が a であることを示している。

問9

$a = \lim_{n\to\infty} a_n, b = \lim_{n\to\infty} b_n$ とすると、任意の $\epsilon > 0$ に対して、十分に大きな n を取ると、

$$|a_n - a| < \epsilon, \ |b_n - b| < \epsilon$$

が成立する※2。これらは、a_n と a の距離、および、b_n と b の距離がどちらも ϵ 未満であることを意味するので、

$$a - \epsilon < a_n < a + \epsilon$$
$$b - \epsilon < b_n < b + \epsilon$$

と書き換えることができる。ここで、$a > b$ であると仮定すると、$0 < \epsilon < \dfrac{a-b}{2}$ を満たす ϵ を取ることができて、次の不等式が成り立つ（図A.3を参照）。

$$a_n - b_n > (a - \epsilon) - (b + \epsilon) = (a - b) - 2\epsilon > 0$$

これは前提条件に矛盾するので、背理法により、$a \leq b$ でなければならない。

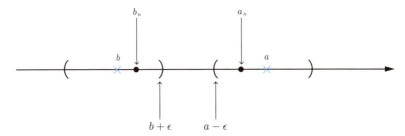

図A.3　$a > b$ と仮定すると $a_n > b_n$ となる様子

※1　$\max(a, b)$ は a と b の大きいほうの値を選択することを示す記号。

※2　厳密には、 問8 の解答と同様に、$N_1 > 0$ と $N_2 > 0$ を分けて考えた後に、$N = \max(N_1, N_2)$ と置くことになりますが、これらの手続きを簡略化して、「十分に大きな n を取る」と表現しています。

A.2 第2章

問1

(1) $f(x)$ は任意の $x_0 \in \mathbf{R}$ を同じ x_0 に移すので、明らかに全単射[3]。

(2) $f(x)$ は、$x = \pm x_0$ を同じ x_0^2 に移すので単射ではない。また、負の値を取らないので、全射でもない。

(3) $f(x)$ は、$x = x_0$ と $x = x_0 + 2n\pi\,(n \in \mathbf{Z})$ を同じ値に移すので単射ではない。また、区間 $[-1, 1]$ 以外の値を取らないので、全射でもない。

(4) $f(x)$ は、$x = n\pi\,(n \in \mathbf{Z})$、すなわち、複数の x に対して $f(x) = 0$ となるので、単射ではない。次に、任意の $a \in \mathbf{R}$ に対して、$a \geq 0$ とするとき、$x_0 = \dfrac{\pi}{2} + 2n\pi > a$ となる $n \in \mathbf{Z}$ を取ると、$\sin x_0 = 1$ より、$f(0) = 0, f(x_0) = x_0 > a$ が成り立つ。したがって、中間値の定理より、$f(x) = a$ となる $x \in [0, x_0]$ が存在する。$a < 0$ の場合は、$x_0 = \dfrac{\pi}{2} + 2n\pi < a$ となる $n \in \mathbf{Z}$ を取ると、$f(x_0) = x_0 < a, f(0) = 0$ となるので、$f(x) = a$ となる $x \in [x_0, 0]$ が存在する。したがって、$f(x)$ は全射である。

問2

(1) $x = 0$ のときは、n の値によらずに、$\dfrac{1}{1 + 2^{nx}} = \dfrac{1}{2}$ となるので、

$$f(0) = \frac{1}{2}$$

となる。一方、$x > 0$ のときは、$2^x > 1$ より、$2^{nx} = (2^x)^n$ は、n を大きくすると、いくらでも大きな値を取ることができて、

$$f(x) = 0$$

となる。最後に、$x < 0$ のときは、$2^x < 1$ より、$2^{nx} = (2^x)^n$ は、n

---

[3] 同じ集合の間の写像で、要素 a を同じ要素 a に移すものを一般に恒等写像と言います。

を大きくすると、いくらでも0に近くなり、

$$f(x) = 1$$

となる。したがって、$f(x)$ は $x = 0$ で不連続である。

(2) 直感的に言うと、x を0に近づけていくと、$\dfrac{1}{x}$ はどんどん大きくなるので、$\sin\dfrac{1}{x}$ の値は激しく振動を続けるため、$\lim_{x \to 0} f(x)$ は存在せず、$f(x)$ は $x = 0$ で不連続となる（図A.4）。この事実を背理法を用いて厳密に示す。$f(x)$ は $x = 0$ で連続であると仮定すると、任意の $\epsilon > 0$ に対して、ある $\delta > 0$ が存在して、

$$|x| < \delta \Rightarrow |f(x)| < \epsilon \tag{A-2}$$

が成り立つ。一方、

$$\frac{1}{x_0} = \frac{\pi}{2} + 2n\pi$$

と置いて、十分に大きな $n \in \mathbf{N}$ を取ると、$|x_0| < \delta$ を満たすことができる。具体的には、$n > \dfrac{1}{2\pi}\left(\dfrac{1}{\delta} - \dfrac{\pi}{2}\right)$ を満たす n を取ればよい。このとき、$f(x_0) = 1$ であることから、$0 < \epsilon < 1$ となる ϵ に対して、(A-2) を満たすことはできない。したがって、$f(x)$ は、$x = 0$ で連続ではない。

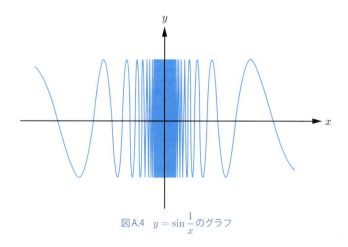

図A.4　$y = \sin\dfrac{1}{x}$ のグラフ

(3) 任意の $x \neq 0$ に対して、$\left|\sin\dfrac{1}{x}\right| \leq 1$ に注意すると、任意の $\epsilon > 0$ に対して、$\delta = \epsilon$ と取ると、$|x| < \delta$ のとき、

$$\left|x\sin\frac{1}{x}\right| \leq |x| < \epsilon$$

が成り立つ。したがって、$\displaystyle\lim_{x \to 0} f(x) = 0$ であり、$x = 0$ で連続である。

問3

直感的に言うと、$y = f(x)$ のグラフと $y = x$ のグラフの交点が区間 $I = [0, 1]$ の中に存在するということである。今、$g(x) = f(x) - x$ と置くと、$g(x)$ は I で定義された連続関数で、$g(0) = f(0), g(1) = f(1) - 1$ となるが、$0 \leq f(x) \leq 1$ より、$g(0) \in [0, 1], g(1) \in [-1, 0]$ が成立する。したがって、$g(1)$ と $g(0)$ の間に 0 が存在して、中間値の定理より、$g(x_0) = 0$、すなわち、$f(x_0) = x_0$ を満たす $x_0 \in I$ が存在する。

第3章

問1

導関数の定義に基づいて計算する。

$$\frac{\sqrt{x+h}-\sqrt{x}}{h} = \frac{(\sqrt{x+h}-\sqrt{x})(\sqrt{x+h}+\sqrt{x})}{h(\sqrt{x+h}+\sqrt{x})} = \frac{x+h-x}{h(\sqrt{x+h}+\sqrt{x})} = \frac{1}{\sqrt{x+h}+\sqrt{x}}$$

より、

$$(\sqrt{x})' = \lim_{h \to 0}\frac{\sqrt{x+h}-\sqrt{x}}{h} = \lim_{h \to 0}\frac{1}{\sqrt{x+h}+\sqrt{x}} = \frac{1}{2\sqrt{x}}$$

問2

合成関数の微分におけるチェーンルールを適用すると、

$$\left(\frac{1}{\sqrt{1+x^2}}\right)' = \frac{-1}{1+x^2} \times \frac{1}{2\sqrt{1+x^2}} \times 2x$$

が得られる。詳しく言うと、$\frac{1}{\sqrt{1+x^2}}$ の $\sqrt{1+x^2}$ のカタマリによる微分が $\frac{-1}{1+x^2}$ で、$\sqrt{1+x^2}$ の $1+x^2$ のカタマリによる微分が $\frac{1}{2\sqrt{1+x^2}}$ で、最後に、$1+x^2$ の x による微分が $2x$ である。これを整理すると、

$$\left(\frac{1}{\sqrt{1+x^2}}\right)' = \frac{-x}{(1+x^2)\sqrt{1+x^2}}$$

が得られる。

問3

「3.3 主要な定理のまとめ」の ▶定理15 (積の微分) より、

$$\left(\frac{1-x^2}{1+x^2}\right)' = (1-x^2)' \times \frac{1}{1+x^2} + (1-x^2) \times \left(\frac{1}{1+x^2}\right)'$$

ここで、

$$(1-x^2)' = -2x$$

$$\left(\frac{1}{1+x^2}\right)' = \frac{-1}{(1+x^2)^2} \times 2x$$

より、これらを代入して整理すると、

$$\left(\frac{1-x^2}{1+x^2}\right)' = \frac{-2x}{1+x^2} + \frac{-2x(1-x^2)}{(1+x^2)^2} = \frac{-2x(1+x^2) - 2x(1-x^2)}{(1+x^2)^2} = \frac{-4x}{(1+x^2)^2}$$

となる。

問4

任意の a, b について、三角不等式

$$|a| = |(a-b) + b| \leq |a-b| + |b|$$

より、

$$|a-b| \geq |a| - |b|$$

が成立する。今、$f(x)$ が $x = x_0$ で微分可能なので、$x = x_0$ における微分係数を α として、

$$\lim_{x \to x_0} \frac{f(x) - f(x_0)}{x - x_0} = \alpha$$

が成立する。したがって、ある $\epsilon_0 > 0$ を選択すると、$\delta_0 > 0$ が存在して、

$0 < |x - x_0| < \delta_0$ のとき、

$$\left| \frac{f(x) - f(x_0)}{x - x_0} - \alpha \right| < \epsilon_0$$

が成立する。上式の左辺を、

$$\left| \frac{f(x) - f(x_0)}{x - x_0} - \alpha \right| = \left| \frac{f(x) - f(x_0) - \alpha(x - x_0)}{x - x_0} \right|$$
$$= \frac{|f(x) - f(x_0) - \alpha(x - x_0)|}{|x - x_0|}$$

と変形した後、両辺に $|x - x_0|$ を掛けると、

$$|f(x - x_0) - f(x_0) - \alpha(x - x_0)| < \epsilon_0 |x - x_0|$$

が得られる。この左辺について、最初に示した三角不等式を適用すると、

$$|f(x - x_0) - f(x_0) - \alpha(x - x_0)| \geq |f(x - x_0) - f(x_0)| - |\alpha(x - x_0)|$$

となるので、これらを整理すると、次の関係が得られる。

$$0 < |x - x_0| < \delta_0 \Rightarrow |f(x - x_0) - f(x_0)| < (|\alpha| + \epsilon_0)|x - x_0|$$

そこで、任意の $\epsilon > 0$ に対して、

$$\delta = \min\left(\delta_0, \frac{\epsilon}{|\alpha| + \epsilon_0}\right)$$

と定義すると、$\delta \leq \delta_0$ かつ、$\delta \leq \dfrac{\epsilon}{|\alpha| + \epsilon_0}$ より、

$$0 < |x - x_0| < \delta \Rightarrow |f(x - x_0) - f(x_0)| < \epsilon$$

が成立する。これは、$f(x)$ が x_0 で連続であることを示している。

問5

$F(x)$ を $f(x)$ の原始関数として、ヒントに示されたように、

$$\{F(g(t))\}' = f(g(t))g'(t)$$

が成り立つので、これを $[a,b]$ の区間で t について定積分すると、

$$\int_a^b \{F(g(t))\}'\, dt = \int_a^b f(g(t))g'(t)\, dt$$

が得られる。ここで、左辺の被積分関数は、$F(g(t))$ が原始関数となるので、

$$\int_a^b \{F(g(t))\}'\, dt = [F(g(t))]_a^b = F(g(b)) - F(g(a))$$

と計算される。一方、$F(x)$ が $f(x)$ の原始関数であることから、

$$\int_{g(a)}^{g(b)} f(x)\, dx = [F(x)]_{g(a)}^{g(b)} = F(g(b)) - F(g(a))$$

である。以上をまとめると、

$$\int_{g(a)}^{g(b)} f(x)\, dx = \int_a^b f(g(t))g'(t)\, dt$$

が得られる。

問6

被積分関数 $f(x) = x\sqrt{x+1}$ に対して、$\sqrt{x+1} = t$、すなわち、$x = g(t) = t^2 - 1$ と置いて、問5 の結果（置換積分）を適用する。

$$f(g(t)) = (t^2 - 1)t,\ g'(t) = 2t$$

であり、積分区間の端点 $x = 0, 1$ に対応する t の値は、$t = 1, \sqrt{2}$ となることから、

$$\int_0^1 f(x)\,dx = \int_1^{\sqrt{2}} f(g(t))g'(t)\,dt = \int_1^{\sqrt{2}} (t^2 - 1)t \times 2t\,dt$$
$$= \int_1^{\sqrt{2}} \left(2t^4 - 2t^2\right)\,dt = \left[\frac{2}{5}t^5 - \frac{2}{3}t^3\right]_1^{\sqrt{2}} = \frac{4(1+\sqrt{2})}{15}$$

問7

ヒントに示されたように、区間 I における $f(x)$ の最大値 M と最小値 m が存在して、任意の $x \in I$ に対して、

$$m \le f(x) \le M$$

となる。各辺を区間 $I = [a, b]$ で定積分すると、

$$m(b-a) \le \int_a^b f(x)\,dx \le M(b-a)$$

すなわち、

$$m \le \frac{1}{b-a}\int_a^b f(x)\,dx \le M$$

となる。したがって、中間値の定理より、$f(x_0) = m, f(x_1) = M, (x_0, x_1 \in I)$ として、

$$f(c) = \frac{1}{b-a}\int_a^b f(x)\,dx$$

となる c が x_0 と x_1 の間に存在する。このとき、$x_0, x_1 \in I$ であることから、$c \in I$ となる。

A.4 第4章

問1

$f(x) = \sqrt[n]{x} = x^{\frac{1}{n}}$ と置いて、$\log_e f(x) = \frac{1}{n} \log_e x$ の両辺を微分すると、

$$\frac{f'(x)}{f(x)} = \frac{1}{nx}$$

となる。ここで、左辺については合成関数の微分を用いた。これより、

$$f'(x) = \frac{f(x)}{nx} = \frac{1}{n} x^{\frac{1}{n} - 1}$$

が得られる。

問2

(1) 合成関数の微分におけるチェーンルールを用いて計算する。

$$f'(x) = \frac{-1}{(1 + \sin^3 2x)^2} \times 3\sin^2 2x \cos 2x \times 2 = \frac{-6\sin^2 2x \cos 2x}{(1 + \sin^3 2x)^2}$$

(2) 合成関数の微分におけるチェーンルールを用いて計算する。

$$f'(x) = \exp\left\{-\frac{1}{2}\left(\frac{x-3}{5}\right)^2\right\} \times \left\{-\left(\frac{x-3}{5}\right)\right\} \times \frac{1}{5}$$

$$= -\frac{x-3}{25} \exp\left\{-\frac{1}{2}\left(\frac{x-3}{5}\right)^2\right\}$$

(3) 両辺の自然対数を取ると、$\log_e f(x) = x \log_e x$ となるので、この両辺を微分すると、

$$\frac{f'(x)}{f(x)} = \log_e x + x \times \frac{1}{x}$$

となる。したがって、

$$f'(x) = f(x) \times (\log_e x + 1) = (\log_e x + 1)x^x$$

が得られる。

問 3

(1) 部分積分を用いて計算する。$\sin 2x$ を先に積分すると、次のように計算される。

$$\int_0^\pi x \sin 2x \, dx = \left[\frac{-\cos 2x}{2} \times x\right]_0^\pi + \int_0^\pi \frac{\cos 2x}{2} dx$$
$$= \left[\frac{-\cos 2x}{2} \times x\right]_0^\pi + \left[\frac{\sin 2x}{4}\right]_0^\pi = -\frac{\pi}{2}$$

(2) 部分積分を用いて計算する。求める値を I と置いて、e^x を先に積分すると、次のように計算される。

$$I = [e^x \sin 2x]_0^\pi - \int_0^\pi e^x \times 2\cos 2x \, dx = -2\int_0^\pi e^x \cos 2x \, dx$$

最後に残った定積分を再び部分積分で計算する。e^x を先に積分すると、次のように計算される。

$$\int_0^\pi e^x \cos 2x \, dx = [e^x \cos 2x]_0^\pi + 2\int_0^\pi e^x \sin 2x \, dx = (e^\pi - 1) + 2I$$

この結果を最初の計算式に代入すると、

$$I = -2\left\{(e^\pi - 1) + 2I\right\}$$

となるので、これを I について解くと、次の結果が得られる。

$$I = \frac{2}{5}(1 - e^{\pi})$$

(3) 部分積分を用いて計算する。x^3 を先に積分すると、次のように計算される。

$$\begin{aligned}
\int_1^e x^3 \log_e x \, dx &= \left[\frac{x^4}{4} \log_e x\right]_1^e - \int_1^e \frac{x^4}{4} \times \frac{1}{x} \, dx \\
&= \frac{e^4}{4} - \frac{1}{4} \int_1^e x^3 \, dx \\
&= \frac{e^4}{4} - \frac{1}{4}\left[\frac{x^4}{4}\right]_1^e = \frac{e^4}{4} - \frac{e^4}{16} + \frac{1}{16} = \frac{3e^4 + 1}{16}
\end{aligned}$$

問4

(1) 定義に基づいて計算すると、

$$\cosh^2 x = \frac{e^{2x} + 2 + e^{-2x}}{4}, \quad \sinh^2 x = \frac{e^{2x} - 2 + e^{-2x}}{4}$$

より、

$$\cosh^2 x - \sinh^2 x = 1$$

が得られる。

(2) $\sinh x$ と $\cosh x$ の導関数については、定義に基づいて計算する。

$$(\sinh x)' = \frac{e^x + e^{-x}}{2} = \cosh x$$

$$(\cosh x)' = \frac{e^x - e^{-x}}{2} = \sinh x$$

$\tanh x$ の導関数については、上記の結果を用いて、次の手順で計算する。はじめに、合成関数の微分より、

$$\left(\frac{1}{\cosh x}\right)' = \frac{-1}{\cosh^2 x} \times \sinh x$$

となる。したがって、積の微分を用いて、次の結果が得られる。

$$\begin{aligned}(\tanh x)' &= \left(\frac{\sinh x}{\cosh x}\right)' = \left(\frac{1}{\cosh x}\right)' \sinh x + \frac{1}{\cosh x}(\sinh x)' \\ &= -\frac{\sinh^2 x}{\cosh^2 x} + \frac{\cosh x}{\cosh x} = \frac{\cosh^2 x - \sinh^2 x}{\cosh^2 x} = \frac{1}{\cosh^2 x}\end{aligned} \quad \text{(A-3)}$$

(3) 定義より、

$$\tanh x = \frac{\sinh x}{\cosh x} = \frac{e^x - e^{-x}}{e^x + e^{-x}}$$

であり、この分子と分母に e^{-x} を掛けると、

$$\tanh x = \frac{1 - e^{-2x}}{1 + e^{-2x}}$$

が得られる。$x \to \infty$ で e^{-2x} は 0 に収束するので、

$$\lim_{x \to \infty} \tanh x = 1$$

となる。同様に、分子と分母に e^x を掛けると、

$$\tanh x = \frac{e^{2x} - 1}{e^{2x} + 1}$$

となり、$x \to -\infty$ で e^{2x} は 0 に収束するので、

$$\lim_{x \to -\infty} \tanh x = -1$$

となる。

A.5 第5章

問1

第n項までの和を$S_n = \sum_{k=1}^{n} a_k$とすると、$a_n = S_n - S_{n-1}$が成り立つ。右辺は、$n \to \infty$の極限で、$S - S = 0$に収束するので、$\lim_{n \to \infty} a_n = 0$となる。

問2

ヒントにあるように、$n_0 = 1$の場合で考える。このとき、

$$\left|\frac{a_n}{a_1}\right| = \left|\frac{a_2}{a_1} \cdot \frac{a_3}{a_2} \cdots \frac{a_n}{a_{n-1}}\right| = \left|\frac{a_2}{a_1}\right| \cdot \left|\frac{a_3}{a_2}\right| \cdots \left|\frac{a_n}{a_{n-1}}\right| \leq q^{n-1}$$

より、

$$|a_n| \leq |a_1| q^{n-1}$$

が成り立つ。したがって、

$$\sum_{k=1}^{n} |a_k| \leq |a_1| \sum_{k=1}^{n} q^{k-1} \leq |a_1| \sum_{k=1}^{\infty} q^{k-1} = \frac{|a_1|}{1-q}$$

が得られる。最後の無限級数は、無限等比級数の公式を用いて計算した。これは、$\sum_{k=1}^{n} |a_k|$ $(n = 1, 2, \cdots)$は上に有界な単調増加列であることを示しており、「3.3 主要な定理のまとめ」の ▶定理19 （有界な単調数列の収束）により、収束する。

一方、$\left|\frac{a_n}{a_{n-1}}\right| \geq 1$の場合、同様の議論により、$\left|\frac{a_n}{a_1}\right| \geq 1$、すなわち、$|a_n| \geq |a_1|$が成り立つ。したがって、（すべての$a_n$が0という自明な場合を除いて）$\lim_{n \to \infty} |a_n| \neq 0$であり、**問1**の結果より、無限級数$\sum_{n=1}^{\infty} |a_n|$が収束することはない。

問3

次の関数を定義すると、

$$F(x) = \{g(b) - g(a)\} f(x) - \{f(b) - f(a)\} g(x)$$

$F(a) = F(b) = g(b)f(a) - f(b)g(a)$ となるので、「3.3 主要な定理のまとめ」の ▶定理22 （ロルの定理）より、$F'(c) = 0$ を満たす $c \in (a, b)$ が存在する。一方、先の定義より、

$$F'(x) = \{g(b) - g(a)\} f'(x) - \{f(b) - f(a)\} g'(x)$$

となるので、

$$\{g(b) - g(a)\} f'(c) - \{f(b) - f(a)\} g'(c) = 0 \qquad \text{(A-4)}$$

が成立する。これを整理すると、

$$\frac{f(b) - f(a)}{g(b) - g(a)} = \frac{f'(c)}{g'(c)}$$

が得られる。このとき、$g'(c) \neq 0$ が満たされる必要があるが、仮に $g'(c) = 0$ だとすると、(A-4) より、

$$\{g(b) - g(a)\} f'(c) = 0$$

となるが、$g(b) \neq g(a)$、かつ、$f'(x)$ と $g'(x)$ は同時に0にならない（つまり、$f'(c) \neq 0$）という条件より、これはありえない。したがって、$g'(c) \neq 0$ が成り立つ。

問4

問3 の結果は、b を変数 $x\,(a < x < b)$ に置き換えても成立する。

$$\frac{f(x) - f(a)}{g(x) - g(a)} = \frac{f'(c)}{g'(c)}$$

さらに、$f(a) = g(a) = 0$ より、

$$\frac{f(x)}{g(x)} = \frac{f'(c)}{g'(c)}$$

となる。c は a と x の間の値なので、$x \to a+0$ の極限を考えると、

$$\lim_{x \to a+0} \frac{f(x)}{g(x)} = \lim_{x \to a+0} \frac{f'(x)}{g'(x)}$$

が得られる。

問5

(1) $\dfrac{(e^x - 1)'}{x'} = e^x \to 1 \ (x \to +0)$ より、$\displaystyle\lim_{x \to +0} \frac{e^x - 1}{x} = 1$

(2) $\dfrac{(e^x - e^{-x})'}{(\sin x)'} = \dfrac{e^x + e^{-x}}{\cos x} \to 2 \ (x \to +0)$ より、$\displaystyle\lim_{x \to +0} \frac{e^x - e^{-x}}{\sin x} = 2$

(3) $f(x) = e^x - e^{\sin x}$, $g(x) = x - \sin x$ として、問4 の結果（ド・ロピタルの定理）を繰り返し適用する。まず、

$$\frac{f'(x)}{g'(x)} = \frac{e^x - \cos x \, e^{\sin x}}{1 - \cos x}$$

となるが、この分子と分母は、再び、$x \to +0$ で0に収束しているので、再度、微分して、

$$\frac{f''(x)}{g''(x)} = \frac{e^x + \sin x \, e^{\sin x} - \cos^2 x \, e^{\sin x}}{\sin x}$$

この分子と分母は、再び、$x \to +0$ で0に収束しているので、さらにもう一度微分して、

$$\frac{f^{(3)}(x)}{g^{(3)}(x)} = \frac{e^x + \cos x \, e^{\sin x} + \sin x \cos x \, e^{\sin x} + 2\cos x \sin x \, e^{\sin x} - \cos^3 x \, e^{\sin x}}{\cos x} \to 1 \ (x \to +0)$$

したがって、

$$\lim_{x \to +0} \frac{f(x)}{g(x)} = \lim_{x \to +0} \frac{f'(x)}{g'(x)} = \lim_{x \to +0} \frac{f''(x)}{g''(x)} = \lim_{x \to +0} \frac{f^{(3)}(x)}{g^{(3)}(x)} = 1$$

問6

$\lim_{n \to \infty} \left| \dfrac{a_n}{a_{n-1}} \right| = l$ より、

$$\lim_{n \to \infty} \left| \frac{a_n x^n}{a_{n-1} x^{n-1}} \right| = \lim_{n \to \infty} \left| \frac{a_n}{a_{n-1}} \right| \times |x| = l|x| \quad \text{(A-5)}$$

となる。したがって、$|x| < r = \dfrac{1}{l}$、すなわち、$l|x| < 1$ とする場合、$l|x| + \epsilon < 1$ を満たす十分に小さな $\epsilon > 0$ に対して、十分大きな n において、

$$\left| \left| \frac{a_n x^n}{a_{n-1} x^{n-1}} \right| - l|x| \right| < \epsilon$$

が成立する。これは、$\left| \dfrac{a_n x^n}{a_{n-1} x^{n-1}} \right|$ と $l|x|$ の距離が ϵ より小さいということなので、これより、

$$\left| \frac{a_n x^n}{a_{n-1} x^{n-1}} \right| < l|x| + \epsilon < 1$$

となるので、問2（ダランベールの判定法）の結果より、$\sum_{n=0}^{\infty} |a_n x^n|$ は収束する。$l = 0$ の場合は、任意の x に対して、この議論が成り立つ。
一方、$|x| > r = \dfrac{1}{l}$、すなわち、$l|x| > 1$ とする場合は、$l|x| - \epsilon > 1$ を満たす十分に小さな $\epsilon > 0$ に対して、十分大きな n において、

$$\left| \left| \frac{a_n x^n}{a_{n-1} x^{n-1}} \right| - l|x| \right| < \epsilon$$

が成立する。先ほどと同様に、$\left|\dfrac{a_n x^n}{a_{n-1} x^{n-1}}\right|$ と $l|x|$ の距離が ϵ より小さいということから、

$$\left|\dfrac{a_n x^n}{a_{n-1} x^{n-1}}\right| > l|x| - \epsilon > 1$$

となるので、同じく、問2（ダランベールの判定法）の結果より、$\displaystyle\sum_{n=0}^{\infty} |a_n x^n|$ は発散する。$l = +\infty$ の場合は、(A-5) より、任意の x に対して、十分大きな n に対して、

$$\left|\dfrac{a_n x^n}{a_{n-1} x^{n-1}}\right| > 1$$

が言えるので、やはり、$\displaystyle\sum_{n=0}^{\infty} |a_n x^n|$ は発散する。

問7

(1) $\sinh x = \dfrac{e^x - e^{-x}}{2}$ より、$\sinh^{(n)} x = \dfrac{e^x - (-1)^n e^{-x}}{2}$ $(n = 1, 2, \cdots)$ となるので、

$$\sinh^{(n)} 0 = \begin{cases} 0 & (n = 0, 2, 4, \cdots) \\ 1 & (n = 1, 3, 5, \cdots) \end{cases}$$

が得られる。したがって、マクローリン展開は、次式で与えられる。

$$\sinh x = \sum_{k=0}^{\infty} \dfrac{x^{2k+1}}{(2k+1)!}$$

この無限級数の係数は、

$$a_n = \begin{cases} 0 & (n = 0, 2, 4, \cdots) \\ \dfrac{1}{n!} & (n = 1, 3, 5, \cdots) \end{cases}$$

となるので、収束半径の逆数は、

$$l = \lim_{N \to \infty} \sup_{n \geq N} \sqrt[n]{a_n} = \lim_{N \to \infty} \sup_{n \geq N} \frac{1}{\sqrt[n]{n!}}$$

で与えられる。$\lim_{n \to \infty} \frac{1}{\sqrt[n]{n!}} = 0$ より、$l = 0$ となるので、収束半径は、$r = +\infty$ となる。

(2) $\cosh x = \dfrac{e^x + e^{-x}}{2}$ より、$\cosh^{(n)} x = \dfrac{e^x + (-1)^n e^{-x}}{2}$ $(n = 1, 2, \cdots)$ となるので、

$$\cosh^{(n)} 0 = \begin{cases} 1 & (n = 0, 2, 4, \cdots) \\ 0 & (n = 1, 3, 5, \cdots) \end{cases}$$

が得られる。したがって、マクローリン展開は、次式で与えられる。

$$\cosh x = \sum_{k=0}^{\infty} \frac{x^{2k}}{(2k)!}$$

収束半径については、(1) と同様の計算により、$r = +\infty$ が得られる。

(3) $f(x) = \log_e(1+x)$ を順次微分していくと、

$$f'(x) = \frac{1}{1+x}$$
$$f''(x) = \frac{-1}{(1+x)^2}$$
$$f^{(3)}(x) = \frac{2}{(1+x)^3}$$
$$f^{(4)}(x) = \frac{-2 \times 3}{(1+x)^4}$$
$$\vdots$$

となるので、一般に、$f^{(n)}(x) = \dfrac{(-1)^{n-1}(n-1)!}{(1+x)^n}$ $(n=1,2,\cdots)$ となり、マクローリン展開は、次式で与えられる。

$$\log_e(1+x) = \sum_{n=1}^{\infty} \frac{(-1)^{n-1}(n-1)!}{n!} x^n = \sum_{n=1}^{\infty} \frac{(-1)^{n-1}}{n} x^n$$

この無限級数の係数は、

$$a_n = \frac{(-1)^{n-1}}{n}$$

となるので、 問6 の結果を用いて、収束半径の逆数は、

$$l = \lim_{n \to \infty} \left| \frac{a_n}{a_{n-1}} \right| = \lim_{n \to \infty} \left| \frac{n-1}{n} \right| = 1$$

で与えられる。したがって、収束半径は $r=1$ となる。

第6章

問1

(1) $\dfrac{\partial f}{\partial x} = 2(1+xy)y,\ \dfrac{\partial f}{\partial y} = 2(1+xy)x$

(2) $\dfrac{\partial f}{\partial x} = \dfrac{x}{\sqrt{x^2+y^2}},\ \dfrac{\partial f}{\partial y} = \dfrac{y}{\sqrt{x^2+y^2}}$

(3) $\dfrac{\partial f}{\partial x} = x\exp\left\{\dfrac{1}{2}(x^2+y^2)\right\},\ \dfrac{\partial f}{\partial y} = y\exp\left\{\dfrac{1}{2}(x^2+y^2)\right\}$

問2

一般に、点 (a,b) における接平面の方程式は、次式で与えられる。

$$z - f(a,b) = \dfrac{\partial f}{\partial x}(a,b)(x-a) + \dfrac{\partial f}{\partial y}(a,b)(y-b) \quad \text{(A-6)}$$

(1) $\dfrac{\partial f}{\partial x} = y,\ \dfrac{\partial f}{\partial y} = x$ より、これを (A-6) に代入すると、$z - ab = b(x-a) + a(y-b)$ となり、これを整理すると次式が得られる。

$$z = bx + ay - ab$$

(2) $\dfrac{\partial f}{\partial x} = \dfrac{2x}{a^2},\ \dfrac{\partial f}{\partial y} = \dfrac{2y}{b^2}$ より、これを (A-6) に代入すると、$z - 2 = \dfrac{2}{a}(x-a) + \dfrac{2}{b}(y-b)$ となり、これを整理すると次式が得られる。

$$z = \dfrac{2}{a}x + \dfrac{2}{b}y - 2$$

問3

一般に、点 (x_0, y_0) の周りにテイラーの公式を2次まで展開したものは、次式で与えられる。

$$f(x,y) \simeq f(x_0, y_0) + \frac{\partial f}{\partial x}(x_0, y_0)(x - x_0) + \frac{\partial f}{\partial x}(x_0, y_0)(x - x_0)$$
$$+ \frac{1}{2}\left\{\frac{\partial^2 f}{\partial x^2}(x_0, y_0)(x - x_0)^2 + 2\frac{\partial^2 f}{\partial x \partial y}(x_0, y_0)(x - x_0)(y - y_0) + \frac{\partial^2 f}{\partial y^2}(x_0, y_0)(y - y_0)^2\right\} \quad \text{(A-7)}$$

(1) 2階までの偏導関数をすべて求めると、次が得られる。

$$\frac{\partial f}{\partial x} = 2ye^{2xy}, \ \frac{\partial f}{\partial y} = 2xe^{2xy}$$
$$\frac{\partial^2 f}{\partial x^2} = 4y^2 e^{2xy}, \ \frac{\partial^2 f}{\partial y^2} = 4x^2 e^{2xy}$$
$$\frac{\partial^2 f}{\partial x \partial y} = 2e^{2xy} + 4xye^{2xy}$$

これらを (A-7) に代入して、$x_0 = 0, y_0 = 0$ とすると、次が得られる。

$$f(x, y) \simeq 1 + 2xy$$

(2) 2階までの偏導関数をすべて求めると、次が得られる。

$$\frac{\partial f}{\partial x} = \cos(x + y^2), \ \frac{\partial f}{\partial y} = 2y\cos(x + y^2)$$
$$\frac{\partial^2 f}{\partial x^2} = -\sin(x + y^2), \ \frac{\partial^2 f}{\partial y^2} = 2\cos(x + y^2) - 4y^2\sin(x + y^2)$$
$$\frac{\partial^2 f}{\partial x \partial y} = -2y\sin(x + y^2)$$

これらを (A-7) に代入して、$x_0 = 0, y_0 = 0$ とすると、次が得られる。

$$f(x, y) \simeq x + y^2$$

問4

一般に、停留点は、$\frac{\partial f}{\partial x} = 0$, $\frac{\partial f}{\partial y} = 0$ の条件で決まる。今、1階の偏導関数を計算すると、

$$\frac{\partial f}{\partial x} = 6x(x+1) + y^2$$
$$\frac{\partial f}{\partial y} = (2x+1)y$$

となるので、連立方程式

$$6x(x+1) + y^2 = 0$$
$$(2x+1)y = 0$$

を解いて、停留点は次のように決まる。

$$(x, y) = (0, 0),\ (-1, 0),\ \left(-\frac{1}{2}, \sqrt{\frac{3}{2}}\right),\ \left(-\frac{1}{2}, -\sqrt{\frac{3}{2}}\right) \quad \text{(A-8)}$$

それぞれが、極大点、極小点、極大点と極小点のどちらでもない、のいずれであるかを判定するために、ヘッセ行列

$$\mathbf{H} = \begin{pmatrix} \dfrac{\partial^2 f}{\partial x^2}(x, y) & \dfrac{\partial^2 f}{\partial x \partial y}(x, y) \\ \dfrac{\partial^2 f}{\partial x \partial y}(x, y) & \dfrac{\partial^2 f}{\partial y^2}(x, y) \end{pmatrix}$$

および、ヘッセ行列を用いた2次形式

$$H(\mathbf{x}) = x^2 \frac{\partial^2 f}{\partial x^2}(x_0, y_0) + 2xy \frac{\partial^2 f}{\partial x \partial y}(x_0, y_0) + y^2 \frac{\partial^2 f}{\partial y^2}(x_0, y_0)$$

を求める。今、2階の偏導関数を計算すると、

$$\frac{\partial^2 f}{\partial x^2} = 12x + 6,\ \frac{\partial^2 f}{\partial x \partial y} = 2y,\ \frac{\partial^2 f}{\partial y^2} = 2x + 1$$

となるので、(A-8) のそれぞれの点におけるヘッセ行列は、次式で与えられる。

$$\mathbf{H} = \begin{pmatrix} 6 & 0 \\ 0 & 1 \end{pmatrix}, \begin{pmatrix} -6 & 0 \\ 0 & -1 \end{pmatrix}, \begin{pmatrix} 0 & 2\sqrt{\frac{3}{2}} \\ 2\sqrt{\frac{3}{2}} & 0 \end{pmatrix}, \begin{pmatrix} 0 & -2\sqrt{\frac{3}{2}} \\ -2\sqrt{\frac{3}{2}} & 0 \end{pmatrix}$$

$(x, y) = (0, 0)$ の場合、ヘッセ行列を用いた2次形式は、

$$H(\mathbf{x}) = 6x^2 + y^2$$

で正定値となるので、これは、極小点である。
$(x, y) = (-1, 0)$ の場合、ヘッセ行列を用いた2次形式は、

$$H(\mathbf{x}) = -6x^2 - y^2$$

で負定値となるので、これは、極大点である。
$(x, y) = \left(-\frac{1}{2}, \sqrt{\frac{3}{2}}\right)$ の場合、ヘッセ行列を用いた2次形式は、

$$H(\mathbf{x}) = 4\sqrt{\frac{3}{2}}xy$$

で、正と負の両方の値を取りうるので、これは、極大点と極小点のどちらでもない。
$(x, y) = \left(-\frac{1}{2}, -\sqrt{\frac{3}{2}}\right)$ の場合、ヘッセ行列を用いた2次形式は、

$$H(\mathbf{x}) = -4\sqrt{\frac{3}{2}}xy$$

で、正と負の両方の値を取りうるので、これは、極大点と極小点のどちらでもない。
参考までに、$z = f(x, y)$ のグラフは図A.5のような形状となる。

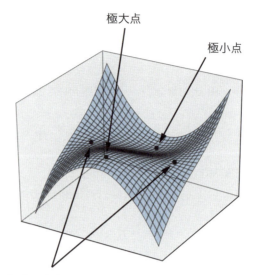

図A.5　$z = f(x, y)$のグラフ

索引

●定理

定理1	有理数の稠密性	36
定理2	実数の完備性	36
定理3	上限と下限の存在	36
定理4	自然数、整数、有理数の濃度	37
定理5	実数の濃度	37
定理6	実数の無限小数展開	37
定理7	アルキメデスの原則	38
定理8	2つの実数間に存在する有理数	38
定理9	関数の和・積・商の極限	63
定理10	中間値の定理	64
定理11	合成関数の連続性	64
定理12	関数の和・積・商の連続性	64
定理13	1次近似としての微分係数	111
定理14	微分演算の線形性	111
定理15	積の微分	112
定理16	合成関数の微分	112
定理17	x^n の微分	112
定理18	はさみうちの原理	112
定理19	有界な単調数列の収束	113
定理20	ボルツァノ・ワイエルシュトラスの定理	113
定理21	最大値・最小値の定理	113
定理22	ロルの定理	113
定理23	平均値の定理	113
定理24	閉区間の連続関数は一様連続	114
定理25	リーマン積分の存在	115
定理26	定積分の三角不等式	115
定理27	積分区間の合成	115
定理28	原始関数と不定積分の関係	116
定理29	原始関数を用いた定積分の計算	116
定理30	部分積分	116
定理31	ネイピア数の存在	149
定理32	指数関数の基本性質	149
定理33	指数関数の導関数	149
定理34	対数関数の基本性質	150
定理35	対数関数の導関数	150
定理36	三角関数の基本性質	150
定理37	三角関数の加法定理	151
定理38	三角関数の導関数	151
定理39	テイラーの公式	202
定理40	コーシーの判定法	203
定理41	一様収束の判定法	203
定理42	関数列の不定積分	204
定理43	関数列の導関数	204
定理44	無限級数の絶対収束	204
定理45	ワイエルシュトラスの優級数定理	205
定理46	コーシー・アダマールの定理	205
定理47	整級数の一様収束	206
定理48	整級数の導関数	206
定理49	解析関数	207
定理50	全微分と偏微分係数の関係	254
定理51	全微分可能となる条件	254
定理52	方向微分係数と勾配ベクトル	254
定理53	偏微分の順序交換	255
定理54	2変数関数のテイラーの公式	255
定理55	1変数関数の極値問題	256
定理56	2変数関数の極値問題	257

●定義

定義1	デデキント切断	36
定義2	可算無限集合	37
定義3	数列の極限	37
定義4	関数の極限	62
定義5	関数の連続性	63
定義6	微分係数と導関数	111
定義7	一様連続	113
定義8	リーマン積分	114
定義9	不定積分	115
定義10	原始関数	116
定義11	対数関数の定義	149
定義12	連続微分可能な関数	201
定義13	無限回微分可能な関数	201
定義14	同位な無限小と同値な無限小	201
定義15	無視できる無限小	202
定義16	関数列の収束	203
定義17	関数項級数	205
定義18	偏微分係数	253
定義19	全微分	253
定義20	高階偏導関数	254
定義21	写像の微分	256
定義22	ヘッセ行列	257

●記号・数字

∂ （デル） ... 215
∇ （ナブラ） ... 221
inf ... 26
N ... 2, 3
O （ラージオー、ラージオミクロン） ... 162
o （スモールオー、スモールオミクロン） ... 162
Q ... 3
R ... 3, 8
$\mathbf{R}_+$ ... 8
sup ... 26, 175
Z ... 3
α （アルファ） ... 68
β （ベータ） ... 95
δ （デルタ） ... 30, 48
Δ （デルタ） ... 71
$\in$ ... 3
ϵ （イプシロン） ... 29, 30
ϵ-δ 論法（イプシロン・デルタ） ... 30, 48
θ （シータ） ... 139
ξ （グザイ） ... 82, 163
ϕ （ファイ） ... 10, 163
Ω （オメガ） ... 212
$\aleph$ （アレフ） ... 20, 22
2階導関数 ... 156
2階の偏導関数 ... 225
2回微分可能 ... 156
2回連続微分可能 ... 156, 225
2次形式 ... 246

●A

aを底とする対数関数 ... 126

●C

C^1-級 ·········· 221
C^1-級の関数 ·········· 156
C^2-級 ·········· 225
C^2-級の関数 ·········· 156
C^m-級 ·········· 227
C^m-級の関数 ·········· 157
C^∞-級の関数 ·········· 157

●M

m回連続微分可能 ·········· 157, 227

●あ

アフィン変換 ·········· 234
アルキメデスの原則 ·········· 32

●い

一様収束 ·········· 170
一様連続 ·········· 87
一般角 ·········· 139

●う

上に有界 ·········· 25
埋め込み ·········· 8

●か

外延的定義 ·········· 4
開区間 ·········· 13
開集合 ·········· 212
解析関数 ·········· 192
解析的 ·········· 192
下界 ·········· 25
各点収束 ·········· 169
下限 ·········· 25
可算無限集合 ·········· 20
合併集合 ·········· 10
関数 $f(x)$ を微分する ·········· 77
関数項級数 ·········· 180
関数の極限 ·········· 48
関数の平行移動と拡大・縮小 ·········· 42
関数の連続性 ·········· 57
カントールの対角線論法 ·········· 27
完備性 ·········· 24

●き

逆関数 ·········· 45
共通集合 ·········· 10
極限 ·········· 28
極小点 ·········· 244
極大点 ·········· 244

●く

空集合 ·········· 10
区分求積法 ·········· 82

●け

原始関数 ·········· 104

●こ

合成関数 ·········· 44

恒等関数 ·········· 45, 46
恒等写像 ·········· 265
勾配ベクトル ·········· 220
コーシー・アダマールの定理 ·········· 182
コーシーの判定法 ·········· 172
コーシー列 ·········· 172

●さ

最大値・最小値の定理 ·········· 107
差集合 ·········· 16
三角関数の加法定理 ·········· 141
三角関数の導関数 ·········· 146
三角不等式 ·········· 56
　　supの中の三角不等式 ·········· 175
　　定積分の三角不等式 ·········· 96

●し

指数関数 ·········· 120
自然数 ·········· 2, 3
自然対数 ·········· 132
下に有界 ·········· 25
実数 ·········· 3
実数の完備性 ·········· 22
実数の濃度 ·········· 26
写像 ·········· 5
集合 ·········· 2
集合族 ·········· 15
集合の演算 ·········· 9
　　無数個の集合に対する演算 ·········· 13
集合の濃度 ·········· 20
収束半径 ·········· 188
順序集合 ·········· 2
上界 ·········· 24
上限 ·········· 25

●す

推移律 ·········· 159
数列の極限の一意性 ·········· 30
数列の発散 ·········· 35

●せ

整級数 ·········· 182
整数 ·········· 3
正接関数の性質 ·········· 147
正定値行列 ·········· 245
積集合 ·········· 10
積分演算の線形性 ·········· 95
絶対一様収束 ·········· 180
絶対収束 ·········· 182
全射 ·········· 6
全体集合 ·········· 15
全単射 ·········· 6, 7
全微分 ·········· 217
全微分可能 ·········· 214

●そ

双曲線関数 ·········· 153

●た

対称律 ·········· 159

対数関数 ……………………………………… 126
単射 …………………………………………… 6

● ち
値域 …………………………………………… 8
チェーンルール …………………………… 80
置換積分 …………………………………… 117
中間値の定理 ……………………………… 57
稠密性 ………………………………………… 19

● て
定義域 ………………………………………… 8
定積分 ………………………………………… 83
定積分の三角不等式 ……………………… 96
テイラー展開 ……………………………… 193
テイラーの公式 …………………………… 162
　　　　剰余項 ………………………………… 165
停留点 ……………………………………… 242
デデキント切断 ……………………… 22, 24

● と
ド・モルガンの法則 ……………………… 15
導関数 ………………………………………… 70
同値関係 …………………………………… 159
同値記号 ……………………………………… 17

● な
内包的定義 …………………………………… 4
内包表現 ……………………………………… 4

● ね
ネイピア数 ………………………………… 128

● は
はさみうちの原理 ………………………… 83
反射律 ……………………………………… 159

● ひ
非可算無限集合 …………………………… 27
左極限 ………………………………………… 50
左連続 ………………………………………… 57
微分演算の線形性 ………………………… 78
微分可能 ……………………………………… 70
微分係数 ……………………………………… 70

● ふ
不定積分 ……………………………………… 98
負定値行列 ………………………………… 246
不等式と上限の関係 …………………… 190
部分集合 ……………………………………… 9
部分積分の公式 …………………………… 106

● へ
平均値の定理 ……………………………… 109
閉区間 ………………………………………… 13
ヘッセ行列 ………………………………… 245
ヘビサイド関数 …………………………… 50
ベン図 ………………………………………… 10
偏導関数 …………………………………… 215
偏微分 ……………………………………… 215

偏微分可能 ………………………………… 219
偏微分係数 ………………………………… 215

● ほ
包含関係 ……………………………………… 9
方向微分係数 ……………………………… 219
補集合 ………………………………………… 15
ボルツァノ・ワイエルシュトラスの定理 ……… 85

● ま
マクローリン展開 ………………………… 193
マクローリンの公式 …………………… 165

● み
右極限 ………………………………………… 50
右連続 ………………………………………… 57

● む
無限回微分可能 ………………………… 157
無限級数 …………………………………… 180
無限個の集合に対する演算 …………… 13
無限小 ……………………………………… 158
　　　　同位な無限小 …………………… 159
　　　　同値な無限小 …………………… 159
　　　　比較可能な無限小 ……………… 159
　　　　無視できる無限小 ……………… 160

● め
命題 …………………………………………… 16

● や
ヤコビ行列 ………………………………… 237

● ゆ
有理数 ………………………………………… 3
有理数の稠密性 …………………………… 19

● よ
要素 …………………………………………… 2
余弦定理 …………………………………… 141

● ら
ライプニッツの記法 ……………………… 71
ランダウ記号 ……………………………… 162

● り
リーマン積分 ……………………………… 93
リーマン和 ………………………………… 93

● れ
連続 …………………………………………… 57
連続微分可能 ………………………… 156, 221

● ろ
ロルの定理 ………………………………… 108

● わ
ワイエルシュトラスの優級数定理 …… 180
和集合 ………………………………………… 10

著者

中井 悦司（なかい えつじ）

1971年4月大阪生まれ。ノーベル物理学賞を本気で夢見て、理論物理学の研究に没頭する学生時代、大学受験教育に情熱を傾ける予備校講師の頃、そして、華麗なる（?）転身を果たして、外資系ベンダーでLinuxエンジニアを生業にするに至るまで、妙な縁が続いて、常にUnix/Linuxサーバと人生を共にする。その後、Linuxディストリビューターのエバンジェリストを経て、現在は、米系IT企業のCloud Solutions Architectとして活動。

最近は、機械学習をはじめとするデータ活用技術の基礎を世に広めるために、講演活動のほか、雑誌記事や書籍の執筆にも注力。主な著書は、『[改訂新版] プロのためのLinuxシステム構築・運用技術』『Docker実践入門』『ITエンジニアのための機械学習理論入門』（いずれも技術評論社）、『TensorFlowで学ぶディープラーニング入門』（マイナビ出版）など。

本文デザイン・装丁	轟木 亜紀子（株式会社トップスタジオ）
DTP	株式会社シンクス
校正・レビュー協力	松野 友洋、森 隼基

▶以下のサイトから購入特典PDFをダウンロードできます［※］。

https://www.shoeisha.co.jp/book/present/9784798155357

※ SHOEISHA iD（翔泳社が運営する無料の会員制度）のメンバーでない方は、ダウンロードする際にSHOEISHA iDへの登録が必要です。

【購入特典PDF】
- 数値計算による極値問題の解法（入門編）
  本書の第6章で解説している、ニュートン法を用いた極値問題の解法に関連して、著者が書き下ろした小冊子。この小冊子では、微分係数の計算を含めて、数値計算で極値問題を解く例を実際に動作するプログラムコードとともに紹介しています。
- 主要な定理のまとめ
  本書の各章末に掲載した「主要な定理のまとめ」を抜き出した小冊子。

技術者のための基礎解析学
機械学習に必要な数学を本気で学ぶ

2018年 1月19日　初版第1刷発行

著　者	中井 悦司
発行人	佐々木 幹夫
発行所	株式会社 翔泳社（http://www.shoeisha.co.jp）
印刷・製本	株式会社加藤文明社印刷所

© 2018 ETSUJI NAKAI

※本書は著作権法上の保護を受けています。本書の一部または全部について（ソフトウェアおよびプログラムを含む）、株式会社翔泳社から文書による許諾を得ずに、いかなる方法においても無断で複写、複製することは禁じられています。

※本書のお問い合わせについては、iiページに記載の内容をお読みください。乱丁・落丁はお取り替えいたします。03-5362-3705までご連絡ください。

ISBN978-4-7981-5535-7　　　　　　　　　　　　Printed in Japan